高等教育质量工程信息技术系列示范教材

新概念
C程序设计大学教程
（第3版）

张基温 编著

清华大学出版社
北京

内 容 简 介

本书是一本“以计算思维训练为核心，以能力培养为目标”的 C 语言程序设计教材，基于“程序设计 = 算法思维 + 语言艺术 + 工程规范”的知识和能力框架和“前期以培养解题思路为主，语法知识够用就行；后期补充必要的语法细节”的教学策略编写。全书共 9 单元可分为 4 个部分。

第 1 部分是针对 C 程序设计的初级训练：第 1 单元介绍进行 C 语言程序设计首先应当掌握的一些基本概念和方法；第 2、3 单元在第 1 单元的基础上介绍判断结构和重复结构，第 4 单元介绍穷举、迭代、递归和模拟，奠定算法基础。

第 2 部分是在第 1 部分的基础上进行数据类型的扩展：第 5 单元介绍数组，第 6 单元介绍 3 种可定制数据结构——构造体、共用体和枚举，第 7 单元介绍指针及其应用。

第 3 部分只有第 8 单元一单元，介绍分治、回溯、贪心策略和动态规划，作为算法设计进阶，可以使读者的程序设计能力提升到较高水平。

第 4 部分用第 9 单元一单元介绍一些可能用得着的有关内容，包括外部变量、内联函数、带参宏定义、文件和位操作。

这样的结构可以满足多种不同层次的教和学的需求，并兼顾自学。

作者在编写本书时力求概念准确、难点分散、例题经典、习题丰富、题型全面、注重效果，并以 C99 作为蓝本，可以作为高等学校各专业的新一代程序设计课程教材，也可供从事程序设计相关领域的人员自学或参考。

图书在版编目（CIP）数据

新概念 C 程序设计大学教程/张基温编著. —3 版. —北京：清华大学出版社，2017
（高等教育质量工程信息技术系列示范教材）
ISBN 978-7-302-43994-3

Ⅰ. ①新…　Ⅱ. ①张…　Ⅲ. ①C 语言－程序设计－高等学校－教材　Ⅳ. ①TP312

中国版本图书馆 CIP 数据核字（2016）第 120533 号

责任编辑： 白立军　王冰飞
封面设计： 常雪影
责任校对： 梁　毅
责任印制： 沈　露

出版发行： 清华大学出版社
网　　址：http://www.tup.com.cn, http://www.wqbook.com
地　　址：北京清华大学学研大厦 A 座　　邮　　编：100084
社 总 机：010-62770175　　邮　　购：010-62786544
投稿与读者服务：010-62776969，c-service@tup.tsinghua.edu.cn
质 量 反 馈：010-62772015，zhiliang@tup.tsinghua.edu.cn
课 件 下 载：http://www.tup.com.cn，010-62795954
印 装 者： 北京国马印刷厂
经　　销： 全国新华书店
开　　本： 185mm×260mm　　印　张：23.5　　字　数：561 千字
版　　次： 2013 年 3 月第 1 版　2017 年 1 月第 3 版　　印　次：2017 年 1 月第 1 次印刷
印　　数： 1～1500
定　　价： 49.00 元

产品编号：069513-01

第3版前言

（一）

这是一个信息时代。作为时代的宠儿，计算机在各行各业发挥着神奇的威力，而其灵魂来自程序设计。现在，程序设计不仅被视为计算机以及相关专业的看家本领，而且也成为这个时代文化的一部分，它所蕴含的逻辑思维给所有想开发脑力的人提供一种贴近时代的训练。为此，程序设计不仅作为计算机及其相关专业的必修课程被开设，而且几乎所有的理工科专业，甚至一些文科和艺术类专业也在开设。

屈指计算，程序设计课程已经开设半个多世纪了，但是教学效果却不尽如人意。因此，程序设计课程的改革成为课程改革的一个难点。笔者从20世纪80年代开始就将其作为自己努力的一个方向，不断进行探索。

最早进行的改革是将典型算法，如穷举、迭代、递归和一些软件工程的方法融入程序设计教学中。这些成果反映在笔者的第一本著作——《BASIC程序设计》（山西科学教育出版社，1985）中。之后，在这方面继续探索，在程序设计教学中进一步加入算法与数据结构的内容，以使学生得到更加系统的思维训练。这些探索成果总结在由笔者主笔、谭浩强主编的《BASIC程序设计教程》（高等教育出版社，1988）中。但是，这本书引入的算法和数据结构内容过多，尽管到了21世纪最初几年还有学校在使用它，但普遍反映其教学难度太大。

20世纪90年代中期，受国家考试中心邀请，笔者在NIT（国家信息技术考试）主持C模块的考试和教材编写。受CIT（剑桥信息技术测试）教材的启发，将程序测试加入到笔者编写的《程序设计（C语言）》（清华大学出版社，1999年）一书中，并且在这本书中将传统的语法体系改为问题体系。之后，在教学中不断修正，同时把改革扩展到面向对象程序设计（C++、Java）中。在C语言方面，笔者先后出版了《新概念C语言程序设计》（中国铁道出版社，2003）、《C语言程序设计案例教程》（清华大学出版社，2004）、《新概念C程序设计教程》（南京大学出版社，2007）、《新概念C语言教程》（中国电力出版社，2011）、《新概念C程序设计大学教程》（清华大学出版社，2012）、《新概念C程序设计（C99版）》。

经过几十年的摸索，一套全新的C程序设计教学改革的框架逐渐明朗：

- 实现从语法体系向问题体系的转变。
- 建立“程序设计 = 算法思维 + 语言艺术 + 工程规范”的知识和能力框架。
- 树立“以计算思维训练为核心，以能力培养为目标”的指导思想。
- 采用“前期以培养解题思路为主，语法知识够用就行；后期补充必要的语法细节”的教学策略。
- 按照“问题分析-设计代码-语法说明”线索进行局部安排。

令笔者欣慰的是，目前类似的书已经陆续问世，品种不断增加，这说明这支 C 语言程序设计教学改革的队伍在不断壮大。

（二）

C 语言是一种高效、灵活、可移植、功能强大的程序设计语言。C 语言从 20 世纪 70 年代初创立，迄今已半个多世纪还经久不衰，是程序设计语言历史上寿命最长的语言。

世界著名的 TIOBE 编程语言社区排行榜是编程语言流行趋势的一个风向标，每月更新，其数据取样于互联网上有经验的程序员、商业应用、著名搜索引擎（如谷歌、MSN、雅虎等）的关键字排名、Alexa 上的排名等。图 0.1 为其在 2016 年 1 月份发表的排行榜图，可以看出其他程序设计语言跌宕起伏，而 C 语言一直名列前茅。非但如此，多种位于前列的程序设计语言（如 C++、Java、C#、Objective C 等）都是以 C 语言为母体发展起来的。所以，学习程序设计从 C 语言开始是一种明智的选择。

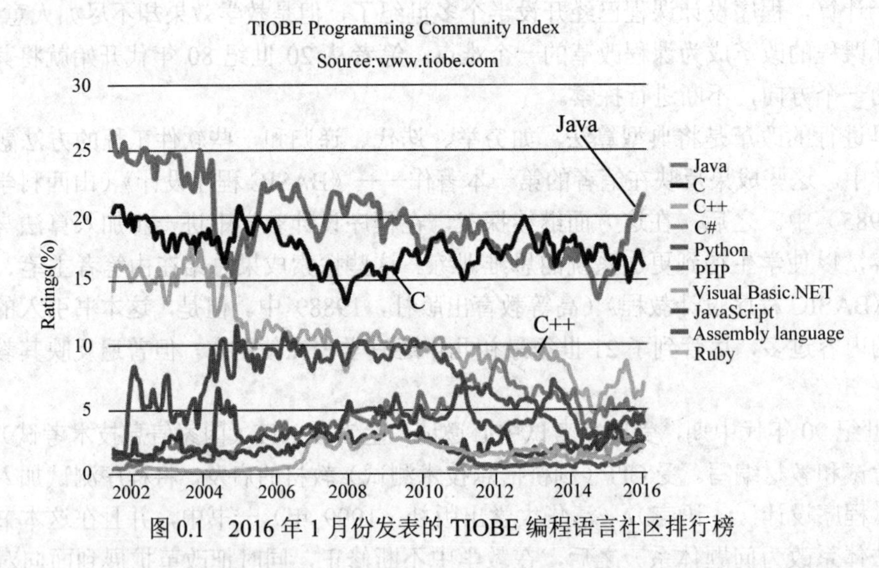

图 0.1　2016 年 1 月份发表的 TIOBE 编程语言社区排行榜

当然，C 语言也在不断发展之中。1978 年美国电话电报公司（AT&T）的贝尔实验室正式发表了 C 语言。开发者 B.W.Kernighan 和 D.M.Ritchie 随即编写了著名的《The C Programming Language》一书，通常简称为《K&R C》，也有人称之为 K&R C 标准。但是，K&R C 第一版在很多语言细节上不够精确。

1983 年美国国家标准化协会（American National Standards Institute）制定了一个 C 语言标准并于同年发表，通常称之为 ANSI C，并在此基础上不断修订，于 1989 年末提出了一个报告——[ANSI 89]。1990 年，国际标准化组织 ISO（International Organization for Standards）通过了此项标准，将其作为 ISO/IEC 9899:1990 国际标准，俗称 C89 或 C90。

1995 年，ISO 修订 C90，形成“1995 基准增补 1（ISO/IEC/9899/AMD1:1995）”，俗称 C89 修正案 1 或 C95。1999 年通过 ISO/IEC 9899:1999，ISO 对 C 语言标准进行了更重要的改变，俗称 C99。2011 年 12 月 8 号，ISO 发布了 C 语言的新标准——ISO/IEC 9899:2011，

俗称 C11。

但是，国内 C 程序设计教材多数还基于 C89 甚至更早的标准，这种落后使得教学脱离应用，与世界潮流很不合拍。因此当务之急是过渡到 C99，这是编写本书的一个主要动机。在出版本书之前，笔者已经在清华大学出版社出版了《新概念 C 程序设计大学教程（C99 版）》，本书在此基础上进一步完善而成。

目前支持 C99 并且简单易用的开发平台是 DEV C++，它有两款，即 Orwell Dev-C++和 wxDev-C++。截止到本书定稿，Orwell Dev-C++的最新版本是 5.7.0，wxDev-C++的稳定版本是 7.4.2，它们的下载地址分别如下。

http://bloodshed-dev-c.en.softonic.com/

http://sourceforge.net/projects/orwelldevcpp/?source=typ_redirect

http://wxdsgn.sourceforge.net/

（三）

本书基于“以计算思维训练为核心，以能力培养为目标”的教学模式和“前期以培养解题思路为主，语法知识够用就行；后期补充必要的语法细节”的教学策略编写。全书共 9 单元可分为 4 个部分。

第 1 部分是针对 C 程序设计的初级训练：第 1 单元介绍进行 C 语言程序设计首先应当掌握的一些基本概念和方法；第 2、3 单元在第 1 单元的基础上介绍判断结构和重复结构，第 4 单元介绍穷举、迭代、递归和模拟，奠定算法基础。然而这个基础比较厚重，要想不冲淡突出程序设计思路的主体，又把这个厚重的基础语法讲清楚，在时间上，特别是在课时上是不允许的。为此，这 3 单元中都含有 3 个部分内容，即主体部分、知识链接和习题。在主体部分只从如何使用的角度介绍笔者所遇到的语法知识，把进一步的、较为系统的介绍放到知识链接中介绍。教师在讲授时可以以主体部分为主，参考知识链接部分；或者把知识链接部分作为学生课后的阅读材料使用。这样就可以解决学习内容厚重与教学学时有限之间的矛盾，也可以激发学生自学的热情，满足不同学生的学习需求。在这一部分还介绍了非常重要但在之前被忽略的一些语法知识，例如表达式的副作用以及序列点等。

第 2 部分是在第 1 部分的基础上进行数据类型的扩展，第 5 单元介绍数组，第 6 单元介绍 3 种可定制数据结构——构造体、共用体和枚举，第 7 单元介绍指针及其应用。

第 3 部分只有第 8 单元一个单元，介绍分治、回溯、贪心策略和动态规划，作为算法设计进阶，可以使读者的程序设计能力提升到较高水平。

第 4 部分用第 9 单元一个单元介绍一些可能用得着的有关内容，包括外部变量、内联函数、带参宏定义、文件和位操作。

这样的结构可以满足多种不同层次的教和学的需求：

以对程序设计作一般了解为目标者，可以重点学习第 1 部分，并对第 2 部分进行了解性学习；以掌握程序设计的基本方法为目标者，可以重点学习前两部分内容，对第 3 部分和第 4 部分进行了解性学习；以较深入掌握程序设计的方法为目标者，可以在熟练前两部分的基础上，进一步深入学习第 3 部分和第 4 部分。

（四）

为了便于不同角度的复习与训练，本书的习题中设置了 5 种栏目，即概念辨析、代码分析、探索验证、思维训练和开发练习。

“概念辨析”主要提供了一些选择题和判断题，旨在提高读者对基础语法知识的了解。

“代码分析”包括指出程序（或代码段）执行结果、改错和填空，旨在提高读者的代码阅读能力，因为读程序也是程序设计的一种基本训练。

“探索验证”主要用于提示或者指导学习者如何通过自己的上机验证来提高对语法知识的掌握，除了这个栏目中的习题以外，学习者最好能通过设计程序验证自己对于概念辨析栏目中的习题的判断是否正确。

“开发练习”是一种综合练习，应当要求学习者写出开发文档，内容主要包括问题（算法）分析、代码设计、测试用例设计、测试及调试结果分析等几个部分，重点应当放在问题分析、代码设计和测试用例的设计上，要把这些都做好，再上机调试、测试，不要什么还没有设计出来就去上机。

“思维训练”中给出了有一定难度的问题，只用于算法设计训练，不要求给出程序。这个栏目仅在第 4、5、8 三个单元设置。

为了有的放矢地进行一些重要专题的训练，第 4、7、8 三个单元的习题以大节为单位给出。

（五）

在本书的编写过程中，赵忠孝、张秋菊、张展为、张展赫、姚威、史林娟、戴璐、张友明、董兆军等人参与了部分工作。此外，本书初稿完成之后，还承蒙《品悟 C—抛弃 C 程序设计中的谬误与恶习》一书的作者薛非先生为本书提出了许多宝贵的意见。

在本书即将出版之际，笔者由衷地感谢以上各位为本书所做的贡献，也要感谢在本书编写过程中参考过的有关资料的作者，包括一些网络佚名作者。同时，殷切地期待广大读者和同仁的批评与建议，让我们共同努力，把程序设计课程的改革做得更有实效。

张基温

2017年1月羊城小海之畔

目　　录

第1单元　C程序启步

程序（programs）是关于问题求解、任务执行等的可执行描述。通常由一组操作指令组成。在现实生活中，程序比比皆是，例如会议、做菜、汽车驾驶等都需要按照一定的规则和步骤进行，都有相应的程序。用于要计算机完成一项特定任务的程序称为计算机程序，它是计算机的灵魂。

然而这个灵魂是人赋予的，由人设计的，人们把让计算机求解某类特定问题、完成某种任务的指令，设计成相应的程序，交计算机存储起来在需要时执行，从而将自己与机器分离，从机器的执行过程中解放出来。

从人与计算机之间的关系角度看，程序是它们之间进行交互的媒介。这种媒介需要某种符号系统进行表达。这种符号系统称为程序设计语言。

用程序设计语言描述的程序是程序设计者对于计算机发出的关于某类问题求解的命令序列。为此，对于程序设计语言有 3 个基本要求：一是要让计算机能够辨认、理解并执行它；二是要能使程序设计者便于使用和检查错误；三是要便于程序设计者在开发过程中能与程序用户之间容易交流。从计算机辨认、理解与执行角度看，使用 0、1 码描述的机器语言最为合适。但是这种 0、1 码序列难记、难辨，有了错误检查起来非常困难，特别是几乎无法与用户交流。而自然语言又具有二义性。因此，人们在对自然语言进行限制、提炼的基础上，开发出一些无二义性，程序员阅读和查错方便，与用户交流容易，又便于转换成机器语言的高级程序设计语言。由于开发时面向的应用领域以及开发采用的技术方法不同，高级程序设计语言有多种。C 语言就是其中一种。它精练简洁、功能丰富、应用灵活，是应用最为广泛的一门程序设计语言。

语法是语言的使用规范。任何语言都有自己的一套语法体系。这一单元以一次只能进行一个算术操作的计算器模拟程序为例，介绍最基本的 C 语言语法。

1.1　一个简单的计算器程序设计

1.1.1　用伪代码描述的简单计算器程序算法

程序设计的目标是将一种解题思路（称为算法）用计算机可以直接或间接理解的语言描述出来，以便让计算机执行求解。

对于本题，先考虑一个只能对整数进行加法的计算器的算法，可以描述为以下 3 步：

① 给定两个被运算的整数；

② 对两个给定整数进行求和；

③ 输出结果。

将它放到C语言的框架中就得到了该算法的伪代码。

代码 1-1 简单计算器算法的伪代码表示。

```
int main(void)
{
    给定两个整数;
    对两个给定整数进行求和计算;
    输出结果;
    return 0;
}
```

说明：C 语言程序由一些函数组成，函数可多可少，但不可缺少的一个函数是被称为主函数的main函数。main函数的基本形式如下。

```
int main(void)
{
    …           //一系列声明和语句
    return 0;
}
```

在这里，main 是主函数的名字，int main(void)被称为主函数的函数头。在函数名后面的一对圆括号中写函数的参数——外界给这个函数传递的信息。若不需要传递任何信息，用 void 表示。程序的内容就写在后面的一对花括号中，称为函数体，它由一些声明（declarations）和语句（statements）组成,并且都以分号（;）结束。声明用于向编译器注册程序中使用的名字——标识符（identifier）。语句是程序要执行的操作。主函数的最后一个语句一般是“return 0;”，它表明将返回一个0，告诉系统这个程序顺利执行完毕。这个0是一个整数，与函数名前面的int对应。

在代码1-1中并没有完全按照C语言的语法要求写出一个主函数，而是在C语言主函数的框架内用简明扼要的自然语言描述出其操作内容。这样，用户容易理解程序员也便于整理自己的思路。这就是程序初期使用伪代码的好处。

1.1.2 将伪代码描述的算法逐步细化为C程序

1. 不断细化伪代码

程序是要编译器解释与执行的。C语言编译器只能识别符合C语言语法的代码，并不认识伪代码。为了让C 编译器编译与执行，必须把确认正确的伪代码转换成符合C语言语法的声明和语句。转换通常采用逐步向C语言语法靠近的方法进行，以保证转换的正确性。不过，在转换中发现原来的思路有问题时，就要返回去检查上一步的伪代码，并一步步向上溯源。

代码 1-2 代码1-1的初步细化。

```
int main(void)
{
    声明两个整数变量;
    向两个整数变量输入值;
```

```
    对两个变量求和并输出计算结果;
    return 0;
}
```

这时，每条用自然语言或类自然语言描述的内容都可以被替换成符合 C 语言语法的语句了。

代码 1-3 简单计算器的 C 语言程序。

```
#include <stdio.h>                                          /* 编译预处理：文件包含*/
int main(void)                                              /* 主函数的函数头       */
{                                                           /* 主函数开始           */
    int operand1 = 0, operand2 = 0;                         /* 声明两个整数变量     */
    scanf("%d,%d", &operand1, &operand2);                   /* 从键盘输入两个整数   */
    printf("%d\n",operand1 + operand2);                     /* 向屏幕输出计算结果   */
    return 0;                                               /* 主函数返回           */
}                                                           /* 主函数结束           */
```

2. 说明

（1）在这里，main、operand1、operand2、scanf 和 printf 都称为标识符（identifier）。所不同的是，main、scanf 和 printf 是系统中预定义的标识符，而 operand1 和 operand2 是程序员在写这段程序时定义的两个标识符。

（2）后面紧跟一对圆括号（圆括号中间可以有内容）的标识符称为函数名，例如 main、scanf 和 printf 都是函数名。函数是用一个名字表示的一系列操作。上述 3 个函数在这个代码中出现的形态又有所不同。函数 main()后面有一对花括号，中间有一组代码，用以描述这个函数应当执行哪些操作，称为函数定义。而 scanf()和 printf()后面没有一对花括号，称为函数调用。程序一开始用了一行命令#include <stdio.h>。调用是让计算机执行函数中定义的操作。任何函数都必须先有定义，后才能被调用。但是函数不一定要定义在当前程序中。对于定义在别处的函数需要用一个命令#include 将定义的文件嵌入到当前程序中。由于 scanf()和 printf()定义在文件 stdio.h 中，所以本例中使用了一个指令#include<stdio.h>。

（3）另一类重要的标识符称为变量，其特征是后面没有圆括号，例如本例中的 operand1 和 operand2 就是两个变量。顾名思义，变量就是值可以变化的数据。

（4）int、void 称为数据类型。数据类型用于声明语句中，在变量名前表明所声明变量的数据类型（所存储的是整数还是带有小数等）；函数名前，表示该函数执行后将返回该类型的数据。当然，函数也可以不返回具体数据，仅执行一系列操作（例如只执行输出操作等），这时就使用 void 表示该函数的返回类型是空，例如 main()前面的 int 表示 main()执行后将返回一个整数。C 语言有丰富的数据类型，后面将逐步介绍。

（5）上述程序中的=、+、&以及()在 C 语言中都称为操作符（operator）。用户应当注意，C 语言含有丰富的操作符，如附录 A 所示。

（6）在代码 1-3 中，“/*”与“*/”之间的内容称为注释。注释是程序的编写者向程序的阅读者提供的说明信息。这些信息不会被编译，只供阅读代码时作为参考。现代程序设计提倡“清晰第一”的代码风格，即写出的程序代码要让别人容易阅读，因此在写代码的同时添加足够的注释是一个程序员应当养成的良好习惯。

C99 除了允许使用“/*”与“*/”作为注释的起止符号外，还允许使用两个斜杠“//”引出一个单行注释。

代码 1-4 与代码 1-3 等效的注释。

```
#include <stdio.h>                                          //编译预处理：文件包含
int main(void)                                              //主函数的函数头
{                                                           //主函数开始
    int operand1 = 0, operand2 = 0;                         //定义两个整数变量
    scanf("%d,%d", &operand1, &operand2);                   //从键盘输入两个整数
    printf("%d\n",operand1 + operand2);                     //向屏幕输出计算结果
    return 0;                                               //主函数返回
}                                                           //主函数结束
```

使用“/*”与“*/”格式的注释允许插入在任何地方，例如可以写为：

```
int number1 = 0/* 一个操作数 */, number2 = 0/* 另一个操作数 */;
```

并且，一个注释可以占多行。而“//”格式的注释只能单独占一行，或出现在可编译代码所在行的后面，不能转行。

1.1.3 C 语言程序的编译、链接与执行

C 语言不是计算机 CPU 可以直接理解的程序设计语言。它是一种接近英语的程序设计语言，使用这样的语言编写程序可以使程序员把精力集中在解题思路的设计上。而计算机 CPU 所能直接理解的是用 0、1 码描述的指令系统。为此，如果要让计算机 CPU 理解并执行一个 C 语言程序，就要将这个 C 语言程序转换——翻译成所在计算机 CPU 机器语言程序，这个过程称为编译（compile）。为了区别程序员编写的程序和经过编译的程序，将前者称为源程序代码或源程序，将后者称为目标程序代码或目标程序。实现编译功能的程序称为编译器（编译程序）。注意，C 语言程序的编译并不是针对一个程序进行的，而是针对翻译单元（translation unit）进行的。每个翻译单元只是程序的一个模块。模块化程序设计是随着计算机所求解的问题越来越复杂，计算机程序的规模越来越庞大，而提出的一种程序设计策略，目的是分解问题的复杂性。

经过编译，一个源文件转换成一个目标文件。一个程序的所有目标文件（包括使用系统或别人已经开发好的目标模块）还需要通过链接才能形成可以执行的目标程序。链接是由链接器（链接程序）执行的。

图 1.1 描述了一个 C 语言程序的编译和链接过程。

一个完整的高级语言程序的开发过程就是从问题出发编写出源程序代码，经编译和链接得到可执行程序，再经运行和测试达到可以提交使用的过程。图 1.2 描述了这个过程。

注意：C 编译器因所在计算机的字长、操作系统以及开发商家不同而有一定的差异。

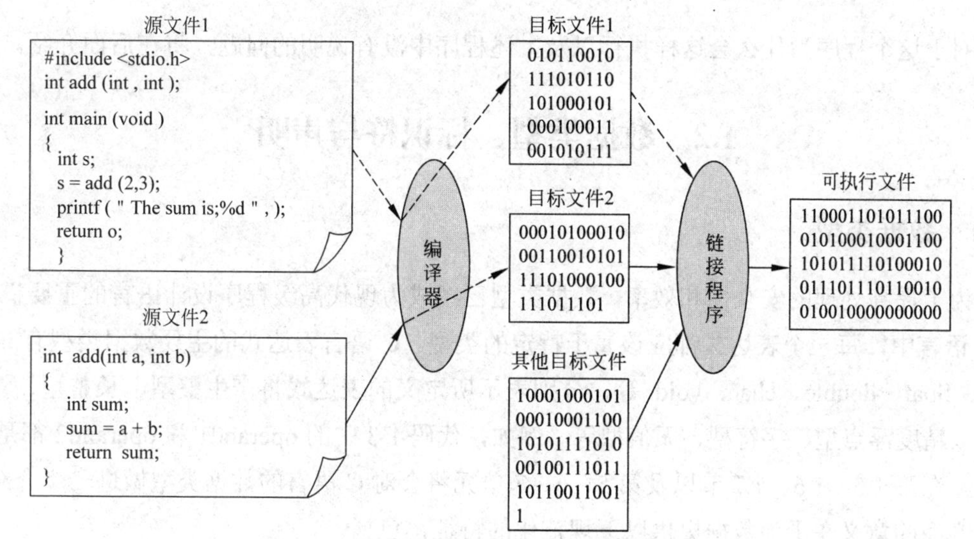

图 1.1　C 语言程序的编译和链接过程示意图

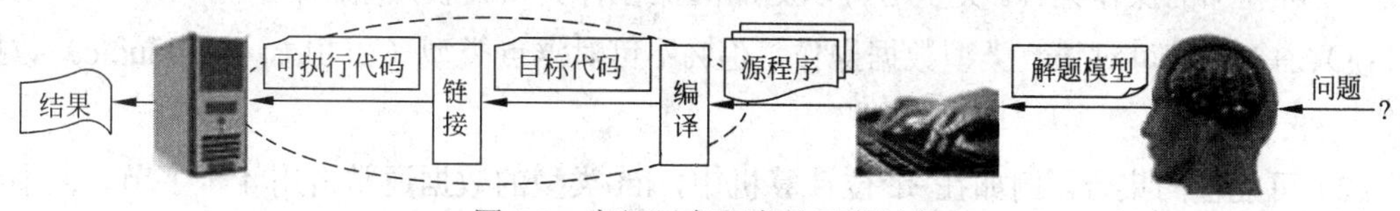

图 1.2　高级语言程序的开发过程

对于代码 1-3，经过编译与链接后，就可以执行了。执行过程如下。

（1）编译后执行时将显示出一个黑屏，黑屏的左上角有一个短线，如下所示。这个短线是一个光标，表示程序已经执行到了语句“scanf("%d,%d", &operand1, &operand2);”处，要求用户在这个位置输入两个整数数据，并用逗号分隔。

（2）输入两个用逗号分隔的数据 3 和 5 后显示如下。这实际上是将 3 和 5 暂时保存到键盘输入缓冲区中了。

（3）再敲一个回车，scanf("%d,%d", &operand1, &operand2)函数才会把这两个数据分别送到由变量 operand1 和 operand2 得到的两个地址&operand1 和&operand2 中，程序继续执行后面的操作，得到如下显示。

对于这个程序为什么会这样执行以及上述程序中没有说明的问题，将在后面介绍。

1.2　数据类型、标识符与声明

1.2.1　数据类型

为了提高处理的安全性和效率，数据类型已经成为现代高级程序设计语言的重要机制。在C语言中，每一个表达式都应该属于特定的类型。C语言表达式的主要数据类型有int、long、float、double、char、void等，分别表示所定义的表达式将产生整型、长整型、浮点型、双精度浮点型、字符型、无值型等。例如，代码1-3中的operand1和operand2都是int类型。在第1.5、1.6、1.7节以及第5、6、7单元将会对C语言的数据类型做进一步介绍。

类型的意义在于为数据提供以下规范化的特征，包括：

（1）可施加的操作集合。类型与可以施加的操作种类相关联，例如操作符*（乘）、/（除）、%（模）、+、–等可对int类型数据操作，但%不可对浮点类型（如float和double）数据操作。

（2）可能值的集合。例如在32位计算机中，int类型的数据通常占用4个字节，最小取值范围为–2 147 483 647～2 147 483 647的整数。

（3）数据对象可以容纳的值的数目。按照数据对象容纳的值的数目，可以将数据类型分为标量数据类型（只容纳一个值）和构造数据类型（可以容纳多个值）。构造数据类型还可以按照数据之间的关系进行区分。

（4）书写格式。不同类型的数据常量在程序中的书写形式有所不同，例如int类型的不可以带小数点，而float和double类型带有小数点，并可以采用科学记数法（例如把12.34567写成1234567e–5）。

（5）存储方式。存储方式包括存储空间的大小和存储形式。在C语言中，整数用定点形式存储，带小数的数据用浮点形式存储。

在定义了数据段类型以后，编译器将会据此对数据进行合法性检查和规范的操作。

1.2.2　C语言标识符规则

前面提及的函数名和变量名都是标识符。C语言要求标识符遵守下列规则。

（1）在C99之前，要求标识符只能是由大小写字母、数字和下划线组成的序列，但不能以数字开头。例如，下面是合法的C标识符：

a　　A　　Ab　　_Ax　　_aX　　A_x　　abcd　operand1　results

下列不是合法的C标识符：

5_A（数字打头）　A–3（含非法字符）

但是，C99 允许标识符由通用字符名（universal-character-name）以及其他编译器所允许的字符组成。

（2）C 语言区别同一字母的大小写，例如 abc 与 abC 被看作不同的标识符。

（3）标识符不能使用对系统有特殊意义的名字。这些对系统有特殊意义的名字称为关键字，C99 关键字见附录 B。

（4）C99 对于标识符的长度没有限制，但要求编译器至少记住前 63 个字符（C89 为 31），要求链接器能至少处理前 31 字符且区分字母大小写（C89 为 6 且不区分字母大小写）。

关于标识符的几点建议

（1）尽量能“见名知义”，增加程序的可读性。

（2）尽量避免使用容易混淆的字符，例如：

- 0（数字）、O（大写字母）、o（小写字母）
- 1（数字）、I（大写字母）、i（小写字母）
- 2（数字）、Z（大写字母）、z（小写字母）

（3）名字不要太短，可以采用词组形式。在采用词组形式时有以下两种格式可以参考。

- 骆驼命名法。即名字中的每一个逻辑断点都由一个大写字母来标记，例如 myFirstName、myLastName 等。
- 下划线命名法。即使用下划线作为一个标识符中的逻辑点分隔所组成标识符的词汇。例如 my_First_Name、my_Last_Name 等。

（4）标识符不可太长。有些语言对标识符的长度有一定的限制，并且太长的名字在书写时会很麻烦。

1.2.3 声明

声明（declaration）和语句（statement）是组成 C 语言程序的两种成分。语句用于描述需要计算机执行的操作，是向计算机发出的动作指令。声明则用于向计算机提供一个或多个标识符的含义及属性，以便正确地把源程序代码翻译成目标（机器可以识别的二进制）代码，并在编译以及程序执行中对该标识符所指的对象进行检查，发现程序中潜在的错误。具体地说，编译器可以根据声明的性质进行以下操作：

- 确定该对象的存储地址、占据的存储空间和存储格式。
- 在程序执行中依据程序员指定的生存期对该数据对象进行有效的存储管理。
- 检查施加在该对象上的操作是否允许。
- 检查该对象的取值是否在类型规定的集合内。
- 指定该标识符在哪个代码区间可以引用。

声明中所提供的核心信息是标识符，此外还有其他属性信息，其中最重要的属性信息是数据类型说明符。例如：

```
int operand1 = 0, operand2 = 0;
```

中的 int 说明了变量 operand1 和 operand2 都是 int 类型。

注意：

（1）C99 对于一个语句块内的声明位置没有特别要求，只要在标识符被引用之前即可，而旧的标准要求说明集中在一个语句块前部。

（2）当一组变量具有相同的声明说明符时可以写在一起，用逗号分隔。

（3）声明还可以用来决定变量的初值。例如在上述声明中将变量 operand1 和 operand2 都初始化为 0。

在对变量进行初始化时必须分别进行，不可几个变量共享一个初始值。例如下面的声明是正确的：

```
int x = 0, y = 0, result = 0;    //正确
```

而下面的声明是错误的：

```
int x = y = result = 0;       //错误
```

（4）声明和语句都用分号结束。

（5）变量除了类型属性以外，还有作用域（在哪个代码区间可见）、生存期（存储空间何时被创建以及何时被回收）以及链接性 3 个属性。对于这 3 个属性将在第 2.5 节和 9.4 节进行较为详细的介绍。

（6）声明可以分为定义性声明和引用性声明两种。定义性声明是在向编译器提供有关信息的同时要求为其声明的标识符分配存储空间，而引用性声明仅向编译器提供一个或多个标识符的关键信息。关于这些，将在 1.4 节和 9.1 节进行讨论。之前关于变量的声明都是定义性声明，并简称声明。

1.3 表 达 式

数据是计算机程序操作的对象和结果（包括中间结果）。

在程序中，数据都是以表达式（expression）的形式存在的。每一个表达式都返回一个属于特定数据类型的值。在 C 程序中，表达式有 3 种基本形式，即字面量、变量和带有操作符的组合表达式。

1.3.1 字面量

字面量（literal）也称常量，是数据值的直接引用。使用这种数据不需要访问内存，因为它们没有独立的存储空间。字面量也属于特定类型，其类型可以由书写形式直接标明或推断出。例如：

- 2147483645：由其值可知，在 32 位系统中，它是一个 int 类型的整数常量（integer）。
- 3L：由其后缀 L 知道它是一个 long int 类型的整数常量。
- 3.1415f：由其后缀 f 知道它是一个 float 类型的浮点常量（floating）。
- 3.1415：没有后缀 f，知道它是一个 double 类型的浮点常量。
- '5' 和 'a'：由单撇知道它们是两个 char 类型的字符常量（charactor）。
- "I am a student."：由双撇知道它是一个字符串字面量（string literal）。

1.3.2 数据实体

数据实体（object）也称数据对象，是拥有一块独立存储区域的数据，如果要使用这种表达式的值，需要访问其所在的内存空间。C 语言允许用以下几种方式访问数据实体。

1. 用名字访问

1）变量及其声明

可以用名字访问的数据实体称为变量（variable），或者说变量是被命名的数据实体。一个变量在使用之前需要先声明（定义），以向编译器注册一个名字及其属性，供操作时进行合法性检查。变量有许多属性，数据类型是其最重要的属性，其他属性将在以后逐步介绍。变量被声明后，编译器就会按照指出的属性为其分配一个适合的存储空间。下面是几个变量的声明：

```
int i;                       //定义一个 int 类型变量 i
float f ;                    //定义一个 float 类型变量 f
double d;                    //定义一个 double 类型变量 d
char c;                      //定义一个 char 类型变量 c
```

变量的基本特点是可以用名字对其代表的存储空间进行读（取）写（存）操作。在使用时，因使用场合不同具有不同的含义，它有时被当作一个存储空间，有时被当作一个值。例如，对变量进行读操作（例如输出）时被当作一个值；而对变量进行写操作（要把一个值送到变量）时被当作一个存储空间。

2）变量的赋值操作

向变量送（写）一个值称为赋值，使用赋值操作符（=）进行。赋值是改变变量值的操作。例如：

```
int i, j;                    //定义 i
i = 8;                       //给 i 赋值 8
j = 5;                       //给 j 赋值 5
i = i + 3;                   //给 i 赋予 i 的原值加 3
```

3）变量的初始化

C 语言允许在声明一个变量的同时给其一个初始值，这称为变量的初始化。例如：

```
int i = 3;                   //定义一个 int 类型变量 i，并为其赋初值 3
float f = 1.234;             //定义一个 float 类型变量 f，并为其赋初值 1.234
double d = 1.23456;          //定义一个 double 类型变量 d，并为其赋初值 1.23456
char c = 'a';                //定义一个 char 类型变量 c，并为其赋初值'a'
```

在 C 语言程序中，变量的初始化不是必需的。声明一个变量之后，如果没有给它一个值，则它的值到底是什么是不可预知的。这样如果不慎使用了这个变量，就会得到不可预知的结果。在某些情况下，还可能因涉及敏感数据而使系统运行出现问题。

4）变量的“固化”

在一个数据实体的声明中，增加了 const 修饰，它就成为一个符号常量，也称常变量或常量。这种常量虽然占有内存空间但只可读、不可写——不可进行赋值操作。例如：

```
const double PI = 3.1415926;
PI = 1.23;                              //错误，不可赋值
```

5）临时实体

临时实体没有名字，是在程序运行过程中稍纵即逝的实体。这里暂不讨论。

2．指针（pointer）访问

程序中使用的任何一个数据实体都存储在内存的特定位置上，这个位置用指针表示。指针变量简称指针，是存储数据实体地址的变量。或者说，指针提供了一种访问内容地址的手段。

指针变量也有类型。指针变量的类型就是它所指向的数据实体的数据类型。或者说，一个指针只能指向一种特定类型内存空间。因此，指针的声明要标明其所指向的数据类型，并在数据类型与指针变量名之间加一个*，以表明它是指针。例如：

```
int * pi;                    //定义一个指向 int 类型的指针
double * pd;                 //定义一个指向 double 类型的指针
char * pc;                   //定义一个指向字符类型的指针
```

指针变量用地址初始化。如果已知一个数据实体的地址当然很好，不过在设计程序时并不知道这个数据实体的地址，因为在不同的计算机上，数据实体的地址是不相同的。所以，常常用&（取地址操作符）对变量进行计算来获得实体的地址，例如在代码 1-3 中，为什么 scanf()函数会把两个操作数 3 和 5 分别送到变量 operand1 和 operand2 的地址中？因为函数 scanf()定义的是格式字符串参数后面要求的是几个地址或指针参数，所以在代码 1-3 中使用了&operand1 和&operand2，分别得到了两个地址。在定义指针时，也常用这个操作符来获得其所指向变量的地址对其进行初始化，例如：

```
int i = 3;                   //定义一个 int 类型的变量 i
int *pi = &i;                //用变量 i 的地址初始化 int 类型的指针 pi
```

这样，指针 pi 就初始化为指向变量 *i*。

在定义了一个指针之后，就可以用直接访问和间接访问两种形式使用它了，直接访问是使用它的值——地址值，间接访问所引用的是它所指向的变量。在指针名前加一个*，就表示对指针进行间接操作。例如用*pi 就可以访问指针 pi 所指向的存储空间，即*pi 与 *i* 等价。

1.3.3　含有操作符的表达式及其求值规则

含有操作符的表达式是操作符与表达式的合法组合，即这类表达式的值是通过一定的操作得到的，例如 number1 + 3、number + munber2 等。这个定义是递归的，即组合可以是多层次的，例如 number = number + munber2 等。

要了解这种含有操作符的表达式的性质，必须了解相关操作符的性质。

1. C 语言操作符的类型

为了彰显高效、灵活的特色，C 提供了极其丰富的操作符如附录 A 所示，这些操作符可以用不同的方法进行分类，例如：

（1）不同的操作符需要的操作数不同。按照操作数的数量，操作符可以分为以下几类。

- 一元（单目）操作符：即只有一个操作数，例如+（正）、-（负）等。
- 二元（双目）操作符：即具有两个操作数，例如+（加）、-（减）、*（乘）、/（除）等。
- 三元（三目）操作符以后介绍。

（2）按照操作功能，操作符可以分为算术操作符，例如+（正）、-（负）、+（加）、-（减）、*（乘）、/（除）等，以及赋值操作符（=）、关系操作符（>=、>、==、!=、<、<=）、逻辑操作符等。其种类繁多，以后会逐步介绍，下面先介绍两类常用的操作符。

1）赋值操作符与赋值表达式

赋值操作执行数据传送操作——将其右边表达式的值的副本传送到其左边的数据实体中，并返回这个值。

代码 1-5　交换两个变量的值。

```
//变量 a、b、temp 是 3 个相同类型的变量，且变量 a、b 已经有确定的值
temp = a;                   //语句 1
a = b;                      //语句 2
b = temp;
```

说明：

（1）在 C 语言中，“=”被称为赋值操作符（assignment operator）。例如，表达式 temp = *a* 操作是将 *a* 的值的副本传送给变量 temp。所谓传送副本是指赋值并不改变赋值操作符右表达式的值。假设 *a* 原来的值为 3，*b* 原来的值是 5，则执行代码 1-5 中的 3 个表达式的情况如下：

- 执行 temp = *a*，将 *a* 的副本 3 送到变量 temp 中，即 temp 变为 3，*a* 仍为 3；
- 执行 *a* = *b*，将 *b* 的副本 5 送到变量 *a*，即 *a* 变为 5，*b* 仍为 5；
- 执行 *b* = temp，将 temp 的副本 3 送到变量 *b*，即 *b* 变为 3，temp 仍为 3。

这样就实现了变量 *a* 与变量 *b* 的值的交换，temp 只充当了一个中介。

（2）注意不能把“=”当作等号。例如表达式 $a = a + 1$，把“=”理解成等号是没有意义的，而作为赋值操作，是把 *a* 的值加 1 后再赋值给 *a*。

（3）赋值表达式的值就是其所传送的值。例如表达式 $a = 5$，所传送的值是 5，也即该表达式返回的值是 5。

（4）当有多个赋值操作相邻时，应当按照从右向左的顺序进行操作。例如程序段

```
int a,b,c;
a = b = c = 5;
```

执行时先将 5 赋值给 *c*，再将表达式 $c = 5$ 的值 5 赋值给变量 *b*，最后将 $b = (c = 5)$的值 5 赋值给变量 *a*，整个表达式的值为 5。

2）算术操作符与算术表达式

算术运算是数学中最古老、最基础和最初等的部分。表 1.1 是 C 语言提供的用于支持算术运算的 7 种操作符，人们常把它们统称为算术操作符。

表 1.1 C 语言提供的用于支持算术运算的 7 个操作符

符　　号	+	–	*	/	%	+	–
意　　义	正号	负号	乘	除	求余	加	减
操作数个数	1	1	2	2	2	2	2
操作数类型	数值数据	数值数据	数值数据	数值数据	整 型	数值数据	数值数据

说明：

（1）求余运算是计算两个整数相除得到的余数，如表达式 10 % 7 的值为 3。

（2）C99 规定，除运算计算两个整数相除时得到的商是向 0 舍入，如表达式–9/7 的值为–1（在 C89 中可能为–1，也可能为–2），9 / 7 的值为 1，2 / 3 的值为 0，因此表达式 2 / 3 * 1000000000 的值也是 0。所以在使用整数相除时要格外小心。

（3）C99 规定，两个整数进行%运算，值的符号与被除数相同。

（4）在使用/和%时，若右操作数为 0，会得到难以预料的结果。

（5）在 C 语言中，一元正号（+）和一元负号（–）都是操作符，但与普通数学中的概念有所不同。例如，写+5 与写 5，在普通数学中认为等价，而在 C 语言中它们的概念有所不同：5 表示一个字面值，而+5 是一个对常量 5 进行取正操作的表达式。同理，–5 也不是一个常量，是一个对常量 5 进行取负操作的表达式。

2. 操作符的优先级与结合性

在一个含有多个操作符的表达式中，哪个操作符先与操作对象相结合，主要由以下规则决定。

1）操作符的优先级别（precedence）

每一个操作符都有一个优先级别，例如前面介绍的算术操作符和赋值操作符的优先级别从高到低依次是：

（单目+、单目–），（*、/、%），（双目+、双目–），=

当一个表达式中含有多个操作符时，优先级高的操作符具有与操作对象结合的优先权。例如表达式 $a = a + -b$，执行的顺序是$-b$，$a + (-b)$，$a = (a + (-b))$。

2）结合性（associativity）

C 语言中的操作符具有以下一种结合性。

（1）左结合（left associative）：当两个优先级相同的操作符相邻时，左边的操作符优先与操作对象结合。算术操作符就是左结合的，所以，2/3*1000 的含义是(2/3)*1000，其值为 0。

（2）右结合（right associative）：当两个优先级相同的操作符相邻时，右边的操作符优先与操作对象结合。赋值操作符就是右结合的，所以，表达式 $a = b = c = d = 5$ 执行的顺序是：$d = 5$ 这个表达式值为 5，$c = (d = 5)$这个表达式的值为 5，$b = (c = (d = 5))$这个表达式的值为 5，$a = (b = (c = (d = 5)))$这个表达式的值为 5，并且在这个过程中依次将 d、c、b、a 的值改变为 5。

1.3.4 C 语言的实现定义行为和未定义行为

1. 实现定义行为

C 语言以高效、灵活为宗旨，为此它定义了一个精干的内核，标准的制定也比较宽松。把一部分空间留给编译器，让它们可以“将在外，君命有所不受”，以便根据所使用的系统从不同的实现技术出发充分发挥自己的优势。但这样就会出现一些现象：同一行为在不同的编译器中会有不同的结果。这种行为称为实现定义行为（implementation defined behavior）。这种行为并不导致编译失败，仅仅导致不同的结果。下面是已经介绍的 C 语言标准中的实现定义行为的例子：

- C 语言只规定了 int 类型最少用 2B（16b）存储，但具体是 4B 还是 2B，没有定死，并且是原码表示还是补码表示或是反码表示，由实现决定。
- C 语言只定义了 char 类型最少用 1B 存储，具体用 ASCII 码还是 Unicode 或者其他，没有规定。即使是 1B，对应的整数取值范围是−128～127、−127～127 还是 0～255，也没有定死。

这些在不同的编译器中是不相同的，以后读者还会看到更多的实现定义的例子，在选择编译器时必须注意这一点。

2. 未定义行为

有一些行为是 C 语言标准甚至各编译器也没有定义的。例如：

- 一个未初始化的变量的值是多少是一个未定义行为。
- 表达式 $x = f(y) + g(z)$是先计算 $f(y)$还是先计算 $g(z)$，C 语言没有规定。由于在 C 语言表达式中不遵循交换律，所以不同的编译器因为两个函数的执行顺序不同可能会得到不同的结果。

正如 C 标准所说的，未定义行为可能会导致也许“什么事情都可能发生”，也许“什么都没有发生”。这些行为称为未定义行为（undefined behavior）。具体地说，如果程序调用未定义行为将会出现不可预知的结果：可能会编译失败，也可能成功编译，也许会在开始运行时没有错误而后出现错误，或者有时成功有时失败。

未定义行为是非常难以发现的异常，处理的基本方法是改写代码，尽量用已定义操作书写程序。

1.4 函　　数

1.4.1 用函数组织程序

函数（function）是 C 程序的组件。每一个 C 程序都由一个或多个 C 函数组成。每一个函数实现程序中需要的一个特定功能，并可以接收 0 个或多个参数，返回 0 个或 1 个值。为了说明函数的概念，将代码 1-4 中的两个数相加的功能改用一个函数实现。

代码 1-6　用一个函数实现 operand1 + operand2。

```
#include <stdio.h>
int add(int x, int y);                                        //函数声明
int main(void)
{
    int operand1 = 0, operand2 = 0;

    scanf("%d,%d", &operand1, &operand2);
    printf("%d\n",add(operand1,operand2));                    //调用函数 add()并显示结果

    return 0;
}

//函数定义
int add(int x, int y)
{
    return x  +  y;                                           //函数返回
}
```

代码 1-6 的执行过程如图 1.3 所示。从这个执行过程可以看出，函数的使用涉及了定义、声明、调用和返回 4 个环节。

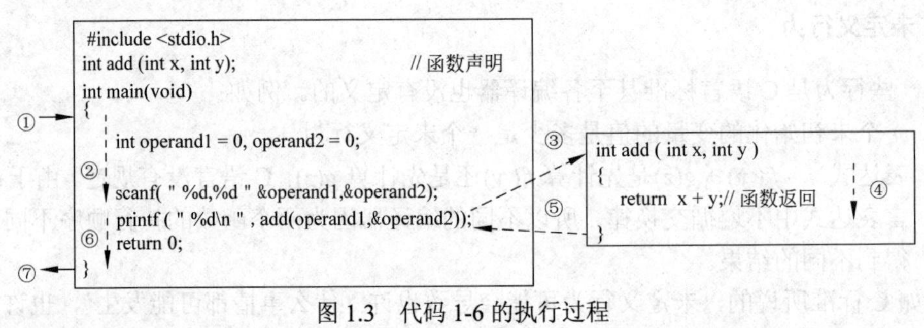

图 1.3　代码 1-6 的执行过程

这个过程如下：

① 代码 1-6 启动。

② 按顺序执行 main()中的第一个声明和 scanf()函数调用。

③ 执行到语句 printf("%d\n",add(operand1,operand2))时要调用函数 add()。所谓调用包括两个过程，首先把实际参数 operand1 和 operand2 的值传递给 add()函数的两个形式参数 x 和 y，然后将执行权转移到 add()函数中的第一条语句。

④ 依次执行 add()中的语句。执行到 return 语句时，返回 $x + y$ 的值给表达式 add(operand1,operand2)。

⑤ 流程返回到 main()，并将表达式 add()的返回值按照格式字段"%d"要求的格式进行转换显示出来。

⑥ 再继续执行 main()中的其他语句。

⑦ 如果其他语句被正确执行，就会执行到语句 return 0，以此表示该程序正常结束。

1.4.2　函数定义、函数调用与函数返回

1. 函数结构与函数定义

如图 1.4 所示，函数由函数头和函数体两个部分组成。

函数头规定了函数的名字、参数列表和返回的数据类型。如在函数 add()的函数头中，“add”就是它的名字，“int”就是它返回的数据类型，参数 x 和 y 用于接收调用表达式中传递来的参数。函数可以没有参数，如前面使用的 main()。

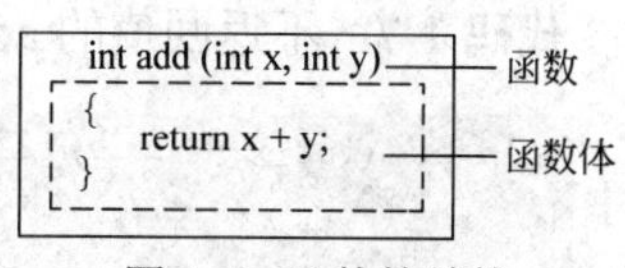

图 1.4　函数的结构

函数体由一些说明和语句组成，并用一对花括号作为起止符。函数定义就是写出函数中需要的声明和语句。

注意：

（1）旧版本的 C 语言要求在一个函数中声明要写在所有语句之前，而 C99 允许将声明写在任何需要的位置。

（2）C99 不允许缺省函数的返回类型。

2. 函数调用与参数传递

定义函数只是给出了函数的存在形式，它并不会起任何作用，只有在调用时才能起作用。函数调用有两个作用：

1）向被调函数传送 0 个值或多个参数

参数传递就是将各实际参数（argument）的值传送给形式参数（parameter）。形式参数是函数定义中给出的参数，之所以称其是形式的，是因为定义时它们没有任何值，只是在形式上表明了其在函数工作时承担的角色。在代码 1-6 的函数 add()定义中的 x 和 y 就是两个形式参数。实际参数是函数调用表达式中使用的参数，是已经有具体值的变量，例如代码 1-6 中的 operand1 和 operand2。在函数调用时，要将实际参数的值传送给形式参数。

当一个函数不需要参数时，其参数部分最好用 void 表明。

2）流程转移

函数调用的根本目的是让函数执行以发挥其功能。参数传递执行后，计算机 CPU 的指令计数器将从调用语句处转移到被调用函数的起始处开始执行函数中的指令。

3. 函数返回

1）函数返回的功能

（1）向主调函数返回一个值或 0 个值，即 C 语言中函数最多可以返回一个值。例如在代码 1-6 中是将 $x + y$ 的值返回送给 main()中的调用表达式 add(operand1,operand2)。对于返回 0 个值的函数，函数定义处的返回类型须用 void 指明。

（2）流程返回，即程序的执行从被调函数返回到主调函数中的调用处。

2）return 语句与返回表达式

函数通过 return 语句执行返回操作。在 return 语句中用一个返回表达式（或称 return 表

达式）向调用表达式返回值。由于一个 return 语句中最多只能有一个表达式。

说明：

（1）这里所说的“最多一个”是允许 return 语句中没有表达式。这样的函数只执行一些操作，例如输入与输出操作，而不向调用者提供数据。

代码 1-7　不返回值的 add()函数。

```
void add(int x, int y)
{
    printf("%d\n",x + y);
    return ;                                //无返回表达式的 return 语句
}
```

（2）若无返回表达式的 return 语句位于函数体的最后，则可以将其省略，将流程返回的功能交由作为函数体结束标志的右花括号代理。

代码 1-8　无 return 语句的 add()代码。

```
void add(int x, int y)
{
    printf("%d\n",x + y);
}
```

（3）若返回类型为 void 的函数试图返回一个值，或者一个非 void 的函数使用了无表达式的 return 语句，都是错误的。

代码 1-9　编译时将会给出出错信息的函数。

```
void add(int x, int y)
{
    return x  +  y;                         //返回表达式值的 return 语句
}
```

（4）通过下一单元的学习可以看到，一个函数可以在不同的条件下，用不同的 return 语句执行返回操作。这时，函数中将会有多个 return 语句，但在某一个条件下只能有一个 return 语句被执行，而这个 return 语句最多只能返回一个值，所以每个函数最多只能返回一个值。

1.4.3　函数声明

在函数调用时，编译器要根据函数的基本信息（即函数名、函数返回类型、参数类型和顺序）找到相应的函数代码，并对调用表达式进行语法检查。这些基本信息也称为函数原型（function prototype）信息。但是，在函数调用表达式中只写有函数名和实际参数值，并没有函数类型和参数类型。在这种情况下，如果从前面得不到函数的有关信息，编译器只能根据参数估计地生成有关函数的原型信息。之后进行函数调用时，有可能会因估计错误造成错误的调用得出错误的结果。为避免编译器的这种冒险，C 语言要求一个程序必须在调用语句前让编译器知道后面要使用的函数的原型信息。解决这个问题的方法有两种：一是将函数定义放在函数调用之前，编译器从函数定义中获取函数的原型信息；另一个方法是当函数定义在后或定义与调用不在同一个文件中时（例如使用库函数），要在函数调用前使用原型声明。

所谓原型声明，就是用一个声明给出函数的原型信息，其格式如下：

函数返回类型 函数名(参数类型列表)；

注意：

（1）在函数调用时，编译器除了要对函数返回类型和函数名进行语法检查以外，还要对函数参数的类型进行语法检查。但参数名不在检查之列，因为参数名仅仅具有形式上的作用。

（2）函数声明是引用性声明，所以一个函数只能定义一次，而函数声明可以有多个。

1.4.4 main()函数

main()函数是 C 语言中的一个特殊函数，其特殊性表现在以下几个方面。

（1）在一个 C 程序中，main 函数是唯一的，并且 main()函数的名字是固定、不可改变的，连大小写也不可改变，因为 C 语言区分大小写。

（2）main()函数是由操作系统调用的，它不需要声明。一个 C 程序被运行时，首先从 main()开始执行。

（3）main()被调用时，可以接收命令行的参数，也可以不接收命令行的参数。当不要 main()接收参数时，其参数部分用 void 表示。

（4）main()函数中的“return 0;”是写在函数体中的最后一个语句。与之对应，main()的返回类型应当为 int。这样，当程序能够执行这个语句时，就说明这个 main 函数能正常结束了，即这个语句可以向 main 函数的上级——操作系统返回一个报“平安”的“0”。因为如果 main()执行不到这个语句，就说明 main()没有正常结束。用“return 0;”作为 main 函数的最后一个语句是一种良好的程序设计风格，也是 C89 的一个要求。

（5）若一个程序中需要执行的功能较多，可以将这些功能分布在一些其他函数中，这时主函数就起到调度与控制作用。

（6）C99 允许将 main()声明为实现定义行为。

- 允许不将 main()的返回类型定义为 int。
- 当将 main()的返回类型定义为 int 时，允许在结尾处不写“return 0;”。这时，main()将自动返回一个 0。
- 允许 main()不使用规定的参数。

但是尽管如此，将返回类型定义为 int，并且在 main()函数体的最后写一条“return 0;”，可以使程序具有可移植性，这也是一种好的代码书写习惯。

1.4.5 库函数与头文件

在一个程序中使用的函数不一定非要自己设计，也可以采用别人设计的、经过验证的、可靠的函数，并且现代程序设计建议优先选择后者。为了支持程序员开发，开发商收集了大量经过验证的函数，将它们的定义组织在特定的目录 lib 中，这些函数称为库函数。

此外，C 语言追求简洁、高效，所以其内核较小，把许多功能交给库函数完成。例如前面使用的输入函数 scanf()和输出函数 printf()就是两个库函数。

为了便于程序员使用，开发商还将这些库函数进行分类，把一类库函数的原型声明组织在一个头文件中。例如 scanf()和 printf()的原型声明就被收集在头文件 stdio.h 中。因此，为了得到函数的原型声明，需要在函数调用前将有关头文件包含在当前程序中，#include <stdio.h>就是这样的命令。

C 语言的有关头文件和库函数见附录 F 和附录 G。

1.4.6 printf()函数的基本用法

printf()函数称为格式化输出函数，用来向显示器屏幕进行数据的格式化输出。所谓格式化输出，是指它可以控制在屏幕上显示的格式。所以它的参数分为两大部分，即格式参数字符串字面量和要输出的数据。其原型如下：

```
int printf(格式参数字符串字面量, 表达式 1, 表达式 2, …);
```

如图 1.5 示，printf()的参数分为两个部分，即格式参数和数据参数。

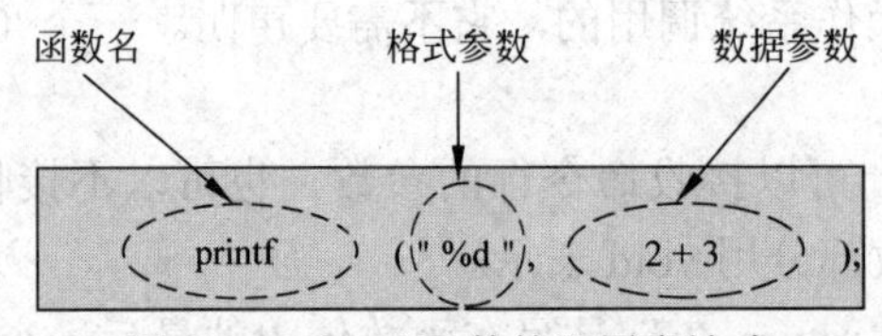

图 1.5 printf ()函数的调用表达式

1. 格式参数

格式参数通常是被括在一对双撇号中的字符串字面量，它可以由 3 个部分组成：

1）格式转换说明字段

格式转换说明字段用于说明要把对应的数据项转换为什么样的输出形式，主要由“%”和格式转换说明符（conversion specifier）组成。常用的格式转换说明符如下。

- d：以十进制整数形式输出（用于 int 类型）。
- f：以带小数的十进制形式输出（其中，flaot 类型用 f，double 类型用 lf）。
- s：以字符串字面量形式输出。
- c：以单个字符形式输出。

2）转义字符

转义字符由一个反斜杠加一个特殊字符组成。通常，每个转义字符表示一个用常规方法不易或无法表示的字符。常用的转义字符有：

- \n：换行。
- \t：后项移动一个固定距离（制表距离）。

3）普通字符

格式字符串字面量中的普通字符将按原样输出。

2. 数据参数

数据参数由一组用逗号分隔的表达式列表组成。在正常情况下，表达式列表中的表达式个数应与格式参数中的格式字段的数量一致，并且类型相对应。

代码 1-10 用 printf()函数输出多个内容表达式的值。

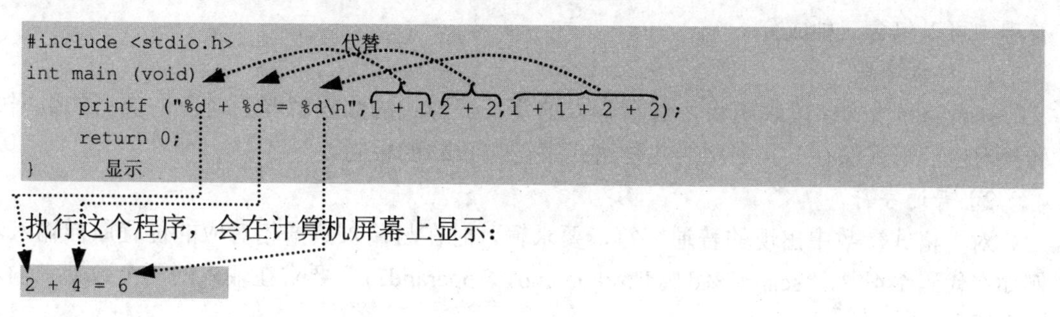

执行这个程序，会在计算机屏幕上显示：

得到这个结果的过程如下：

① 分别计算后面的 3 个内容表达式的值；

② 分别按照顺序用计算出的 3 个值代替格式参数中的格式字段“%d”；

③ 将形成的一串字符显示出来。

可以看出，原来格式字符串字面量中的“+”、“=”都原样显示出来了，只有格式字段被用后面表达式的值替换了。

注意：

（1）数据参数的计算顺序在不同的编译系统中可能会有所不同。

（2）printf()函数的数据参数部分可以空，与之对应，在格式参数字符串字面量中也就不应该有格式字段。这时 printf()只输出一串字符。

代码 1-11 使用 printf()输出一个字符串字面量。

```
#include <stdio.h>
int main (void) {
    printf ("hello!\n");
    return 0;
}
```

执行这个程序，会在计算机屏幕上显示：

```
hello!
```

1.4.7 scanf()函数的基本用法

用户在用键盘输入数据时，敲入的是一个一个的字符。用户在输入一系列字符后，这些字符会按照输入的顺序保存在输入缓冲区中。scanf()函数的功能就是把这些字符流进行切割并按变量的类型进行转换后，分别送入到相应的内存空间中。为了实现上述功能，scanf()的形式参数分为两个部分，即格式参数（用于指定要转换的数据类型和存放格式）和地址参数（用于指定内存中的数据存放位置），形成以下格式：

```
int scanf(格式参数字符串字面量,地址1,地址2,…);
```

1. 格式参数

格式参数用一串括在双撇号之间的格式参数字面量表示，称为格式字符串。在格式字符串中可以包含三种成分。

1）格式字段

scanf()的格式字段表明将由键盘输入的字符流形式的数据解释为对应的类型的数据并转换对应的形式保存。其常用的几种格式字符与printf()相同。

2）普通字符

对于格式参数中出现的普通字符，要求输入时在与输入数据相对应的位置原样输入。例如在代码1-4中，"scanf("%d,%d",&operand1,&operand2);"要求在输入的两个数据中输入一个逗号。

3）空白字符

格式参数中的空白字符（white-space characters）匹配输入流中的0个或任意多个空白字符（主要指新行字符、制表符和空格）。空白符只在极其特殊的情况下使用，乱用空白符可能会导致产生一些意想不到的结果。例如，下面就是初学者常犯的一个错误。

```
scanf("%d\n",&operand1);
```

由于不恰当地使用了空白字符"\n"，会发现输入operand1的数据之后无论回车多少次程序都没有反应。这是因为，对于scanf()函数来说，格式参数中的一个空白字符可以匹配输入流中任意多个连续的空白字符。所以，切忌在scanf()函数调用表达式格式参数的最后写空白字符。

2. 地址参数

scanf()函数中的地址参数由用逗号分隔的地址列表组成，通常使用操作符&获得变量的地址。

代码1-12 演示符号&的意义。

```
#include <stdio.h>
int main(){
    int a = 5;
    printf("a的值是：%d。\n",a);
    printf("&a的值是：%p。\n",&a);
    return 0;
}
```

这个程序的执行结果如下：

```
a的值是： 5。
&a的值是:1245052。
```

这里，5是变量*a*中存放的数值，简称*a*的值；1245052是&*a*的值（如图1.6所示，就是变量*a*的内存地址）。scanf()函数的基本功能是把从键盘输入的数据读取到一个或多个指针所指向的内存空间中。

地址	内容
1245052	5

图1.6　变量*a*的地址与内容

3. 用scanf()函数输入数值数据的过程

C程序视从键盘上输入的字符为输入流。用scanf()函数输入数值数据的过程如下：

首先忽略输入流中的一个或多个空白（空格符、制表符、换页符、换行符，但输入字符时无此功能），然后用格式字符串中的第一个格式字段去找输入流中匹配的数据，并将该数据送到第一个地址参数所指出的存储空间中；再用下一个格式字段去寻找输入流中的下一个匹配的数据，并将其送到顺序对应的地址参数所指出的存储空间中……。

在输入流中寻找数据的过程是一个匹配过程。按照匹配的性质，将格式字符串中的字符分为3类，即空白字符、格式字段和其他字符。其匹配过程如下：

① 若遇到的字符是非格式字段字符，scanf()将忽略输入流中同样的字符；若不匹配，就会因异常退出。但是格式字符串中的空白字符将使scanf()忽略输入流中任意多个（包括零个）空白。

② 若遇到的字符是%，则将其后面的有关字符认为是格式字段，多数格式字段（除%[、%c和%n）会跳过连续空白，然后去匹配输入流中的数据。如果匹配上，将该数据读出，送到对应地址参数指出的存储空间中；如果匹配不上或者匹配上的数据类型与地址参数指出的存储空间类型不兼容，则发生异常退出。

③ 在读取数值数据时首先找符号+或-，然后读取数字（可能或包含一个小数点），直到遇到一个非数字。

代码1-13　输入数值数据程序。

```
#include <stdio.h>

int main(){
    int d;
    scanf("%d",&d);
    printf("1:%d,",d);
    scanf("%d",&d);
    printf("2:%d,",d);
    scanf("%d",&d);
    printf("3:%d,",d);
    return 0;
}
```

输出如下：

```
 77  88   99↵
1:77,2:88,3:99,
```

在这个程序执行时，输入数值数据77、88、99前分别有1、2、3个空格，但是都被%d跳过了。

1.5 程序测试

程序设计过程是人的智力与客观问题的复杂性之间较量的过程。在这个过程中，任何疏漏或知识与经验的不足都会造成程序的错误或异常。测试就是找出程序中的这些错误和异常的过程。

1.5.1 程序中的语法错误和逻辑错误

一般来说，程序中的错误大致可以分为两类。

1. 语法错误

一个C语言程序中任何不符合C语言语法规则的情况都会造成语法错误，例如：

- 主函数名写成“Main”。
- 一个语句没有用西文分号结束，而是用了“。”号、“.”号、中文分号(；)等结束。
- 一个语句块的前后花括号不配对，或配对错误。
- 文件包含命令后使用了分号。

⋮

语法错误将导致一个程序无法编译。

2. 逻辑错误

逻辑错误是指程序没有按照设计者预期的思路执行，虽然可以通过编译，但得不到预期的结果。下面是几种常见的逻辑错误。

- 操作符使用不正确。例如将判等操作符写成“=”。
- 语句的先后顺序不对。
- ……

1.5.2 程序运行中的异常与错误

程序运行中的异常和错误是指程序无法正常运行，造成的原因或由于某些未定义行为(算法溢出——超出数值表达范围、除数为零、无效参数等)，或由于系统资源限制（内存溢出、要使用的文件打不开、网络连接中断等)。一般来说，这些现象都可以通过一定的机制检测到。之后，有的可以恢复和处理，称之为运行异常，例如某些未定义行为引起的异常；有些则无法恢复和处理，例如资源性异常，将之称为运行错误。

1.5.3 程序测试及其观点

经过20世纪60年代和80年代的两次软件危机，人们取得了一个共识：任何程序都会存在错误或缺陷。以此认识为前提的发现程序中错误的过程称为程序测试。基于不同的立场，存在着两种截然相反的测试观点：

A：测试的目的是为了证明程序是正确的。

B：测试的目的是为了发现程序中的错误。

实际上，观点 A 将指导一种自欺欺人的行为，它对于提高程序的质量毫无价值。正确的观点是 B。Glenford J.Myers 把它归结为以下 3 句话：

- 测试是程序的执行过程，目的在于发现错误。
- 一个好的测试在于能发现至今未发现的错误。
- 一个成功的测试是发现了至今未发现的错误的测试。

1.5.4 程序的静态测试与动态测试

按照测试环境，测试可以分为静态测试和动态测试。静态测试就是人工仔细地阅读程序代码和文档，从中发现程序中的错误。这要求程序测试者必须熟悉 C 语言语法，也要清楚程序的逻辑。

动态测试就是让计算机执行程序，通过执行发现程序中的错误。动态测试需要下面两个条件：

（1）已经排除了语法错误。因为不通过编译的程序是无法运行的。

（2）程序的每次运行都需要一定的数据环境。程序是对数据进行操作的，不同的数据会引起程序的不同执行状态（使用的程序功能和执行的路径）。所以，动态测试的基本思路就是尽可能多地设计不同的数据组，让程序尽可能多地展现不同的执行状态，从而发现更多的程序中错误。简单地说，动态测试的关键是设计测试用例。设计测试用例的首要原则是尽可能多的“覆盖”，即：

- 覆盖各种合理和不合理的、合法和非法的、边界的和越界的以及极限的输入数据。
- 覆盖所有可能的操作和环境设置。

设计测试用例的第二个原则是容易判断。

目前，人们已经总结出一套测试用例的设计方法。本书通过具体的例子来介绍这些方法。首先对代码 1-4 进行测试。这是一个简单的程序，只需一组输入就可以覆盖所有情况。下面是用 2 和 3 测试的结果。

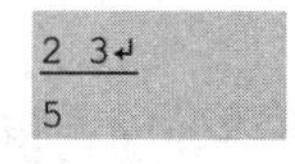

```
2 3↵
5
```

在进行 C 语言程序的测试时还需要注意未定义行为的影响。对于这一点，随着学习的深入，我们将进一步介绍。

1.5.5 设计用户友好的程序

在运行测试代码 1-3 时最先给出的是一个黑屏，不了解程序代码的人会感到莫名其妙，不知所措，最后给出的一个数字也不知道是什么。为了运行程序，用户还必须熟悉程序的代码。这显然不太“友好”，现代程序设计有一个“用户友好”的原则，就是要让用户感到方便，起码要在不了解程序代码内容的情况下知道该做什么，也能够知道程序给出了什么信息。

代码 1-14 用户比较友好的程序示例。

```
#include <stdio.h>
void add(int x, int y);
int main(void){
    int operand1 = 0, operand2 = 0;
    //int result = 0;

    printf ("请输入两个整数,用逗号分隔:");
    scanf("%d,%d", &operand1, &operand2);
    add(operand1,operand2);
    return 0;
}

//函数定义
void add(int x, int y)
{
    printf("和为: %d\n",x + y);
}
```

测试结果如下：

```
请输入两个整数，用逗号分隔: 2,3↲
和为: 5
```

显然，这样用户就感到亲切多了、好用多了。

1.6 知识链接 A：整数类型

1.6.1 有符号整数类型与无符号整数类型

在现实生活中，有些数值具有正负，例如赢利可以为正也可以为负；但有些数值不可为负，只有正值，例如年龄等。C 语言提供了有符号（signed）整数和无符号（unsigned）整数这两种数据。

图 1.7 为用同样长度的二进制字长分别表示有符号整数与无符号整数时取值范围的比较。显然，无符号整数的最大值大约是有符号整数的最大值的两倍（所谓“大约”，是因为二进制编码采用的是补码、反码还是移码，取值范围会有一点不同）。因为在定长计算机中，有符号数要用 1b 表示正负，具体数值因计算机字长和编码方式而异。

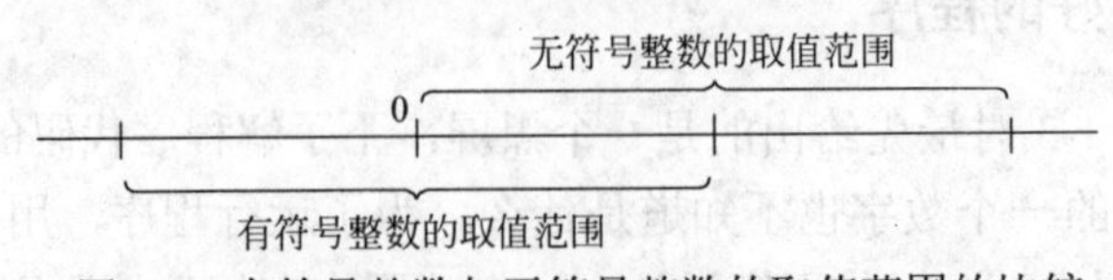

图 1.7 有符号整数与无符号整数的取值范围的比较

C 语言对整数类型按照定点格式存储，并分为一些子类型分别占用不同宽度的存储空间，典型的存储空间宽度有 1B（8b）、2B（16b）、4B（32b）、8B（64b）和 10B（80b）几种。但是C语言标准并没有指定它们的编码方式（原码还是补码），只给出了它们的最小范围：一个带符号整数的取值范围为$-(2^{n-1}-1)\sim2^{n-1}-1$（$n$为该整数所占的比特数），对应的无符号整数的取值范围为$0\sim2^{n}-1$。表1.2为不同长度整数的最小取值范围。

表 1.2 不同长度整数的最小取值范围

数据长度（比特）	取值范围	
	signed（有符号）	unsigned（无符号）
8	−127～127	0～255
16	−32 767～32 767	0～65 535
32	−2 147 483 647～2 147 483 647	0～4 294 967 295
64	−9 223 372 036 854 775 807～9 223 372 036 854 775 807	$0\sim2^{64}-1$（18 446 744 073 709 551 615）

1.6.2 标准整数类型与扩展整数类型

1. 标准整数类型

标准整数类型是C语言标准化组织（ANSI与ISO）制定的标准中定义的整数类型。但是，每一种整数类型采用多少二进制位数表示因机器字长实现而异。表1.3为在不同字长的计算机中实现C99规定的标准整数类型的一般长度。

表 1.3 在不同字长的计算机中实现 C99 规定的标准整数类型的一般长度

类　型	16 位计算机	32 位计算机	64 位计算机
char	8b	8b	8b
unsigned char	8b	8b	8b
short int	16b	16b	16b
unsigned short int	16b	16b	16b
int	16b	32b	32b
unsigned int	16b	32b	32b
long int	32b	32b	64b
unsigned long int	32b	32b	64b
long long int	—	—	64b
unsigned long long int	—	—	64b

其中的long long int和unsigned long long int两种整数类型是C99提供的，以前的版本中没有。

2. 扩展整数类型

C99 允许编译器开发商在具体实现时定义扩展的整数类型，例如定义有符号和无符号的128b整数类型。

1.6.3 宏与整数类型的极值宏

1. C 语言中的宏定义

在 C 语言中，提供了一个宏定义指令#define，其格式如下：

```
#define 宏名 宏体
```

这里，宏名是一个助记符，也称是一种标识符，宏体是一个不用双撇号括起来的字符串。这个字符串可以是一个标识符、一个字面量，可以是一个含有操作符的表达式。例如：

```
#define PI 3.1415926
```

经过这样的定义，在程序中所有 PI 就代表了字面量 3.1415926。在编译预处理时，编译器会把所有 PI 用 3.1415926 替换。采用宏定义可以提高程序的可读性。

2. 整数类型的极值宏

同一种类型的整数在不同的系统上取值范围不同。为了便于应用，各编译器对于自己使用的整数表示范围用宏定义在头文件 limits.h 中。表 1.4 列出了 limits.h 定义的整数类型的极值宏。

表 1.4 limits.h 中定义的整数极值宏

类　型	最大值	最小值	说　明
short int	SHRT_MAX	SHRT_MIN	
unsigned short int	USHRT_MAX		
int	INT-_MAX	INT-_MIN	
unsigned int	UINT-_MAX		
long int	LONG_MAX	LONG_MIN	
unsigned long int	ULONG_MAX		
long long int	LLONG_MAX	LLONG_MIN	对 C99
unsigned long long int	ULLONG_MAX		对 C99

使用这些宏可以很方便地查看具体编译器中整数的表示范围。

代码 1-15 获取当前编译系统的整数极值。

```
#include <stdio.h>
#include <limits.h>
int main (void) {
    printf ("minimum short int is:%d\n",SHRT_MIN);
    printf ("maximum short int is:%d\n",SHRT_MAX);
    printf ("maximum unsigned short int is:%d\n",USHRT_MAX);
    printf ("minimum int is:%d\n",INT_MIN);
    printf ("maximum int is:%d\n",INT_MAX);
    printf ("maximum unsigned int is:%u\n",UINT_MAX);
    printf ("minimum long int is:%ld\n",LONG_MIN);
    printf ("maximum long int is:%ld\n",LONG_MAX);
    printf ("maximum unsigned long int is:%lu\n",ULONG_MAX);
```

```
    return 0;
}
```

1.6.4 整数常量使用的 3 种进制

在 C 语言中，整数常量可以使用十进制数、八进制数、十六进制数等格式书写。表 1.5 为 3 种进制之间的关系。

表 1.5 十进制、八进制和十六进制整数的关系

进 制	记数符号	前缀
十进制	0、1、2、3、4、5、6、7、8、9	无
八进制	0、1、2、3、4、5、6、7	0
十六进制	0、1、2、3、4、5、6、7、8、9、a/A、b/B、c/C、d/D、e/E、f/F	0x/0X

1. 合法的八进制和十六进制整数举例

- 0177777：八进制整数，等于十进制数 65535。
- 0237：八进制整数，等于十进制数 159。
- 0XFFFF：十六进制整数，等于十进制数 65535。
- 0x1AF：十六进制整数，等于十进制数 431。

2. 不合法的八进制和十六进制整数举例

- 09876：非十进制数，又非八进制数，因为有数字 8 和 9。
- 20fa：非十进制数，又非十六进制数，因为不是以 0x 开头。
- 0x10fg：出现非法字符。
- –5：不是常量，因为“–”是一个操作符。

1.6.5 整数常量的标识

当遇到一个整数常量时，如何区分为 short、int、long、long long、unsigned 呢？

1. 后缀字母标识法

在字面整数后面用后缀字符表示数据类型。表 1.6 为几种整数后缀的用法。

表 1.6 几种整数后缀的用法

后 缀	表示的类型	示例与说明	
		示 例	说 明
L 或 l	long int	12L	十进制 long int
		076L	八进制 long int
		0x12l	十六进制 long int
LL 或 ll	long long int	12LL	十进制 long long int
U 或 u	unsigned	12345u	十进制 unsigned int
		12345UL	十进制 unsigned long

2．默认法

如果没有后缀（U、u、L、l、LL、ll），由该常数的值所在的范围并按照以下原则决定类型：

- 没有 short 类型的整数常量。
- 对于十进制整数，认定为 int、long int 和 long long int 中的“最小”类型。
- 对于八进制和十六进制，按照 int、unsigned int、long int、unsigned long int 和 long long int、unsigned long long int 的顺序认定。
- 对于仅有 U 或 u 后缀的整数，认定为 unsigned int、unsigned long int 或 unsigned long long int。
- 对于仅有 L 或 l 后缀的十进制整数，认定为 long int 或 long long int。

1.7 知识链接 B：浮点类型

在 C 语言中，带小数的数采用浮点（floating-point）形式表示，并分为 float（单精度浮点数）、double（双精度浮点数)和 long double（扩展双精度浮点数，仅 C99 特有）3 种浮点数据类型。但是 C 语言标准对如何表示没有进一步规定，只是对它们从以下几个方面提出要求。

（1）值特性。

（2）舍入模式。

（3）求值特性。

1.7.1 浮点类型的值的特性：取值范围与精度

C 语言标准对于其值特性的要求包括以下内容：

- 值的数量级：10 的幂值以及最大值、最小值（最接近 0 的值）。
- 两个相邻数的最小差值。
- 十进制有效数字位数。

具体如表 1.7 所示。

表 1.7 C 语言对浮点类型的最低要求

类　型	极值最小范围	相邻值最小差	最少十进制位数
float	0.0，10^{-37}～10^{37}	≤10^{-5}	≥6
double	0.0，10^{-37}～10^{37}	≤10^{-9}	≥10
long double	0.0，10^{-37}～10^{37}	≤10^{-9}	≥10

C 语言标准允许在上述最低要求的前提下让不同的编译器各显神通。为了能让用户了解这些特性，在头文件 float.h 中提供了表示每种浮点类型最大值、最小值、最小增量和十进制有效位数的宏，如表 1.8 所示。

表 1.8　头文件 float.h 中提供的浮点类型重要特性的几种宏

浮点类型	最大值	最小值	最小增量	十进制有效位数
float	FLT_MAX	FLT_MIN	FLT_EPSILON	FLT_DIG
double	DBL_MAX	DBL_MIN	DBL_EPSILON	DBL_DIG
long double	LDBL_MAX	LDBL_MIN	LDBL_EPSILON	LDBL_DIG

C 语言只对浮点类型提出了一些基本要求，没有对如何实现进行规定。但是，目前大多数计算机都采用了 IEEE 754 标准（即 IEC60559）。IEEE 754 采用科学记数法将为每种浮点数据分配的二进制宽度划分为符号位（sign bit）、阶码（即指数 exponent）和尾数（也称有效位数 significand）3 个部分。浮点数的取值范围主要由阶码决定，二进制精度主要由位数决定。表 1.9 为 3 种浮点类型的 IEEE 特征。

表 1.9　3 种浮点类型的 IEEE 特征

宽度（比特）	数据类型	机内表示（二进制位数）			取值范围（绝对值）	十进制精度
		阶码	尾数	符号		
32	float	8	23	1	0，$1.175\,49 \times 10^{-38} \sim 3.40 \times 10^{38}$	6 位
64	double	11	52	1	0，$2.225 \times 10^{-308} \sim 1.797 \times 10^{308}$	15 位
79	long double	15	63	1	0，$1.2 \times 10^{-4932} \sim 1.2 \times 10^{4932}$	19 位

1.7.2　浮点数据的舍入模式

舍入（round）模式即一个浮点数向整数转换时靠向哪个方向，这也是浮点类型的一个重要特性。IEEE 754 规定了 4 种舍入方法。

（1）就近舍入。C99 用 round()实现这种转换，例如 round(1.23)为 1，round(1.63)为 2。而 round(0.5) 为 0，round(1.5) 为 2，round(2.5) 为 2。也就是说，它没有按照四舍五入的原则，在 0.5 的舍入上采取了偶舍奇入的原则，使舍入各占 50%。

（2）向 0（截断）舍入。C 语言的类型转换就是这样，例如 (int) 1.65 为 1，(int) −1.78 为−1。

（3）向负无穷大（向下）舍入。C 语言的 floor()函数就是这样，例如 floor (1.123)为 1，floor(−1.123)为−2。

（4）向正无穷大（向上）舍入：C 语言的 ceil ()函数就是这样，例如 ceil (1.123)为 2，ceil (−1.123)为−1。

后两种舍入方法据说是为了数值计算的区间算法，但很少听说哪个商业软件使用区间算法。

在加法运算中采用哪种舍入方法呢？C 语言在头文件 float.h 中用宏 FLT_ROUND 的值为 0、1、2 和 3 分别表示就近、向 0、向负无穷大和向正无穷大舍入，用 −1 表示不确定的舍入。

1.7.3 浮点类型数据的操作限制

1. 算术运算限制

对于浮点类型不可施加的算术运算是%（取余）。

2. 判等运算限制

尽管浮点数的密度比整型数大，但也不是完全无间隙的。所有浮点数的小数部分可以分为两类：

（1）可以用二进制精确表示的：0、0.5、0.25、0.125、0.0625、0.03125、0.015625……

（2）不可以用二进制精确表示的：除上述数以外，例如：

$$(0.2)_{10}=(0.001100110011\cdots)_2$$

应该说，只有两个用二进制可以精确表示的数才可以进行判等操作；其中只要有一个不能精确表示，就不可以进行判等操作，只能对两浮点数的差与一个绝对值极小的数进行比较。这个极小的数可以根据问题要求的精度设置，但不能选择所用数据类型对应的最小增量宏的数，因为小于最小增量宏的数在所用的数据类型中是无法表示的。

1.7.4 浮点类型常量的书写格式

1. 小数分量格式与科学记数法

浮点类型常量有两种书写格式：

（1）小数分量（定点）形式。一个浮点类型数由小数点和数字组成，即小数点是必需的。例如 3. 14159、0.12345、3.、.123 等。

（2）科学记数法（浮点，即指数）形式。科学记数法把一个浮点类型数的尾数和指数并列写在一排，中间用一个字母 E 或 e 分隔，前面部分为尾数，后面的整数为指数。例如 19.345，用科学记数法可以表示为 0.19345e+2、0.19345E+2、19345e−3。

注意：

- 尾数部分可以有小数点，但指数部分一定是一个有符号整数。
- 尾数部分必须存在。
- 正号可以省略。

例如，1.23e5、3E−3 都是正确的科学记数法表示，而 E−3、1e0.3 都是不正确的科学记数法表示。

2. 后缀

- 用 f 或 F 表示 float 类型，例如 123.45f、1.2345e+2F。
- 用 l 或 L 表示 long double 类型，例如 1034.5L、1.2345E+3L。
- 对于没有后缀的，一律认定为 double 类型。

3. 十六进制前缀

C99 增加了用十六进制（以 0x 或 0X 打头）书写浮点常数的规范。

1.7.5 _Complex 类型和_Imaginary 类型

_Complex（复数）类型已经成为 C99 的内建类型，用户不需要包含任何头文件即可声明表示复数的变量，并对其进行算术和其他操作。

C99 提供了 3 种内建的复数类型：

- float _Complex；
- double _Complex；
- long double _Complex。

用它们可以声明变量、参数、返回类型、数组元素以及结构体和共享体的成员等，并且可以直接使用下列操作符到复数上：

- 一元的+、–，以及！（逻辑非）、sizeof、强制类型转换等；
- *、/、+、–；
- = =、 !=、&&、||；
- ?:和=、*=、/=、+ =、– =，以及逗号（,）。

_Imaginary 称为纯虚数类型，也可以认为是复数类型。

1.8 知识链接 C：字符类型

1.8.1 字符编码概述

字符，顾名思义就是最基本的文字符号。一个字符就是一个单位的字形、类字形单位或符号。在计算机中要处理字符就要有公认的字符编码。

最早的字符编码是 ASCII 码，许多 C 编译器采用这种编码格式。标准的 ASCII 码值的范围是从 0 到 127。

如表 1.10 所示，它包含了 52 个拉丁字母、10 个数字和二十多个常用符号，此外还添加了一些命令，例如 ENQ（查询）、ACK（肯定回答）、NAK（否定回答）等用于串行通信的控制字符，CR 表示换行。

在 ASCII 码表中查找一个字符所对应的 ASCII 编码的方法：向上找 $b_6b_5b_4$，向左找 $b_3b_2b_1b_0$。例如，字母'J' 的 $b_6b_5b_4$ 为 100，$b_3b_2b_1b_0$ 为 1010，故其 ASCII 码为 1001010。

世界文字的多样性极大地挑战了 ASCII 码。从 20 世纪 80 年代起，民间和世界标准化组织开始着手开发能包含各国文字的编码体系。其中一个非营利的组织——Unicode 联盟开发的 Unicode 编码得到广泛的应用。

表 1.10　ASCII 码（7 位码）字符表

行	列 $b_3b_2b_1b_0$ \ $b_6b_5b_4$	0 000	1 001	2 010	3 011	4 100	5 101	6 110	7 111
0	0000	NUL	DLE	SP	0	@	P	、	p
1	0001	SOH	DC1	!	1	A	Q	a	q
2	0010	STX	DC2	"	2	B	R	b	r
3	0011	ETX	DC3	#	3	C	S	c	s
4	0100	EOT	DC4	$	4	D	T	d	t
5	0101	ENQ	NAK	%	5	E	U	e	u
6	0110	ACK	SYM	&	6	F	V	f	v
7	0111	BEL	ETB	'	7	G	W	g	w
8	1000	BS	CAN	(	8	H	X	h	x
9	1101	HT	EM	)	9	I	Y	i	y
A	1010	LF	SUB	*	:	J	Z	j	z
B	1011	VT	ESU	+	;	K	[	k	{
C	1100	FF	FS	,	<	L	\	l	}
D	1101	CR	GS	–	=	M	]	m	}
E	1101	SO	RS	.	>	N	^	n	~
F	1111	SI	US	/	?	O	-	o	DEL

为了具有更强的适应性，C 语言标准没有指定必须采用哪种编码形式，具体由编译器实现。所以，char 类型所使用的存储空间可能是 8b、16b 甚至是 32b 等，但最少是 8b。

1.8.2　char 类型的基本特点

字符是一类特殊数据，在 C 语言中将之归入字符类型，用关键字 char 定义。例如：

```
char ch1 = 'a',ch2 = 'A' ,ch3 = '?' ;
```

说明：

（1）单撇号字符常量的定界符，不是字符常量的一部分，当输出一个字符常量时不输出此撇号。

（2）表示字符常量时不能用双撇号代替单撇号。例如"a"不是字符常量，而是一个字符串常量。

（3）撇号中的字符不能是单撇号或反斜杠，例如 ''' 和 '\' 不是合法的字符常量。

（4）空字符的表示为两个单撇号之间留一空格，不能写成两个靠在一起的单撇号。

（5）C 语言定义 char 类型是最少 1B 宽度的整数类型，多数系统规定为 8b。这时，其取值范围为–128～127 或 0～255，具体因编译器而异，C 标准也没有规定。例如 GCC 和 Microsoft C6.0 就是采用前者的，当只是取负值时，没有对应的 ASCII 字符。

（6）char 在技术实现上被作为整数类型处理。在使用 ASCII 码的系统中，char 类型的数据（例如字符 'a'、'A'、'?'、'3'）在内存中以相应的 ASCII 代码存放。例如，'a'的 ASCII

码为 97，而这个 97 被看作是 int 类型，并非是 char 类型。因此，在 int 类型是 32b、而 char 是 8b 的 ASCII 系统中，表达式 char ch = 'a' 意味着字符 a 作为数值 97 被存储在一个名字为 ch 的 32b 的存储空间中，进行赋值操作后，则把 97 存储在一个 8b 空间中。

1.8.3 转义字符

转义字符（即反斜杠码）是 C 语言提供的处理一些特殊字符（包括一些不可打印字符）的方法，主要有以下几种：

- 用反斜杠开头后面跟一个字母代表一个控制字符（不可打印字符）；
- 用“\\”代表字符“\”，用“\'”代表字符撇号；
- 用“\”后跟 1～3 个八进制数代表 ASCII 码为该八进制数的字符；
- 用“\x”后跟 1～2 个十六进制数代表 ASCII 码为该十六进制数的字符。

转义字符见表 1.11。因为“\”后面的字符有了特殊的含义，所以称转义字符。

表 1.11 转义字符

转义字符	意　义	转义字符	意　义
\n	换行	\\	反斜杠
\t	水平制表	\?	问号
\v	垂直制表	\"	双撇号
\b	退格	\'	单撇号
\r	归位	\ddd	用 1~3 位八进制常数表示字符
\f	走纸换页	\xhh	用 1~2 位十六进制常数表示字符
\a	报警（如铃声）		

代码 1-16 转义字符的使用。

```
#include <stdio.h>
int main (void){
    printf ("abcde");
    printf ("\nabcd\ne\n");                                    //增加 3 个换行操作转义字符
    printf ("\na\tb\tc\td\te\n");                              //增加 4 个制表操作转义字符
    return 0;
}
```

执行结果如下：

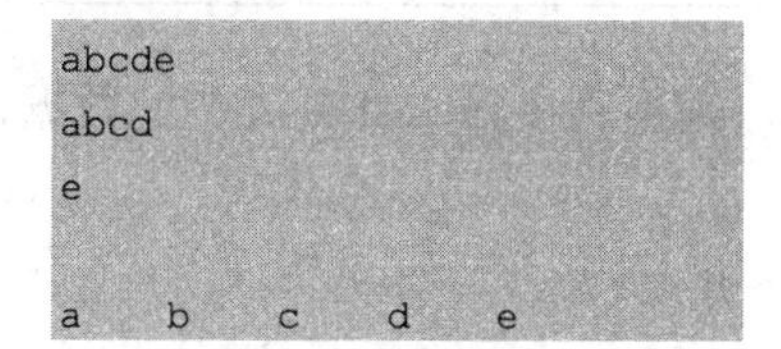

```
abcde
abcd
e

a   b   c   d   e
```

1.8.4 用 scanf( )和 printf( )输入与输出字符

用格式化输入输出函数进行字符的输入/输出，要使用字符 c 作为格式转换符。但要注意%c 没有自动跳过空白字符（空格、制表符以及 Enter 等）的功能，如果用户在要输入字符前敲了一个空白字符，会被%c 匹配掉。但是，若在格式字段%c 之前加上一个空格，就可以跳过任意多个前空白了。请分析下面 3 个程序的输入与输出的不同。

代码 1-17 输入字符数据程序 1。

```
#include <stdio.h>
int main(){
    char c;
    scanf("%c",&c);
    printf("1:%c,",c);
    scanf("%c",&c);
    printf("2:%c,",c);
    scanf("%c",&c);
    printf("3:%c,",c);
    return 0;
}
```

输出如下：

```
 a b c↲
1: ,2:a,3: ,
```

这个程序执行时，输入了前面各有一个空格的字符数据 a、b、c，但是却输出了两个空格和一个字符 a，这是因为%c 把空格都当作有效数据匹配了。此外，还有输入的字符 b、c 和一个空格，都留在键盘缓冲区中了。
请将这个程序与代码 1-15 进行比较。

代码 1-18 输入字符数据程序 2。

```
#include <stdio.h>
int main(){
    char c;
    scanf(" %c",&c);
    printf("1:%c,",c);
    scanf(" %c",&c);
    printf("2:%c,",c);
    scanf(" %c",&c);
    printf("3:%c,",c);
    return 0;
}
```

输出如下：

```
 a  b    c↲
0:a,1:b,2:c,_
```

在这个程序中，格式字段%c 前有一个空格，所以尽管字符数据前都有一些空格，但都被跳过了。

结论：若在 scanf()的所有格式字段前都留一个空格，则不管要输入什么类型的数据，都可以用空格分隔数据，而且形式一致。

1.8.5 用 getchar()和 putchar()输入与输出字符

getchar()和 putchar()是另一种输入与输出单个字符的库函数。它们的原型声明也在头文件 stdio.h 中。

getchar()是一个没有参数的函数，它的功能是获取一个字符并返回它。因此，当要保存这个字符时，需要将其返回值赋给一个char类型（或int类型）变量。例如：

```
char ch;
ch = getchar();
```

putchar()有一个字符型参数，其功能是输出这个字符。

```
char ch;
ch = getchar();
putchar(ch);
```

这段程序在运行时将接收从键盘输入的一个字符，然后将它输出。

这两个函数不需要设置格式字符串字面量，在输入与输出一个单个字符时非常方便、简洁。

习 题 1

概念辨析

1. 选择题。

（1）下列叙述中错误的是（　　）。

A. 一个C语言程序需要有一个主函数

B. 为了让操作系统能找到并执行一个C程序的主函数，该程序的主函数要与存储该程序的文件同名

C. 执行一个C语言程序的过程就是执行该程序的主函数的过程

D. 所有C语言程序的主函数都使用同一个名字——main

（2）一个C语言程序总是从（　　）开始执行。

A. 编译预处理命令　B. 输出语句　C. 主函数　D. 排在头部的语句

（3）一个C语言程序（　　）。

A. 可以没有主函数　B. 应当包含一个主函数

C. 应当包含两个主函数　D. 可以包含任意个主函数

（4）以下各项中合法的变量名为（　　）。

A. a + b　B. int　C. 3x　D. x3

（5）以下关于变量名的叙述中正确的是（　　）。

A. C语言不区分字母的大小写，例如a与A被看作同一个字符

B. C语言允许使用任何字符构成变量名

C. 在变量名中打头的字符只能是字母或下划线

D. C语言的变量名可以是任意长度

（6）对于定义

```
int a,b,c;
```

正确的输入语句为（　　）。

A. scanf ("%d%d%d",a,b,c);　　B. scanf ("%d%d%d",%a,%b,%c);

C. scanf ("%D%D%D",a,b,c);　　D. scanf ("%d%d%d",&a,&b,&c);

（7）程序测试的目的是（　　）。

A. 验证程序的正确性　　B. 找出程序中的错误

C. 以便顺利地交付用户　　D. 留档备查

（8）程序动态测试的基本方法是（　　）。

A. 自己选择有利数据运行　　B. 由不同人分别运行一遍

C. 用调试工具检查错误　　D. 运行经过设计的测试用例

（9）下面各项中均是合法整数常量的是（　　）。

A. 180　　0XFFFF　　011　　B. –0xcdf　　01a　　0xe

C. –01　　999,888　　06688　　D. –0x567a　　2e5　　0x

（10）下面各项中均是正确的八进制数或十六进制数的是（　　）。

A. –10　　0x8f　　018　　B. 0abcd　　–017　　0xabc

C. 0010　　–0x11　　0xf12　　D. 0a123　　–0x789　　–0xa

（11）下面各项中均是不正确的八进制数或十六进制数的是（　　）。

A. 016　　0x89f　　018　　B. 0abc　　017　　0xa

C. 010　　–0x11　　0x16　　D. 0a123　　78ff　　–123

（12）下面各项中均是合法浮点类型常量的是（　　）。

A. +2e+1　　3e–2.3　　05e6　　B. –.567　　23e–3　　–8e9

C. –123e　　1.2e.5　　+2e–1　　D. –e2　　.23　　2.e–0

（13）下面各项中均是不合法浮点类型常量的是（　　）。

A. 2.　　0.123　　e3　　B. 123　　3e4.5　　.　　e5

C. –.123　　123e45　　0.0　　D. –e　　2.　　1e2

（14）下面各项中均是合法转义字符的是（　　）。

A. '\"　　'\\'　　'\n'　　B. '\'　　'\17'　　'\"

C. '\018'　　'\f'　　'\xabc'　　D. '\\0'　　'\101'　　'\xf1'

（15）下面各项中均是不合法转义字符的是（　　）。

A. '\"'　　'\\'　　'\xf'　　B. '\011'　　'\f'　　\&'

C. '\abc'　　'\xif'　　'\101'　　D. '\'　　'\017'　　\a'

（16）下面各项中不正确的字符串是（　　）。

A. 'abcd'　　B. "I Say: 'Good! '"　　C. "0"　　D. "　"

（17）在C语言中，整常数不能用（　　）表示。

A. 十进制　　B. 十六进制　　C. 二进制　　D. 八进制

（18）常数10的十六进制表示为（　　），八进制表示为（　　）。

A. 8　　B. a　　C. 12　　D. b

（19）对于定义“char c;”下列语句中正确的是（　　）。

A. c = '97';　　B. c = "97";　　C. c = 97;　　D. c = "a";

（20）表达式“(short)10L * 1.1”的数据类型是（　　）。

A. 短整数　　B. 长整数　　C. 双精度型　　D. 单精度型

（21）若有定义

```
int i; float f;
```

则下面的表达式中正确的是（　　）。

A. (int f)% i　　B. int (f) % i　　C. int (f % i)　　D. (int)f % i

（22）若变量已经正确定义，则下列程序段的输出结果为（　　）。

```
x = 5.6789;
printf("%f\n", (int)(x * 1000 + 0.5) / (float)1000);
```

A. 由于输出格式与输出项不匹配，所以输出无定值

B. 5.68

C. 5.678

D. 5.679

2. 判断题。

以下叙述中哪些是正确的，哪些是错误的，说明原因。

（1）在 C 程序中任何数值数据都可以用八进制、十进制、十六进制的形式表示。　（　　）

（2）C 语言是一种功能强大的语言，无论是整数还是实数都可以准确无误地表示。　（　　）

代码分析

1. 找出下面程序中的错误并说明原因。

（1）

```
#include <stdio.h>
int Main() {
   printf ("%d",123*3);
   return 0;
}
```

（2）

```
#include <stdio.h>
int main (void) {
     printf ("%d",123*3);
     return;
}
```

（3）

```
#include <stdio.h>
int main {
   printf ("%d",123*3);
    return 0;
}
```

（4）

```
#include <stdio.h>
int main (void) {
   print("%d",1.23*3);
   return 0;
}
```

（5）

```
#include <stdio.h>
int main (void) {
   int m , n ;
   scanf ("%d",m);
   scanf ("%d",n);
   printf ("m = %d, n = %d\n",m,n);
   return 0;
}
```

（6）

```
#include <stdio.h>
int main (void) {
   int x, y, z ;
```

```
    x + y + z = 10;
    printf ("sum = %d\n",x + y +z );
    return 0;
}
```

（7）

```
#include <stdio.h>
int main (void) {
    int x = y = z = 6 ;
    printf ("sum = %d\n",x + y +z );
    return 0;
}
```

（8）

```
#include <stdio.h>
int main (void) {
    int x, y, z ;
    printf ("sum = %d\n",x + y +z );
    return 0;
}
```

2. 阅读程序，选择输出结果。

（1）数字字符0的ASCII码值为48，则程序执行后的输出为（　　）。

```
#include <stdio.h>
int main (void) {
     char a='1',b='b';
     printf ("%c,",b++);
     printf ("%d\n",b-a);
     return 0;
}
```

A. a,2　　B. w,2　　C. c,2　　D. b,50

（2）（　　）。

```
#include <stdio.h>
int main (void) {
     int m = 3, n = 5;
     printf ("m = %d\nn = %d\n",m,n);
     return 0;
}
```

A. 3　5　　B. 3
5　　C. m = 3　n = 5　　D. m = 3
n = 5

（3）（　　）。

```
#include <stdio.h>
int main (void) {
     char *s="abcde";
     s+=2;
     printf ("%ld\n",s);
     return 0;
}
```

A. cde　　B. 字符s的ASCII码值

C. 字符s的地址　　D. 出错

3. 指出下列程序的执行结果。

（1）下面程序的输出结果为（　　）。

```
#include <stdio.h>
#define N 10
#define f1 (x)  x*x
#define f2 (x)  (x*x)
int main (void) {
     int i1,i2;
     i1 = 1000 / f1 (N);i2 = 1000 / f2 (N);
     printf ("%d %d\n", i1,i2);
     return 0;
}
```

（2）下面程序的输出结果为（　　）。

```
#include <stdio.h>
#define MAX (x,y) (x)> (y)? (x): (y)
int main (void) {
     int a = 5,b = 2,c = 3,d = 3,t;
     t= MAX (a + b,c + d) * 10;
     printf ("%d\n",t);
     return 0;
}
```

（3）某程序有一个头数据文件type1.h，其内容为：

```
#define N  3
#define M1  N*2
```

程序如下：

```
#include <stdio.h>
#include "type1.h"
#define M2  M1*3
int main (void) {
   int i;
   i=M2-M1;
   printf ("%d\n",i);
   return 0;
}
```

程序编译后，运行的结果是（　　）。

（4）下面程序的运行结果是（　　）。

```
#include <stdio.h>
int main (void) {
     printf ("circum=%lf,area=%lf",CIRCUM,AREA);
     return 0;
}
#define PI           3.1415926D
```

```
#define R           1.1D
#define CIRCUM 2.   0D*PI*R
#define AREA        PI*R*R
```

开发练习

设计下列各题的C程序，并设计相应的测试用例。

1. 编写一个C程序，可以计算两个整数的积。
2. 编写一个C程序，可以计算两个整数的商。
3. 编写一个C程序，将999min换算成XX小时xx分钟。
4. 设计一个仅显示“你好，C语言！”的C程序。

探索验证

思考以下问题，可以编写一个C程序加以说明。

1. 一个程序中有两个main ( )函数将会如何？
2. 把main ( )函数写成Main ( )会出现什么情形？
3. 在下列main()函数的书写方式中，你认为哪种写法比较好？哪种写法很糟糕？哪种写法是错误的？

（1）

```
int main(){
      /*…*/
      return 0;
}
```

（2）

```
int main(void){
      /*…*/
      return 0;
}
```

（3）

```
main(){
      /*…*/
}
```

（4）

```
void main(){
      /*…*/
}
```

（5）

```
main(void){
      /*…*/
      return 0;
}
```

（6）

```
int main(void){
      /*…*/
}
```

4. 使用printf()而不写“#include <stdio.h>”将会如何？

5. 用一个scanf( )函数同时给多个变量输入数据并且在格式参数中含有非格式字段规定的字符时，在下列情况下用空格分隔还是用逗号分隔，或其他符号分隔时出现的情况。

（1）格式字段之间会有其他字符。

（2）格式字段之间不会有其他字符。

6. 在main()函数中，代码最后的语句“return 0;”是必需的吗？

7. 收集C语言中的未定义行为。

8. 在网上搜索支持C99标准的开发平台，安装在自己的计算机中并熟悉其用法。

9. 编写程序给出下列值。

（1）各种整数类型的表数范围。

（2）各种浮点类型的表数范围、最小增量和十进制有效数字位数。

第 2 单元　选择程序设计

选择使程序具有简单智能，C 语言提供了两种类型的选择结构，即 if-else 结构和 switch 结构。

2.1　可选择计算类型的计算器程序算法分析

在第 1 单元设计了一个简单的计算器，所谓“简单”是因为它只能做加法计算。当然，会设计做加法的计算器，设计做减法的计算器、做乘法的计算器、做除法的计算器就易如反掌了。但是，一个程序只能进行一种计算显然非常不便，就像一个人为了进行计算要买各种各样的计算器带在身上，做一次不同类型的计算要换一台计算器一样。

本章要解决的问题是将加、减、乘、除 4 种计算组合在一个程序中，允许用户选择需要的计算类型，进行计算并输出结果。

2.1.1　粗略算法分析

代码 2-1　可选择计算类型的简单计算器的粗略算法。

```
int main(void)
{
    声明两个整数;
    输入两个整数;
    输入进行的计算类型;
    按类型计算;
    输出结果;
    return 0;
}
```

代码 2-2　根据已有的 C 语言知识对代码 2-1 细化的代码。

```
#include <stdio.h>
int calculate(int x, int y,char op);                              //计算函数声明
int main(void)
{
    int operand1 = 0, operand2 = 0;
    char calculationType;                                          //定义字符类型变量

    printf ("请连续输入被操作数、操作符和操作数：");
    scanf("%d %c %d", &operand1,&calculationType,&operand2) ;
```

```
    printf("计算结果为: %d\n", calculate(operand1, operand2, calculationType)) ;
    return 0;
}
//计算函数定义
int calculate(int x, int y,char op)
{
    按计算类型选择计算，并返回计算结果;
}
```

2.1.2 计算函数 calculate()的算法分析

代码 2-3 计算函数 calculate()的粗略算法。

```
int calculate(int x, int y,char op)
{
    如果 op 是'+'
        返回 x + y;
    如果 op 是'-'
        返回 x - y;
    如果 op 是'*'
        返回 x * y;
    否则
        返回 x / y;
}
```

对于比较复杂的算法，常用程序流程图描述。图 2.1 为代码 2-3 的程序流程图。在程序流程图中，矩形框表示操作，菱形框表示判断，圆边框表示开始或结束，带箭头的线表示流程。

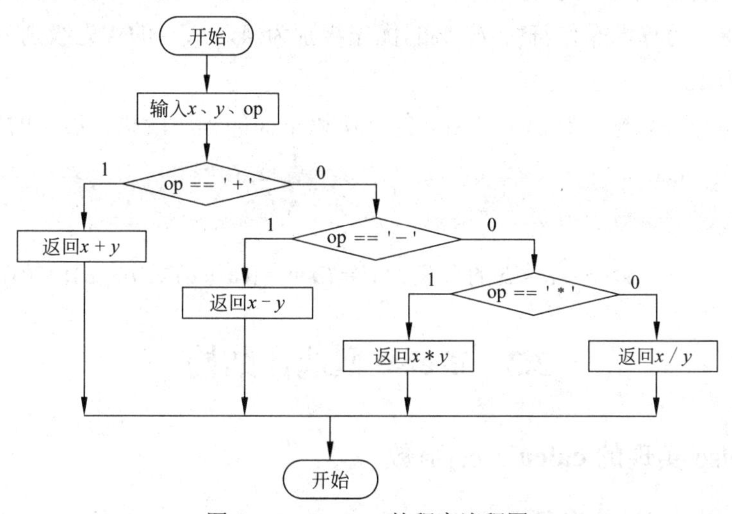

图 2.1 calculate()的程序流程图

程序流程图与伪代码都是在程序设计初期帮助人们整理思路的工具。它们各有优缺点：流程图形象、直观、可理解性好，但向程序设计语言转换不太直接；伪代码正好与之相反。具体采用哪种，视各人的喜好、思维习惯。有人也将它们结合起来使用：先用流程图描述基本思路，再改用伪代码描述，最后转换为程序设计语言描述。

2.1.3 判等操作符与关系操作符

1. 判等操作符与关系操作符及其表达式的值

C 语言提供了两种判等操作符（equality operators），即==（相等）、!=（不等）；4 种关系操作符（relational operators），即>（大于）、>=（大于等于）、<（小于）、<=（小于等于）。它们都是二元操作符，用来描述两个数据值之间关系为内容的命题，而命题有“真”（true）和“假”（false）两种结果。C 语言用 0 表示“假”（false），用非 0 表示 “真”（true），即判等表达式和关系表达式的值是 int 类型。例如 3 > 2、5–3 = = 2 等，结果为 1；而 3 > 5、5–3 = = 6 等，结果为 0。C99 定义了一个取值为 1 或 0 的_Bool 类型，如果在源文件中包含了头文件 stdbool.h，则可以使用 true 和 false 分别代表 1 和 0。

注意：

（1）>=、<=、= =、!= 这 4 个关系操作符都由两个字符组成，在使用时不可在两个字符之间留空格。

（2）虽然 C 语言不限制对浮点类型使用判等操作，但由于多数浮点类型数据表示不精确，所以一个浮点型数据不提倡对 0.0 以外的其他浮点型数据进行判等操作。

2. 判等操作符与关系操作符的优先级与结合方向

在 C 语言的操作符中，关系操作符>、>=、<、<=的优先级别为 7，判定操作符 == 和 != 的优先级别为 8。而算术操作符*、/、%的优先级别为 4，+、–的优先级别为 5，赋值操作符的优先级别为 15。

判等操作符与关系操作符都是左结合的，所以下面的程序段执行后 *a* 的值为 1。

```
int a = 5, b = 3;
a = a  == b + a > b - a < b;
```

因为 $a = a == b + a > b - a < b$ 的含义为 $a = (a == ((b + a) > (b - a)) < b))$。

2.2 if-else 型选择结构

2.2.1 用 if-else 实现的 calculate()函数

代码 2-4 用 if-else 结构实现 calculate()。

```
int calculate(int x, int y,char op)
{
    if (op  == '+')
         return  x + y;
    else
        if (op  == '-')
             return  x - y;
        else
             if (op  == '*')
                  return  x * y;
             else
                  return  x / y;
}
```

为帮助读者了解 if-else 结构的特点，作者特意在代码 2-4 中加了 3 个虚线框，这样它的结构就非常清晰了。

注意：在 C 语言函数中，返回语句不一定在最后，也不一定只有一个，但是只能有一个被执行。

这种代码也可以改写成只有一个 return 语句的结构。

代码 2-5　增加一个变量 *z*。

```
int calculate(int x, int y,char op)
{
     int z = 0;                                                    //声明 1
     if (op  == '+')                                               //语句 1
          z = x + y;
     else
          if (op  == '-')
               z = x - y;
          else
               if (op  == '*')
                    z = x * y;
               else
                    z = x / y;
     return  z;                                                    //语句 2
}
```

2.2.2　if-else 结构的特点

if-else 的语法格式以及数据流程图如图 2.2 所示。

说明：

（1）if-else 结构在语法上相当于一个语句，所以也称 if-else 语句。基本的 if-else 由 3 个部分组成，即一个判断表达式、一个 if 子语句和一个 else 子语句，形成如图 2.2 所示的二分支结构。

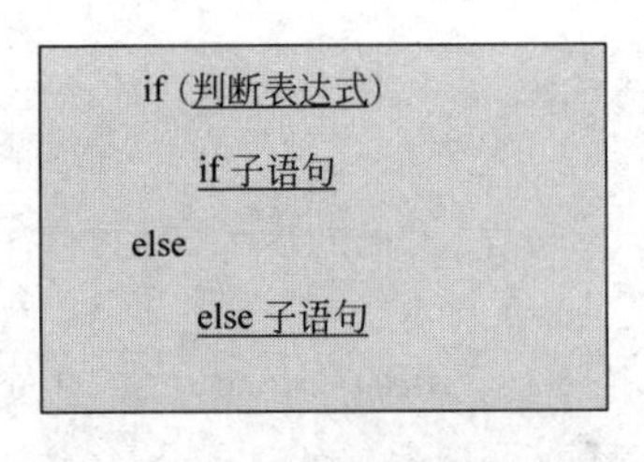

(a) if - else 的语法格式

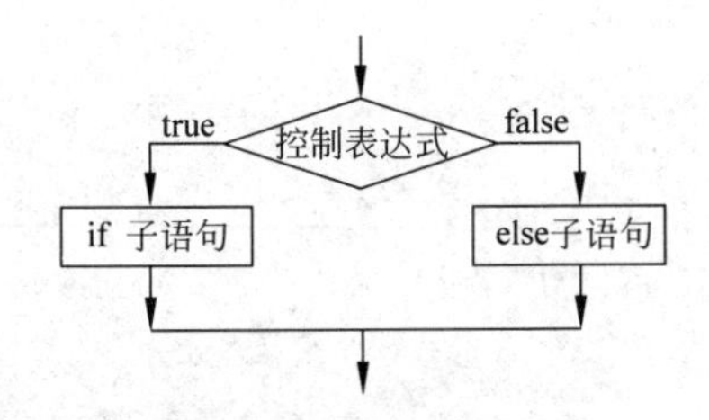

(b) if - else 的程序流程图

图 2.2　if-else 的语法格式和程序流程图

（2）if 子语句和 else 子语句在语法上要求一条语句。子句可以是单条语句也可以是语句块（复合语句）——用一对花括号括起来的多条语句，这样就会形成一个语句中又嵌套其他语句的情况。

（3）if-else 是二选一的二分支结构，选择取决于判断表达式，值为 true(非 0)，执行 if 子语句；值为 false(0)，执行 else 子语句。

（4）按语义要求，判断表达式应该是一个布尔类型的表达式。但是，由于传统 C 没有定义布尔类型，所以一直允许任何值为 0 或非 0 的标量表达式作为判断表达式。C99 虽然提供了_Bool 类型，但也被定义只能赋值 0 或 1，本质上还是整数类型。一般来说，往_Bool 变量中存储非零值会被变为 1，所以 if 的判断表达式还是要判断是否“非零”。这样概念不清晰，建议最好用关系表达式、判等表达式或逻辑表达式（以后介绍）作为判断表达式。

（5）一个 if-else 在语法上相当于一个语句，并且一个 if-else 语句也可以作为另一个 if-else 语句的子语句，这就形成了 if-else 嵌套。代码 2-4 和代码 2-5 都是 if-else 语句嵌套结构。

2.2.3　if-else if 结构

进一步分析上述代码，可以看出代码中除最后一个 else 以外，其他的 else 子句都是一个 if-else 结构，这样的结构可以改写成 if-else if 结构。

代码 2-6　由代码 2-4 改写成的 else if 结构。

```
int calculate(int x, int y,char op)
{
    if (op == '+')
        return x + y;
    else if (op == '-')
        return x - y;
    else if (op == '*')
        return x * y;
    else
        return x / y;
}
```

图 2.3 为代码 2-6 的数据流程图描述。与代码 2-4 和代码 2-5 相比，代码 2-6 更显简洁。

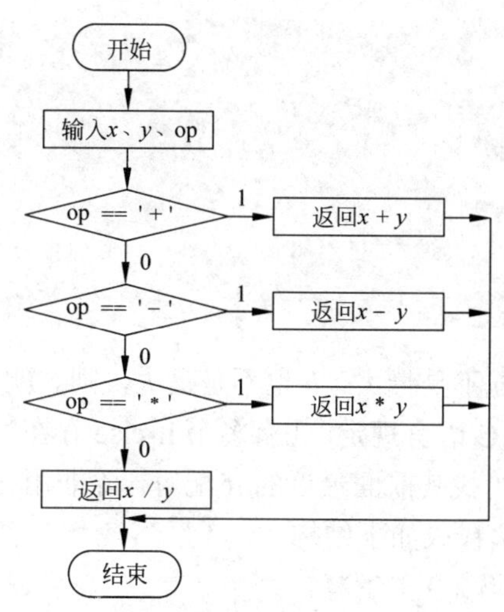

图 2.3　if-else if 结构的 calculate()

2.2.4　瘸腿 if-else 嵌套结构

在 if-else 结构中，如果 else 子句空，则可以省略这个 else，但这就成为瘸腿（缺腿）if-else 结构或称 else 悬空结构。

代码 2-7　由悬空 else 结构组成的 calculate()代码。

```
int calculate(int x, int y,char op)
{
    if (op  ==  '+')
        return  x + y;
    if (op  ==  '-')
        return  x - y;
    if (op  ==  '*')
        return  x * y;
    else
        return  x / y;
}
```

这种结构往往会影响人的思维，让人对程序结构做出错误的理解。在代码 2-7 中似乎就是给人这种感觉。但是在其他情况下可能导致错误的判断。

代码 2-8　在 3 个数中取一个大数的基本算法。

```
if (a 最大)
    return a;
if (b 最大)
    return b;
else
   return c;
```

按照这个算法，有人设计了如下代码。

代码 2-9　试图在 3 个数中取一个大数的代码。

```
if (a >= b)
    if (a >= c)
        return a;
if (b >= a)
    if (b >= c)
        return b;
else
    return c;
```

按照设计者的意图，若 *a* 不是最大，*b* 也不是最大，则 *c* 就是最大。但实际上，想法没有错，代码编写出错了。因为 C 语言规定，在有多个 if-else 存在的结构中，若有瘸腿的 if-else 存在，应当从最后的 else 开始找其前面最近的 if 配对，除非用花括号改变这种规则。因此，编译器实际上是把代码 2-9 解释成如下结构。

代码 2-10 编译器对代码 2-9 的解释。

```
if (a >= b)
    if (a >= c)
        return a;
if (b >= a)
    if (b >= c)
        return b;
    else
        return c;
```

下面用表 2.1 分析一下这个代码。

表 2.1 代码 2-10 的输入与输出对应关系

输入（a,b,c）	5,3,2	5,2,3	3,5,2	2,5,3	2,3,5	3,2,5
输　　出	5(a)	5(a)	5(b)	5(b)	5(c)	?

显然，这个程序代码不能对最后一组测试数据输出正确结果。

这个例子也说明，程序测试也需要慎密的设计，否则不能有效地发现错误。

2.2.5 逻辑操作符与逻辑表达式

1. 逻辑表达式的基本语义

逻辑运算中最基本的运算是与、或、非运算。为了支持逻辑运算，C 语言提供了与之相应的 3 种操作符，分别为&&、||和!。

逻辑操作的结果值是_Bool 类型。_Bool 类型的值只有 true 和 false 两个。这两个值是 C99 在<stdbool.h>中定义的两个宏，分别代表 1 和 0。所以，实际上逻辑表达式的值是 1 或 0。进一步说，C 语言处理逻辑表达式时考虑操作数是否为 0，即把 0 作为假，把非 0 作为真。具体规则如下：

（1）“非”操作（!）是一个一元操作符。若操作数为 false(0)，则(!表达式)的值为 true(1)；若操作数为 true(非 0)，则(!表达式)的值为 false(0)。

（2）“或”操作（||）是一个二元操作符。只要有一个操作数为 true(非 0)，该表达式的

值就为 true(1)。

（3）“与”操作（&&）是一个二元操作符。只有两个操作数都为 true(非 0)，该表达式的值才为 true(1)。

代码 2-11　采用逻辑表达式和 else if 结构求 3 个整数中的最大数。

```
int genMax (int a, int b, int c){
    if (a >= b && a >= c)
        return a;
    else if(b >= a && a >= c)
        return b;
    else
        return c;
}
```

2. 短路计算规则

在 C 语言中，逻辑与（&&）和逻辑或（||）采用“短路计算”——“简便运算”。以表达式(a && b)为例，当子表达式 a 的值为 false(0)时，无论子表达式 b 为 true 或 false，表达式(a && b)的值已经为 false，因此可不再对子表达式 b 求值，这就是所谓的“短路计算”。只有当子表达式 a 的值为 true 时才会对子表达式 b 求值。例如有“int i = 2;”，则表达式 2 > 3 && $j + i$ 的值为 false(0)，且求值后，整型变量 i 的值仍然为 2，因为在求值时子表达式 $j + i$ 由于“短路计算”的缘故没有求值。

与之类似，当子表达式 a 为 true 时，表达式 a || b 一定为 true，不需要再对 b 求值。

2.2.6　条件表达式

条件表达式由“?”“:”两个符号和 3 个操作数（子表达式）组成，格式如下：

<u>表达式 1</u>?<u>表达式 2</u>:<u>表达式 3</u>

这个表达式读作“如果表达式 1 为真，则表达式 2，否则表达式 3”。C 编译器执行条件表达式的过程为首先计算表达式 1，若此值不为零，则执行表达式 2，否则执行表达式 3，所计算出的表达式 2 或表达式 3 的值作为该条件表达式的值。

实际上，条件表达式就是图 2.4 所示结构的简洁表达，这种简洁表达在只允许有一个表达式的地方非常有用。

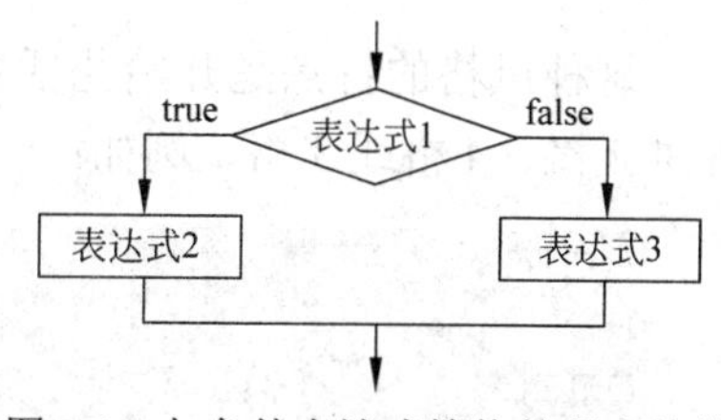

图 2.4　与条件表达式等价的程序结构

代码 2-12　在 return 语句中使用条件表达式。

```
int  getAbs(int x) { return (x > 0) ? x : -x ;}
```

条件表达式可以嵌套。

代码 2-13　在 return 语句中使用嵌套的条件表达式。

```
int calculate(int x, int y,char op){
    return ((op  == '+') ? x + y : ((op  == '-') ? x - y : ((op  == '*') ? x * y :  x / y)));
}
```

2.2.7 良好的程序书写风格

在有语句嵌套其他语句，即语句中含有子语句的情况下，为了让源代码清晰可读，应当将语句中的子语句缩进书写。有人建议缩 8 个字符，这样可以使用 Tab 键进行快速书写，也使程序更加清晰。也有人建议缩进 4 个字符，因为有多层缩进时，受纸张（屏幕）宽度限制，缩进 8 格会书写不下。如果子语句中再嵌套子语句，就会形成程序代码阶梯形（或锯齿形）的结构。

当子语句是一个复合语句时，缩进涉及是否一起缩进的问题，围绕这一问题形成了一些不同的缩进（indent）风格，常用的有以下 4 种。

1. K&R 风格

这种风格来自 C 语言的设计者 Brian W.Kernighan 和 Dennis M.Ritchie 编写的一部介绍标准 C 语言及其程序设计方法的权威性经典著作 *The C Programming Language*（中文译名《C 程序设计语言》），也称 Kernel 风格、UNIX 内核采用的风格、C 风格等。其特点是将开始花括号放在前一行的最后，而将结束花括号单独放在一行的起始位置，块中语句缩进 8 格、4 格或两格，例如：

```
if□ (…)□{
□□□□                                /* 块中语句缩进                  */
}
else□{
□□□□                                /* 块中语句缩进                  */
}
```

2. Allman（也称 BSD 风格或学生风格）

这种风格的特点是开始花括号和结束花括号分别独占一行并放在起始位置，块中语句缩进 8 格、4 格或 3 格，例如：

```
if□ (…)
{
□□□□                                /* 块中语句缩进 8 格、4 格或 3 格  */
}
else
{
□□□□                                /* …                            */
}
```

3. GNU 风格

GNU EMACS 和自由软件基金会的代码都采用这种格式，其特点是花括号的内外都缩进两格或 4 格。

```
if□(…)
□□{                                    /* 花括号缩进两格或 4 格          */
□□□□                                   /* 块中语句缩进两格或 4 格        */
□□}
else
□□{
□□□□                                   /* …                              */
□□}
```

4. Whitesmith 风格

该风格的特点是花括号连同块中语句一起缩进，例如：

```
if□(…)
□□□□{                                  /* 花括号缩进 4 格                */
□□□□                                   /* 块中语句与花括号对齐           */
□□□□}
else
□□□□{
□□□□                                   /* …                              */
□□□□}
```

不管采用哪种风格，在一个程序中要一致。

2.3 选择结构的测试

程序测试是以程序会有错误为前提，千方百计地找出这些隐藏在程序中的错误的活动。从测试的着眼点出发，将程序测试分为白箱测试和黑箱测试两种基本方法。白箱测试着眼于程序的结构，也称逻辑覆盖测试或结构覆盖测试，黑箱测试着眼于程序的功能，也称功能覆盖测试。下面先从选择结构的测试开始逐步介绍有关测试的知识和方法。

2.3.1 白箱测试法

白箱测试的测试用例设计原则是让程序的每一个元素都在可能的情况下执行一次。测试用例能让程序执行的程度称为测试用例的覆盖性。按照覆盖性，可以将测试用例分为 6 个等级：

- 语句覆盖（statement coverage，SC）。
- 判定覆盖（decision coverage，DC）。
- 条件覆盖（condition coverage，CC）。
- 判定/条件覆盖（condition/decision coverage，CDC）。
- 组合覆盖（condition compounding coverage，CCC）。
- 路径覆盖（path coverage，PC）。

下面结合代码 2-6 介绍其中最基本的语句覆盖和条件覆盖。

1．语句覆盖

语句覆盖要求设计足够的测试用例，使得程序中每一个可执行语句至少执行一次，这是一种最弱的结构覆盖测试。对于代码 2-6 来说，从语法的角度来看，它只有一条语句——if-else 语句。因此，只要输入任何两个整数和一个算术操作符就可以实现这个覆盖。

2．条件覆盖

条件覆盖设计足够的测试用例使得判定中的每个条件的所有可能（“真”和“假”）至少出现一次，并且每个判定本身的判定结果也至少出现一次。条件覆盖是比较适中的结构覆盖。对于代码 2-6 来说，每个判定中只有一个条件，所以条件覆盖就是判定覆盖（路径覆盖），实现条件覆盖需要 4 组数据：

2,3,'+';

2,3,'−';

2,3,'*';

2,3,'/'。

下面是 4 次测试的结果。

```
请连续输入被操作数、操作符和操作数：2+3↵
计算结果为：5
```

```
请连续输入被操作数、操作符和操作数：2-3↵
计算结果为：-1
```

```
请连续输入被操作数、操作符和操作数：2*3↵
计算结果为：6
```

```
请连续输入被操作数、操作符和操作数：2/3↵
计算结果为：0
```

4 次测试也实现了全路径覆盖，没有发现错误。

2.3.2 使用 double 类型数据的 calculate( )代码

使用整数进行计算，所得的结果也是整数。这在很多情况下会造成相当大的误差，并且这些误差还可能被放大。例如表达式 2 / 3 * 10000 的值为 0。

浮点数的表示范围大，可以表示更大的数，数据密度也高，因此在有除计算的地方，最好采用浮点数进行计算。

代码 2-14 使用 double 类型的 calculate()代码。

```
#include <stdio.h>
#include <stdlib.h>                                          //exit()的头文件


double add(double x, double y) ;
double sub(double x, double y);
double mult(double x, double y);
double divs(double x, double y) ;
```

```
double calculate(double x, double y,char op)
{
    if (op  == '+')
        return  add(x,y);
    else if (op  == '-')
        return sub(x,y);
   else  if (op  == '*')
        return mult(x,y);
    else if (op  == '/'){
        return divs(x,y);
    else {
        printf("没有这种运算！");
        exit(EXIT_SUCCESS);                              //退出程序
    }
}

double add(double x, double y){
    return x + y ;
}
double sub(double x, double y){
    return x - y ;
}
double mult(double x, double y){
    return x * y ;
}
double divs(double x, double y){
    if(y  == 0.0){
        printf("除数为 0，不能计算！");
        exit(EXIT_SUCCESS);                              //退出程序
    }
    else
        return x / y;
}
```

说明：

（1）calcelate()中的数据类型改变后，主函数有关数据的类型也要相应改变。

（2）库函数 exit()可以直接退出程序，其原型声明在头文件 stdlib.h 中。它用参数 EXIT_SUCCESS 或 0 表示程序正常终止，用参数 EXIT_FAILURE 表示程序异常结束。

2.3.3 等价分类法

在多数情况下，使用白箱测试即使是进行了全覆盖测试，往往还不能发现程序的错误，为此需要用黑箱测试作为补充测试。因为白箱测试只考虑覆盖，没有考虑输入数据无效时的情况。针对这一类问题，需要采用等价分类法进行补充测试。

等价分类法是一种典型的、重要的黑盒测试方法，它将程序所有可能的输入数据（即程序的输入域）划分为若干个子集（称为等价类）。所谓等价是指某个输入子集中的每个数据对于揭露程序中的错误都是等效的。这样就可以在每个等价类中取一个数据作为测试用例，即用少量代表性数据代替其他数据来提高测试效率。

等价分类法是一种系统性地确定要输入什么样测试数据的方法，其关键是划分等价类。等价类的划分方法有很多，需要经验和知识的积累，并针对具体情况进行具体分析。但是，在进行等价类划分时最基本的划分方法是将等价类划分为有效等价类和无效等价类。

有效等价类指对于程序规格说明来说是合理的、有意义的输入数据构成的集合。利用有效等价类可以检验程序是否实现了规格说明预先规定的功能和性能。有效等价类可以是一个，也可以是多个。前面对代码 2-6 进行白箱测试时使用的 4 组数据就是有效等价类。

无效等价类和有效等价类相反，无效等价类是指对于软件规格说明而言没有意义的、不合理的输入数据集合。利用无效等价类可以找出程序异常说明情况，检查程序的功能和性能的实现是否有不符合规格说明要求的地方。

对于代码 2-6，等价类的划分如表 2.2 所示。

表 2.2　calculate( )函数的等价类划分

输入条件	有效等价类	无效等价类
操作符	字符：+、–、*、/	非字符：非+、–、*、/
被操作数	整数	非数值数据
操作数	整数	非数值数据，对于除为 0

考虑数据类型问题由编译器测试，可以得到以下规则。

规则 1：操作符仅限于+、–、*、/。

规则 2：被操作数可以为任何数值数据（无无效类）。

规则 3：对于+、–、*操作，操作数可以为任何数值数据（无无效类）。

规则 4：对于/操作，操作数不可以为 0。

根据以上规则，可以设计出如表 2.3 所示的 4 组测试用例。

表 2.3　用等价分类法设计的 calculate( )测试用例

测试用例序号	被操作数	操作符	操作数	期望输出	根　据
1	2	+	3	5	规则 1 有效，规则 2 有效，规则 3 有效
2	2	/	3	0	规则 1 有效，规则 2 有效，规则 4 有效
3	2	a	3	无效或错误	规则 1 无效，规则 2 有效，规则 4 有效
4	2	/	0	无法计算	规则 1 有效，规则 2 有效，规则 4 无效

第 1 组和第 2 组测试用例已经在白箱测试中进行，下面仅需补充 3、4 两组测试。

用第 3 组测试用例测试的结果如下：

```
请连续输入被操作数、操作符和操作数：2a3↵
计算结果为：0
```

这个结果显然是不对的。因为'a'不是一个操作符，怎么会得出结果 0 呢？显然程序存在错误。错误在什么地方呢？仔细分析可以发现，当操作符为'a'，进入函数 calculate ()后，先判断是否为'+'，不是；再判断是否为'–'，不是；再判断是否为'*'，不是；最后进入 else，进行除运算，因为 2/3 为 0，所以输出 0。也就是说，这样一个程序，凡不是'+'、'–'、'*'就进行除运算。为防止发生这个错误，可以将 calculate()修改如下。

代码 2-15 可以判断非法操作符的代码。

```
#include <stdio.h>
#include <stdlib.h>                                             //exit()的头文件
double calculate(double x, double y, char op)
{
    if (op == '+')
        return x + y;
    else if (op == '-')
        return x - y;
    else if (op == '*')
        return x * y;
    else if (op == '/')
        return x / y;
    else {
        printf("没有这种运算");
        exit(EXIT_SUCCESS);                                     //退出程序
    }
}
```

下面再用第 4 组测试用例进行测试，输入情况如下：

```
请连续输入被操作数、操作符和操作数：2/0↵
```

测试中，弹出如图 2.5 所示的对话框。

图 2.5 当除数为 0 时弹出的对话框

这个对话框不是程序自己显示的，而是系统给出的，出现这种情况让用户感到莫名其妙。为了给用户一个明确的信息，可以进一步将函数 calculate()修改如下。

代码 2-16 可以处理除数为 0 的 calculate()代码。

```
#include <stdio.h>
#include <stdlib.h>                                             //exit()的头文件
double calculate(double x, double y, char op)
{
    if (op == '+')
        return x + y;
    else if (op == '-')
        return x - y;
    else if (op == '*')
```

```
        return  x * y;
    else if (op  == '/'){
        if( y  == 0){
            printf("除数为 0，不能计算！");
            exit(EXIT_SUCCESS);                                    //退出程序
        }
        return  x / y;
    }
    else {
        printf("没有这种运算！");
        exit(EXIT_SUCCESS);                                        //退出程序
    }
}
```

结论：

（1）白箱测试可以发现逻辑错误，但不能发现某些运行中异常。

（2）黑箱测试可以发现运行中异常。

（3）在程序设计前应当把测试也作为需求分析的一部分，这样可以减少测试后再修改程序的工作量。

2.4 switch 型选择结构

2.4.1 基于整数值匹配的选择结构——switch 结构

switch 结构也是一种选择控制结构。其语法格式和控制流程如图 2.6 所示。

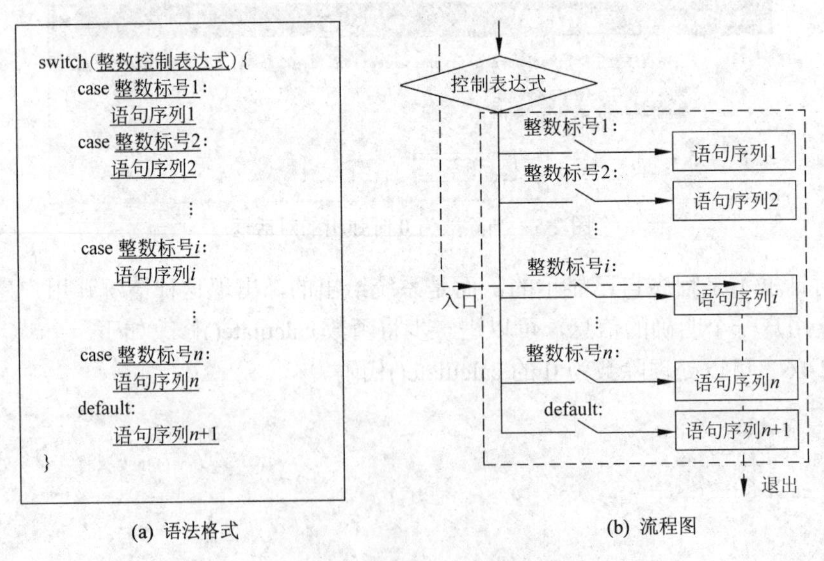

图 2.6 switch 选择控制结构

说明：

（1）switch 结构由 switch 头和 switch 体两个部分组成。

（2）switch 头由关键词 switch 和控制表达式组成。控制表达式应该是一个整型（包括 int 型、字符型）表达式，不能使用浮点表达式和字符串。

（3）switch 体通常是一个特殊的复合语句，这个复合语句包含了多个子结构，每个子结构都由一个语句序列组成。其中一个子结构由关键字 default 引导，其余的子结构都由关键字 case 引导。default 子结构是可选的，表示其他情况。

（4）如果控制表达式计算后得到一个值并等于某个 case 标号表达式，则由此作为选择入口，其后的所有语句（包括出现的 default 语句）将会被执行。如果标号表达式的值不匹配任何的标号表达式，default 语句若存在则会被执行；若没有 default 子结构，便退出 switch 结构。这个过程如图 2.6（b）中的虚线所示。

（5）每个 case 标号表达式都应当是一个整数常量表达式。即它们是不含有数据实体的表达式，具体来说是不能含有变量和函数调用，也不能是含有浮点数和字符串的常量表达式。

此外，在一个 switch 语句中每个分支标号都应当是唯一的，不可重复。

（6）当选择了一个入口后，该 switch 结构会在以下情形下结束。

- 执行到该 switch 体的最后结束花括号。
- 遇到一个 break 语句。
- 遇到一个 return 语句。

2.4.2 一个字符分类程序

1. 字符分类程序的算法分析

字符分类就是从键盘输入一个字符，由程序判断它是数字、空白还是字母。

基本算法流程图如图 2.7 所示。

代码 2-17 字符分类的 C 语言参考代码。

```
#include <stdio.h>
int main (void) {
     char c;
     printf ("Enter a character:");
     c = getchar ();          //输入一个字符
     printf ("\nIt\'s a");   //用'\'输出撇号
     switch (c) {
          case '0':
          case '1':
          case '2':
          case '3':
          case '4':
          case '5':
          case '6':
          case '7':
          case '8':
          case '9':
                printf (" digit.\n");
```

```
            break;
        case ' ':
        case '\n':
        case '\t':
             printf (" white.\n");
             break;
         default:
             printf (" char.\n");
             break;
    }
    return 0;
}
```

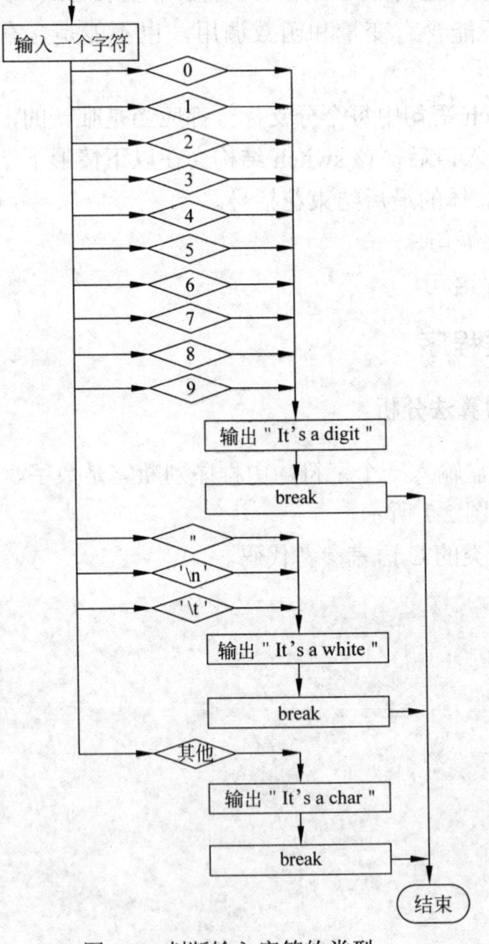

图 2.7　判断输入字符的类型

说明：由这个例子可以看出，使用 break 可以将 switch 结构的串行子结构变为并行分支结构，但不是每个 case 子结构都必须使用 break，只有在需要时才使用。

2. 字符分类程序的测试

考虑采用等价分类法，等价分类情形见表 2.4。

表 2.4　字符分类程序的等价类划分

输入条件	有效等价类	无效等价类
数字	0、1、2、3、4、5、6、7、8、9	无
空白	空格、制表、回车	无
其他字符	其他字符	无

程序运行结果如下：

```
Enter a character:4↵
It's a digit.
Enter a character:t↵
It's a char.
Enter a character: ↵
It's a white.
```

2.4.3　用 switch 结构实现的 calculate()函数

代码 2-18　使用 switch 结构的 calculate()代码。

```
#include <stdio.h>
#include <stdlib.h>                                              //exit()的头文件

double add(double x, double y) ;
double sub(double x, double y) ;
double mult(double x, double y) ;
double divs(double x, double y) ;

double calculate(double x, double y, char op){
     switch (op){
          case '+':
             return add(x,y);
          case '-':
             return sub(x,y);
          case '*':
             return mult(x,y);
          case '/':
             return divs(x,y);
          default:
             printf("没有这种计算！\n");
             exit(EXIT_SUCCESS) ;
             break;
     }
}

int main(void)
{
     double operand1 = 0.0, operand2 = 0.0;
     double result = 0.0;
     char calculationType;                                        //定义字符类型变量
```

```
    printf ("请连续输入被操作数、操作符和操作数：");
    scanf("%lf %c %lf", &operand1,&calculationType,&operand2);
    result = calculate(operand1, operand2, calculationType);      //计算函数调用
    printf("计算结果为：%lf\n", result) ;
    return 0;
}

double add(double x, double y){
    return x + y ;
}
double sub(double x, double y){
    return x - y ;
}
double mult(double x, double y){
    return x * y ;
}
double divs(double x, double y){
    if(y  == 0.0){
        printf("除数为 0，不能计算！\n") ;
        exit(EXIT_SUCCESS) ;                                      //退出程序
    }
    else
        return x / y ;
}
```

说明：在 calculate()的每个 case 子句中，使用 return 可以结束当前流程，所以就不必再使用 break 了。

测试情况如下：

```
请连续输入被操作数、操作符和操作数：2.0/3.0↲
计算结果为：0.666667
```

```
请连续输入被操作数、操作符和操作数：2.0a3.0↲
没有这种计算！
```

```
请连续输入被操作数、操作符和操作数：2.0/0↲
除数为 0，不能计算！
```

2.4.4 switch 结构与 if-else 结构的比较

表 2.5 为 switch 结构与 if-else 结构的比较。

表 2.5 switch 结构与 if-else 结构的比较

比较内容	switch 结构	if-else 结构
子结构间的关系	多个串行 case 子结构	并行的二分支（子句）结构
选择内容	在多个串行子结构中寻找一个 case 标号作为入口	在并行二分支中选择一个分支
控制表达式类型	整数类型（int、字符类型）	标量类型表达式
选择原则	switch 的整数表达式与 case 常量表达式匹配，多选 1	根据关系/逻辑表达式的逻辑值二选一

续表

比较内容	switch 结构	if-else 结构
n 选一需要的结构数	1	$n-1$（个嵌套）
结构结束条件	从入口开始直到整个结构结束或遇到 break/return	分支执行结束则当前结构执行结束
break 对流程影响	作为强制性出口	无

说明：

（1）对于有 n 个子结构需要选择的情况，用 if-else 结构需要 $n-1$ 个嵌套；用 switch 结构只需要一个。

（2）在 switch 结构中，若无 break 语句，则会从入口处顺序地执行完所有的 case 子句和 default 子句后结束；若有 break 语句或 return 语句，则会形成强制性出口。break 对 if-else 结构本身没有影响。

（3）一般来说，任何 switch 结构都可以转换为 if-else 结构，但是只有判定表达式为整数表达式与常量之间进行相等比较的 if-else 结构才可以转换为 switch 结构。

2.5　知识链接 D：变量的访问属性

变量是程序中最为重要的元素，它们承载了程序中数据的许多属性，不仅有数据类型属性，还有访问属性。访问属性包括以下 3 个方面。

（1）一个变量在程序执行过程中何时被创建？何时被撤销？这就是变量的生存期（lifetime）。

（2）在程序中，是不是用变量名就一定能访问到它所标识的变量实体？即便是这个变量在生存期中，是否就一定能被访问到？这个问题称为名字的访问空间，或称名字的作用域（scope）。

这如同要访问一个人一样。如果要访问一个人，首先要这个人活着，即他是生存的。但是活着的人就一定能访问到吗？

（3）在一个区域内定义的变量能在其他作用域中使用吗？即在一个域中定义的变量能链接到其他域吗？这称为变量的链接属性（linkage）。

2.5.1　变量的生存期与标识符的作用域

1. 变量的生存期由存储分配方式决定

变量的生存期就是在程序执行过程中变量从创建（定义）到被撤销的一段时间。显然，这个概念与变量的创建和撤销有关，而本质上与存储空间的分配方式有关。在 C 程序中，变量的存储空间分配有静态分配、动态分配和自动分配 3 种方式。于是，变量也就有了相应的 3 种生存期。

（1）变量的静态（static）存储分配。变量的静态存储分配指变量在编译时就被分配了存储空间。因此，只要程序一运行，这个变量就被创建，到程序运行结束才被撤销。相应的生存期被称为静态生存期或永久生存期。这种分配的缺点是在程序运行过程中这些变量一直占用着存储空间。

（2）变量的自动（automatic）存储分配。变量的自动存储分配是指编译器可以在程序运行过程中按照一定的规则自动地为一些变量分配存储空间，并按照一定的规则收回这些存储空间，而相应的生存期称为局部生存期。

（3）变量的动态（allocated）存储分配。变量的动态存储分配指变量在运行过程中被分配存储空间，并且在程序运行过程中可以被收回。这种分配的权力在程序员手中，即程序员可以根据需要为一个变量分配一定大小的存储空间，也可以在不使用这些变量时及时地收回它们所占用的存储空间，所以也称自主存储分配。

2. 系统为不同的存储分配方式划分不同的存储区域

图 2.8 是某些 C 语言编译器的内存存储空间分配示意图。它表明一个 C 语言程序所占用的内存存储空间被分为 3 个区，即程序区、静态数据存储区和堆栈数据存储区。堆栈数据存储区从两头向中间分配，一端称为栈区，是在程序运行中由系统自动分配的存储区；另一端称为堆区，是程序员进行存储分配和回收的存储区。堆区和栈区之间尚未被分配的区间是公用区。

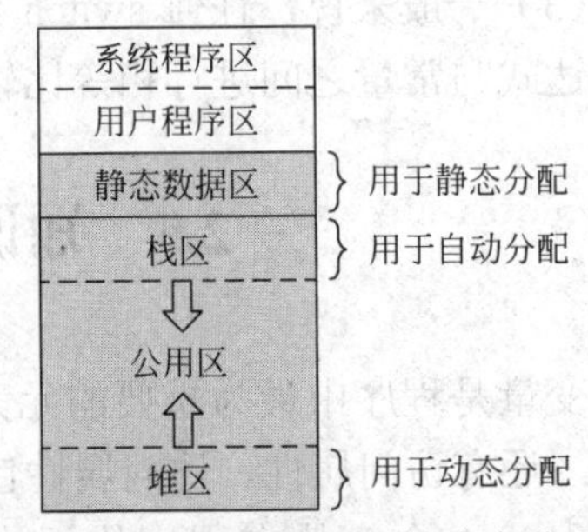

图 2.8　某些 C 语言编译器的内存分配结构

不同的存储区，存储分配、空间回收和初始化的策略不同。静态区中分配的变量是在编译时就被分配存储空间并初始化的，其生存期从程序被运行开始到程序结束，故称为永久生存期。若没有显式地初始化，静态变量将被自动初始化为默认初始值，如数值变量均初始化为 0，字符变量被初始化为'\0'。栈区用于自动分配，是变量在使用时才被分配存储空间的，所存储变量的生存期从其定义语句被执行到所在的（以花括号为界）块执行结束为止，若没有被显式初始化或赋值，其值将不确定。堆区用于动态分配，所存储变量的生存期是从变量被动态创建到被撤销之间的一段时间。

注意：在一个程序中，任何一个变量只能被定义（分配存储空间）一次。

3. 对不同生存期的变量采用不同的初始化方式

（1）具有静态生存期的变量具有默认初始值：整数变量为 0，浮点型变量为 0.0，指针为空指针。若要显式初始化，必须用常量，不可用变量。

（2）具有自动生存期的变量没有默认初始值，若不进行显式初始化，其初值是不确定的。在进行显式初始化时，不要求初始化式必须是常量。例如：

```
int x = 5, y = 2;
int i = x - y + 1;
```

4. 标识符的作用域

一个标识符的作用域是指该标识符可见并可以使用的代码区域，所以作用域是一个与代码区间有关的概念。显然，一个变量处于生存期中是其标识符可用的先决条件。但是，并非在生存期中的标识符就一定是可以访问的，因为是否可以访问还受作用域的限制。一般来说，在哪个语句区间中定义的变量，其作用域就在这个域内。

按照代码区间不同，C 语言标识符的作用域主要有以下 3 种。

- 块作用域：在一个函数以及在一个语句块中定义的名字。
- 语句作用域：在一个语句中定义的名字。
- 函数原型作用域：在函数声明中使用的参数名字。
- 文件作用域：在函数外定义的名字。

2.5.2 局部变量

在 C 语言程序中，把定义在一对花括号中的变量称为局部变量。

1. 局部变量的基本特征

C 语言将定义在函数（包括任何语句块）内部的变量称为局部变量。局部变量的基本属性是具有块作用域，即它可以被访问的域是从它的声明（定义）处开始到它所在的块结束。

代码 2-19 局部变量作用域演示。

```
#include <stdio.h>
int main (void)
{
    printf ("a1 = %d",a);                          //变量不可以在定义前使用
    int a = 3;
    printf ("a2 = %d",a);
    {
        int b = 5;
        printf ("b1 = %d",b);
    }
    printf ("b2 = %d",b);                          //变量不可以在作用域外使用
    printf ("a3 = %d",a);
    return 0;
}
```

编译这个程序，出现下面的错误信息：

```
Compiling...
Code1-10.c
D:\My program Files\Code3-4.cpp (4) : error C2065: 'a' : undeclared identifier
D:\My program Files\Code3-4.cpp (10) : error C2065: 'b' : undeclared identifier
执行 cl.exe 时出错.
```

该错误信息表明：第 4 行（第 1 个 printf()函数中）的'a'未定义标识符，说明变量 *a* 在定义之前是不可用的。第 10 行（第 4 个 printf()函数中）的'b'未定义标识符，说明变量 *b* 在其定义域之外是不可用的。若将上述两句注释掉，得到下面的程序代码。

代码 2-20 演示局部作用域。

```
#include <stdio.h>
int main (void)
{
    //printf ("a1 = %d",a);
    int a = 3;
    printf ("a2 = %d\n",a);
    {
        int b = 5;
        printf ("b1 = %d\n",b);
    }
    //printf ("b2 = %d",b);
    printf ("a3 = %d\n",a);
   return 0;
}
```

b 的作用域　　a 的作用域

运行可以得到以下结果：

```
a2 = 3
b1 = 5
a3 = 3
```

注意：局部变量的另一个特点是在不同的语句块中定义的同名变量被认为是不同的变量。

代码 2-21　不同语句块中定义的同名变量被看作不同变量。

```
#include <stdio.h>
int main (void)
{
     {
         int a = 3;
          printf ("a1 = %d\n",a);
     }
     {
          int a = 5;
          printf ("a2 = %d\n",a);
     }
     return 0;
}
```

编译运行该程序，结果如下：

```
a1 = 3
a2 = 5
```

注意：

（1）在同一个域中不可定义相同名称的变量。

（2）当在嵌套的域中定义有同名变量时，内部域中的变量会屏蔽外部域中的同名变量。

代码 2-22　在嵌套的域中，内部域中的变量屏蔽外部域中的同名变量。

```
#include <stdio.h>
```

```
int main (void) {
    int a = 3;

    printf ("a1 = %d\n",a);
    {
        int a = 5;
        printf ("a2 = %d\n",a);
    }
    return 0;
}
```

编译运行该程序，结果如下：

```
a1 = 3
a2 = 5
```

2. 局部变量的存储分配与生存期

在声明局部变量时，可以用 auto、register 和 static 关键字修饰。

（1）声明时用 auto 修饰局部变量使之具有自动生存期。

auto 是自动变量的存储类别标识符，它用来告诉编译器将变量分配在自动存储区。方括号中的内容是可以省略的，即定义在块内并且省略了 auto 的变量定义系统默认此变量为 auto。前面使用的变量基本上都是自动变量。

（2）声明时用 register 修饰自动变量，建议在寄存器中存储它。

这类变量可以获得较高的访问速度，通常把使用频率较高的变量（例如循环次数较多的循环变量）定义为 register 类别。但是，由于各种计算机系统中的寄存器数目不等，寄存器的长度也不同，所以 C 标准对寄存器存储类别只作为建议提出，不做硬性统一规定。在程序中如遇到指定为 register 类别的变量，系统会尽可能地实现它，但如果因条件限制，例如只有 8 个寄存器，而程序中定义了 20 个寄存器变量，此时系统会自动将它们（即未能实现的那部分）处理成自动（auto）变量。

（3）用 static 将局部变量的生存期延长为永久。

自动变量在使用中有时不能满足一些特殊的要求，特别是在函数中定义的自动变量会随着函数的返回自动撤销。但是有一些问题需要函数保存中间计算结果。解决的办法是将要求保存中间值的变量声明为静态的，这样这些变量的生存期就成为永久的了。

代码 2-23　一个计算阶乘的程序。

```
#include <stdio.h>
int main (void) {
    for (int = 1; i <= 3; ++ i) {
        static long int fact = 1;   //fact 只第一次执行循环体时被初始化一次并在各轮循环中共用
        fact *= i;
        printf ("%d! = %d\n", i, fact);
    }
    return 0;
}
```

执行结果如下：

```
1! = 1
2! = 2
3! = 6
```

这个程序还可以写成函数调用形式。

可以看出，使用了 static 修饰自动变量并没有改变该变量局部作用域的性质，只是将其生存期扩展为外部的。因为 static 将这个变量存放到了静态存储区，形成一种作用域局部、生存期永久、具有共享性的特殊变量。

3．与局部变量相对应的是外部变量

外部变量是定义在所有语句块外部的变量。其属性将在 9.1 节介绍。

2.6 知识链接 E：#include 指令与 const 限定符

2.6.1 #define 指令

#define 指令称为宏定义指令。它的格式为：

```
#define 宏名  宏体
```

说明：

（1）宏名是一种标识符，宏体是一个不用双撇号括起来的字符串。宏定义将告诉编译器在编译预处理时将程序中的宏名用宏体替换。例如宏定义

```
#define PI    3.1415926
```

将为 3.1415926 定义一个名字 PI。在这里，PI 称为宏名，3.1415926 称为宏体。宏名 PI 被定义以后，在程序中凡是要使用 3.1415926 的地方都可以写成 PI，以便于阅读、理解。而在编译预处理时将会用 3.1415926 自动替换程序源代码中的所有 PI。

（2）在#define 指令中，宏名与宏体之间用一个或多个空格分隔，这些空格仅作为宏名与宏体之间的分隔符。

（3）定义宏名应注意以下几点：

- 宏名不能用撇号括起来。例如：

```
#define "PI"  3.1.415926
```

将不进行宏定义。

- 宏名中不能含有空格。例如写成：

```
#define P␣I   3.1415926              //␣表示一个空格
```

则实际进行的宏名是 P，宏体是 I 3.1415926。因为最先出现的空格才是宏名与宏体之间的分

隔符。

- C 程序员一般习惯用大写字母定义宏名字。这样可以使宏名与变量名有明显的区别，还有助于快速识别要发生宏替换的位置，提高程序的可读性。

（4）对于一行中写不下的宏定义，应在前一行结尾使用一个续行符“\”，并且在下一行开始不使用空格。例如：

```
#define AIPHABET ABCDEFGHHIJKLMN\
OPQRSTUVWXY
```

（5）宏定义可以写在源程序中的任何地方，但通常写在一个文件之首。对于多个文件可以共享的宏定义，可以集中起来构成一个单独的头文件。

2.6.2 const 限定符

1. 用 const 限定变量

const 是 C 语言的一个类型限定符（type-qualifier），它可以修饰变量、数组，也可以修饰函数参数，使它们“固化”——成为“只读”。这样有利于提高程序的可读性，并能提供类型等错误检查（宏名是没有类型的），有利于提高程序的可靠性。

用 const 限定变量的格式如下：

```
const 数据类型 变量1 = 初始表达式1, 变量2 = 初始表达式2, …
```

例如使用定义

```
const double pi = 3.14159;
```

后，变量 pi 的值在程序中就是不可显式修改的了，这种情况称为变量的“固化”。

这里之所以称为“固化”，表明 const 变量不同于一般变量，也不同于字面量和宏等常量，它具有以下特点：

（1）与字面常量相比，在阅读代码的时候，const 变量和宏名都可以清晰地理解值的含义，给阅读程序者提供有价值的信息。

（2）字面量和宏等常量一般不占用独立的存储空间，而 const 变量要占用独立的存储空间。

（3）当在程序中要多次使用一个值时，由于 const 变量给出了对应的内存地址，它的值在程序运行过程中只有一个备份，而字面常量和宏定义给出的符号常量会有多个备份。相对而言，const 对象可以节省空间，避免不必要的内存分配。const 推出的初始目的正是为了取代预编译指令，消除它的缺点，同时继承它的优点。

（4）const 并不能把变量变为常量，它只是防止在程序中为一个变量赋值，即这个变量不可放到赋值表达式的左边，但是它不能阻止用其他方法来修改所限定的变量值。所以 const 对象不能用在常量表达式中。

代码 2-24 将 const 用于常量的错误代码。

```
void f(int n){
```

```
    const m = 2 * n;
      …

    switch(…){
      …
        case m:                    //错误
          …
}
```

（5）最重要的一点是字面量和宏等常量是编译时常量，const 常量是运行时常量，即const 变量只在它的生存期内为常量，而不是在整个程序的运行期间为常量。

代码 2-25　测试 const 对象的局部性。

```
#include <stdio.h>
void f(int n);
int main(void){
int main(void){
    f(1);
    f(2);
    return 0;
}
void f(int n){
    const int m = 2 * n;
    printf("m = %d,",m);
}   return 0;
```

执行结果如下：

```
m=2, m=4,
```

可以看到，*m* 的值在变化，因为 f()每调用一次，*m* 就进一个新生存期。

（6）用 const 限定的变量可以用&操作符进行取地址操作，因为这样的变量也是有地址的。

2. 用 const 限定函数参数

const 修饰符也可以修饰函数的传递参数，告诉编译器该参数在函数体中无法改变，从而防止了使用者的一些无意的或错误的修改。例如：

```
void fun(const int var);
```

将使参数 var 不可在函数 fun()的函数体中被改变，当然，这种限定仅限于在函数 fun()的调用中，这也表明 const 的运行中作用性质。

2.7　知识链接 F：左值表达式与右值表达式

左值表达式简称左值（lvalue），右值表达式简称右值（rvalue），它们是关于表达式性质的两个重要概念。

2.7.1 左值表达式与右值表达式的概念

1. 基于赋值操作符的左值与右值概念

在早期的编译器设计中，人们在考虑对表达式的检查时想到了一个问题：哪些表达式才能放到赋值操作符的左边，哪些表达式只能放到赋值表达式的右边。由此提出了左值或左值性与右值或右值性的概念。例如表达式 $a = b + 3$ 中，表达式 a 具有左值性，而表达式 $b + 3$ 具有右值性。这也就是 lvalue 和 rvalue 的来历。有了这样的概念，当把一个右值表达式放到赋值操作符左边时将会导致产生诸如“invalid lvalue in assignment”这样的编译错误。

2. 基于存储的左值与右值概念

基于赋值操作的左值与右值的概念不够本质，也不好鉴别。例如，return $a + 5$ 中的 $a + 5$ 到底是左值还是右值？难以说清楚。

进一步分析可以发现，左值之所以可以放到赋值操作符的左边，是由于它的背后有一个存储空间的支持，因此有人找了一个单词——location，用来解释 lvalue 中的 l；相对而言，用 read 来解释 rvalue 中的 r。

3. 基于存在性的左值与右值概念

但是，基于 location 的左值概念也有一定的不足。例如，$a = b + 3$ 中的 $b + 3$ 以及 return $a + 5$ 中的 $a + 5$ 不存储吗？如果不存储，它们如何进入运算器进行计算？所以，它们也是要存储的，只不过是一种临时存储，其存储位置是没有被确定的，例如存储在寄存器中。因此，人们进一步把左值解释为表达式结束后仍然存在的持久实体，把右值解释为常量或随表达式结束而消失的临时实体。

4. 左值与右值的简单鉴定

由于左值是一个表达式结束后仍然存在的空间，所以它具有自己的存储地址（包括 register 分配的数据），因此是可以用&操作符进行取地址操作的。而右值在表达式结束后不复存在，无法用&操作符取到地址。这是鉴别左值和右值的一种方法。

5. 基于左值与右值的赋值操作解释

有了左值和右值的概念，也可以更好地解释赋值操作了。以 $a = b + 3$ 为例，它的执行过程如下：

① 读取 b 的值，将其送到累加器；

② 将常量 3 送到寄存器；

③ 对 $b + 3$ 进行计算，结果保留在累加器中；

④ 返回累加器的值（需要时），并把累加器的值送到 a 所指示的内存空间，修改 a 的值。

但是，这样的左值是否就一定可以放到赋值操作符的左边？答案是不一定。例如：

```
const int a = 0;
```

```
a = b + 3;                    //错误
```

为什么错误？因为这里的 *a* 已经被定义为不可修改了。

所以，左值可以分为可修改和不可修改两种，不是左值就一定可以放到赋值操作符的左边，能放到赋值操作符左边的一定是左值——可修改的左值。

6. 左值向右值的转换

这里还有一个问题需要讨论。例如对于

```
int a = 0,b = 3;
a = b;
```

在表达式 *a* = *b* 中，*b* 是左值还是右值？答案是右值。但是 *b* 也是可以进行取地址计算的，为什么是右值呢？实际上 *b* 放在这个位置，就是一个由左值到右值的转换，即把 *b* 单元的内容放到寄存器，而 *a* 不需要这样的操作。

2.7.2 左值表达式的应用

左值的应用包括下面两个方面：

（1）需要左值的表达式。

（2）产生左值的操作。

1. 需要左值的表达式

左值是操作符的要求，不仅赋值操作符要求，其他一些操作符也要求。表 2.6 为需要左值的操作符。

表 2.6 需要左值的操作符

<table>
<tr><th>操 作 符</th><th>说 明</th></tr>
<tr><td>&（单目）</td><td>取地址，操作数必须是左值或函数名</td></tr>
<tr><td>++、--（前缀或后缀）</td><td>操作数必须是左值</td></tr>
<tr><td>=、+=、-=、*=、=、%=、<<=、>>=、&=、~=、|=</td><td>左操作数必须是左值</td></tr>
</table>

2. 常见左值表达式规则

（1）最明显的左值表达式是具有类型和内存空间的标识符。

（2）算术操作、关系操作、判等操作、逻辑操作、条件操作、赋值操作、逗号操作、位操作、取地址操作的结果都不再是左值。例如：

```
int a = 1, b = 2, c = 3;
(a = b) = c;                  //错误
( a + b) = c;                 //错误
( a > b ) = c;                //错误
(a  == b) = c;                //错误
(& a) = c;                    //错误
```

（3）函数、函数调用、枚举常量、强制类型转换等表达式都不能产生左值。

（4）间接引用操作符（*）的运算结果是左值。

（5）结构体（见第 6 单元）变量可以作为左值。

（6）直接成员选择（直接成员选定）操作符（.）和间接成员选择（间接成员选定）操作符（->）可以产生左值。

（7）下标表达式（见第 5 单元）可以产生左值。

（8）数组名（见第 5 单元）不能作为左值表达式，因为数组是由若干独立的数组元素组成的，这些元素不能作为一个整体被赋值。

对于声明：

```
int a = 3;
int b = 5;
int *pFlag = &a;
string str1 = "hello ";
string str2 = "world";
```

有下列判断：

- a 和 b 都是持久对象，可以对其取地址，都是左值。
- $a+b$ 是临时对象，不可以对其取地址，是右值。
- a++ 先为持久对象 a 创建一个副本，再使持久对象 a 的值增 1，返回的是 a 的副本——临时对象，不可以对其取地址，是右值。但执行完这个表达式后 a 增 1。
- ++ a 相当于 $a=a+1$，返回的是持久对象 a（增 1 后）的值，可以对其取地址，是左值。
- pFlag 和*pFlag 都是持久对象，可以对其取地址，是左值。
- 3、5 和"hello"都是字面量（纯常量，不可以对其取地址），是右值。
- str1 是持久对象，可以对其取地址，是左值。

左值和右值是两个重要的概念，对于它们将在今后的学习中不断加深。

习 题 2

概念辨析

1. 从被选答案中选择合适的答案。

（1）（　　）是在编译时被分配存储空间的。

A. 自动变量　　B. 静态变量　　C. 动态变量　　D. 局部变量

（2）（　　）是函数作用域。

A. 函数中的参数　　B. 函数体中定义的变量

C. 函数调用表达式中的变量　　D. 函数原型声明中的形式参数

（3）一个程序实体的生存期是由该实体（　　）决定的。

A. 在程序代码中的位置　　B. 的存储分配方式

C. 所在的函数名　　　　　　　　　　D. 所在的文件名

（4）以下叙述中错误的是（　　）。

A. 局部变量定义可以放在函数体或复合语句的内部

B. 局部变量的作用域是从定义位置到所在的域结束

C. 变量的作用域取决于其定义语句出现的位置

D. 函数的形式参数属于局部变量

（5）以下叙述中正确的是（　　）。

A. 局部变量说明为static存储类，其生存期将被延长

B. 未在定义语句中初始化的auto变量的初值是不可知的

C. 任何变量在未初始化时其值都是不确定的

D. 形参可以使用的存储类说明符与局部变量完全相同

（6）自动变量的存储空间分配在（　　）。

A. 堆区　　　B. 栈区　　　C. 自由区　　　D. 静态区

（7）下面叙述中不正确的为（　　）。

A. 宏名无类型　　　　　　　　B. 宏替换不占用运行时间

C. 宏替换进行的是字符串替换　　D. 宏名必须大写

（8）为了用宏名PR表示常量printf，下列宏定义中符合C语言语法的是（　　）。

A. #define PR, printf　　　　B. define PR printf

C. #define PR printf;　　　　D. #define PR printf

2. 用 C 语言描述下列命题。

（1）a 和 b 都大于c。

（2）a 和 b 中只有一个小于c。

（3）a 是非正整数。

（4）a 不能被 b 整除。

（5）a 是奇数。

（6）a 是一个带小数的正数，而 b 是一个带小数的负数。

代码分析

1. 有下列语句：

```
if (a < b) if (c < d)x = 1; else
if (a < c) if (b < d)x = 2; else x = 3; else
if (a < d) if (b < c)x = 4; else x = 5; else x = 6; else x = 7;
```

（1）把此语句写的逻辑关系更清晰一些。

（2）检查其中有无多余的判定条件或矛盾的判定条件。

（3）重写一个等效的、简洁的条件语句。

2. 给出下列程序段执行后的输出结果。

（1）

```
int i = 5, j = 10, k = 1;
printf("%d,%d",k > i < j);
```

（2）

```
int i = 3, j = 2, k = 5;
printf("%d,%d",i < j  == j < k);
```

（3）

```
int i = 3, j = 4, k = 5;
printf("%d,%d",i % j + i < k);
```

（4）

```
int i = 2, j = 1;
printf("%d",!!i + !j);
```

3. 从备选项中选择合适的项。

（1）程序段

```
int x = 1, y = 2 z = 3;
if (x > y) z = x; x = y; y = z;
```

执行后，变量x、y 和 z 的值分别是（　　）。

A. 1、2、3　　B. 2、3、3　　C. 2、3、1　　D. 2、3、2

（2）当把下列表达式作为if语句的判断表达式时，有一个选项的含义与其他3个选项不同，这个选项是（　　）。

A. k % 2　　B. k % 2 = = 1　　C. (k % 2) != 0　　D. !k % 2 = = 1

（3）在下列条件语句中有一个语句的功能与其他语句不同，这个语句是（　　）。

A. if (a) printf ("%d\n",x); else printf ("%d\n",y);

B. if (a = = 0) printf ("%d\n",y); else printf ("%d\n",x);

C. if (a != 0) printf ("%d\n",x); else printf ("%d\n",y);

D. if (a = = 0) printf ("%d\n",x); else printf ("%d\n",y);

（4）若 x 和 y 已经被定义为整数变量，则下列switch结构中合法的是（　　）。

A.

```
switch (x / y) {
   case 1: case 2.3: z = x / y;break;
   case 2: case 3.4:z = x % y;break;
}
```

B.

```
switch (x - y) {
   case 1: z = x % y;break;
   case 2: z = x / y;break;
}
```

C.

```
switch x {
   default: z = a + b;
   case 1: z = x / y;break;
   case 2: z = x % y;break;
}
```

D.

```
switch (x * y + y) {
   case 3:
   case 2: z = x % y;break;
   case 2: z = x / y;break;
}
```

（5）对于声明：

```
int x, y, z;
```

下列表达式中正确的是（　　）。

A. z = y = x;　　　B. x = 2, y = 3, z = x + y;　C. x = z + y = 2 + 3;　D. a = x + y + z;

4. 写出下面程序段的输出结果。

（1）

```
#include <stdio.h>
int main (void) {
    int a = 5, b = 4, c = 3, d;
    d = (a > b > c);
    printf ("%d",d);
    return 0;
}
```

（2）

```
#include <stdio.h>
int main (void) {
    int a;
    scanf ("%d", &a);
    if (a>=0)
        printf ("plus\n");
    else
        printf ("minus\n");
    return 0;
}
```

（3）

```
int x = 0, y = 2, z = 3;
switch (x) {
    case 0:switch (y != 2) {
        case 0:printf ("*");break;
        case 2: printf ("%");break;
    }
    case 1: switch (z ) {
        case 1:printf ("$");break;
        case 2: printf ("#");break;
        default: printf ("&");break;
    }
}
printf ("\n");
```

（4）

```
#include <stdio.h>
int main (void) {
    char ch;
    printf ("\n********TIME********");
    printf ("\n1.morning");
    printf ("\n2.afternoon");
    printf ("\n3.night");
```

```
    printf ("Enter your choice:");
    ch = getchar ();
    switch (ch) {
       case '1':printf ("\nGood morning!\n");
       case '2':printf ("\nGood afternoon!\n");
       case '3':printf ("\nGood night!\n");
       default:printf ("Selection wrong!\n");
    }
    return 0;
}
```

(5)

```
#include <stdio.h>
int main (void) {
    int x,y = 1,z;
    if (y != 0) x = 5;
    printf ("x = %d\t",x);
    if (y == 0) x = 3;
    else x = 5;
    printf ("x = %d\t\n",x);
    z = -1;
    if (z < 0)
        if (y > 0)x = 3;
        else x = 5;
    printf ("x = %d\t\n",x);
    if (z = y < 0)x = 3;
    else if (y == 0)x = 5;
    else x = 7;
    printf ("x = %d\t",x);
    printf ("z = %d\t\n",z);
    if (x = z = y)x = 3;
    printf ("x = %d\t",x);
    printf ("z = %d\t\n",z);
    return 0;
}
```

5. 阅读下面的程序，说明其功能。

```
#include <stdio.h>
int main (void) {
      char c;
      printf ("Enter a character:");
      c=getchar ();
      if (c < 31) printf ("\nIt's a control character.");
      else if (c >= '0' && c <= '9')
            printf ("\nIt's a digit character.");
      else if (c >= 'A' && c <= 'Z')
            printf ("\nIt's a captal character.");
      else if (c >= 'a' && c <= 'z')
            printf ("\nIt's a lower character.");
```

```
    else printf ("\nIt's a other character.");
    return 0;
}
```

说明：库函数getchar ()用于接收从键盘输入的一个字符。

6. 阅读下面的程序，指出其中的错误及其原因。

（1）程序1

```
#include <stdio.h>
int main (void) {
      int a,b,c;
      printf ("\nEnter 3 integers separated by spaces:");
      scanf ("%d %d %d",a,b,c);
      if (a > b > c)   printf ("\nThe max is :%d",a)
      else  if (b > a  > c)   printf ("\nThe max is :%d",b)
      else   printf ("\nThe max is :%d",c);
      return (0);
 }
```

（2）程序2

```
#include <stdio.h>
int main (void) {
      int a,b;
      printf ("\nEnter 2 integers separated by spaces:");
      scanf ("\n%d %d %d",&a,&b,&c);
      if (a > b);
          temp = a;
          a = b;
          b = temp;
      printf ("\na - b = ",a - b);
      return 0;
}
```

7. 有人写了一个从3个数中取大数的程序如下，请问这个程序是否错误，并说明理由。

```
#include <stdio.h>
int main (void) {
   int a,b,c;
   printf ("\nEnter 3 integers separated by spaces:");
   scanf ("%d %d %d",&a,&b,&c);
   if (a > b && a > c)
       printf ("\nThe max is :%d",a);
   {if (b > a && b > c)
       printf ("\nThe max is :%d",b); }
       else
            printf ("\nThe max is :%d",c);
       return (0);
}
```

8. 下面是同一问题的两个程序段，试比较它们的优缺点。

（1）

```
if (x  == 1)
   printf (" x is equal to one.n");
else if (x == 2)
   printf (" x is equal to two\n");
else if (x ==3)
   printf (" x is equal to three.\n");
else
   printf (" x is not equal to one,two or three.\n");
```

（2）

```
switch (x) {
     case 1: printf (" x is equal to one.\n"); break;
     case 2: printf (" x is equal to two.\n");break;
     case 3: printf (" x is equal to three.\n");break;
     default: printf (" x is not equal to one,two,or three.\n "); break;
}
```

9. 分析下面的两个程序段中default语句的作用。

（1）

```
switch (char_code) {
    case'Y':case'y':printf ("You answered YES!\n");break;
    case'N':case'n':printf ("YOU answered NO!\n"); break;
    default:printf ("Unknown response :%d\n",char_code);break;
}
```

（2）

```
void move_cursor (int direction) {
    switch (direction) {
         case UP:cursor_up ();  break;
         case DOWN:  cursor_down (); break;
         case LEFT:  cursor_left (); break;
         case RIGHT: cursor_right(); break;
         default:printf ("Logic error on line number %ld!!!\n",_ _LINE_ _);break;
    }
}
```

10. 下面是一个进行5分制与5级评语之间转换的程序段，指出其中的错误及其原因。

```
switch (score)
    case 5, printf ("very good.");
    case 4, printf ("good.");
    case 3, printf ("pass.");
    case 2, printf ("fail.");
    default:printf ("error.");
```

11. 指出下面两个程序的输出结果，说明每个程序中的各个x有何不同。

（1）

```
#include <stdio.h>
int x = 5;
int main (void) {
     printf ("\nx1=%d ",x);
     {int x = 3; printf ("\nx2 = %d ",x); printf ("\nx3 = %d ",::x); }
      return 0;
}
```

（2）

```
#include <stdio.h>
int main (void) {
    void sub (void);
    int i;
    static int x;
    int y;
    i = 1;x = 10;y = 5;
    printf ("******void main******\n");
    printf ("i = %d x = %d y = %d\n",i,x,y);
    sub ();
    printf ("******void main******\n");
    printf ("i = %d x = %d y = %d\n",i,x,y);
   return 0;
}

void sub (void) {
    int i;
     static int x
     i = 18;x = 200;
         printf ("******sun******\n");
     printf ("i = %d x = %d\n",i,x);
}
```

12. 写出下列表达式的值。

（1）1 < 4 && 4 < 7

（2）1 < 4 && 7 < 4

（3）! (2 <= 5)

（4）! (1 < 3) || (2 < 5)

（5）! (4 <= 6) && (3 <= 7)

13. 指出下面代码运行后的输出结果。

```
int x,y,z;
x = y = z = 0;
++ x || ++ y && ++ z;
printf ("x = %d\ty = %d\tz = %d\n ",x,y,z);
```

```
x = y = z = 0;
++ x && ++ y||++ z;
printf ("x = %d\ty = %d\tz = %d\n ",x,y,z);
x = y = z = 0;
++ x && ++ y && ++ z;
printf ("x = %d\ty = %d\tz = %d\n ",x,y,z);
x = y = z = -1;
++ x && ++ y && ++ z;
printf ("x = %d\ty = %d\t z = %d\n ",x,y,z);
x = y = z = -1;
++ x && ++ y||++ z;
printf ("x = %d\ty = %d\tz = %d\n ",x,y,z);
x = y = z = -1;
++ x || ++ y && ++ z;
printf ("x = %d\t y = %d\tz = %d\n ",x,y,z);
```

14. 表2.7中列出了7组简单赋值操作符的左操作数和右操作数，其中哪一组是合法的赋值表达式？

表 2.7　7 组赋值操作符的左操作数和右操作数的类型

序号	左操作数	右操作数
（1）	short	signed short
（2）	char *	const char
（3）	int(*)[5]	int(*)[]
（4）	short	const short
（5）	int(*)()	Signed (*)(int i,float f)
（6）	int *	tp * (对于：typedef int tp)
（7）	struct(int f;)	struct(int f;)(另一个独立定义)

开发练习

设计下面的程序和测试用例。

1. 从键盘输入3个数，然后从小到大输出。

2. 从键盘任意输入3个线段的长度，判断这3个线段所能组成的三角形的种类，种类如下：

（1）不能构成三角形。

（2）等边三角形。

（3）等腰三角形。

（4）直角三角形。

（5）等腰直角三角形。

（6）一般三角形。

3. 从键盘输入3个数，计算以这3个数为边长的三角形的面积。

4. 设计一个 C程序，判断用户输入的一个年份是否为闰年（能用4整除但不能被100整除，若能用100整除也要能用400整除）。

5. 某航空公司规定：在旅游旺季7～9月份，如果订票20张及其以上，优惠票价的10%；20张以下，优惠5%；在旅游淡季1～6月份、10～12月份，订票20张及其以上优惠20%，20张以下优惠10%。编写一个C程序实现根据月份和旅客订票张数决定优惠率的功能。

6. 设计一个进行数值月份向英文名称月份转换的C程序，即当用户输入一个数字月份时输出其对应的英文月份名称。

7. 根据国家当前的个人所得税税率设计一个可以根据一个人的收入计算其应交税的程序。

8. 判断一个人的肥胖程度有多种计算方法，当地有两种方法，即根据体重和根据腰围。试查阅资料，设计一个程序，要求既可以根据体重也可以根据腰围来判断一个人的肥胖程度。

9. 设计一个程序，可以计算一个一元二次方程的实根。

10. 八币问题。有8枚硬币，其中一枚是假的，它的重量与其他几枚不同，外形完全相同。现在有一台无砝码的天平，如何使用这台天平用最少的次数找出假币？

探索验证

1. 如何可以知道在一个多分支结构中程序实际运行的是什么路径？

2. 假设变量 *a*、*b*、*c*、*d* 已经确定，对于语句

```
scanf ("%d%c%f%f",&a,&b,&c,&d);
```

若分别在键盘输入

（1）2□a□5.6□8.9

（2）2.3a5.68.9

（3）2a5.6□8.9

（4）2a□5.6□8.9

将会在变量*a*、*b*、*c*、*d* 中存储什么内容？

3. 通常，“零值”可以是0或0.0。例如对于“ int n;”，变量 *n* 与“零值”比较的 if为

`if ( n  == 0 )`或`if ( n != 0 )`

那么，对于“float x;”，*x*与“零值”比较的if 语句应该如何表达才合理？

4. 编写一个C程序，测试在switch结构中不用break会出现什么情况。

5. 若在switch结构中用浮点型数做标号，会有什么问题？

6. 编写程序，测试所使用的系统中对于整数求商的规则（考虑两个正整数、两个负整数、一个正一个负的情况）。

7. 编写程序，测试所使用的系统中对于整数求余的规则（考虑两个正整数、两个负整数、一个正一个负的情况）。

8. 下面是一个判断参数是否为奇数的函数，请分析这个函数可行吗？

```
int isodd (int i) {
    return i%2 == 1;
}
```

9. 分析下面的代码有什么实用价值。

```
const float EPSINON = 0.00001f ;
if ((x >= -EPSINON) && (x <= EPSINON))
…
```

10. 在 C 语言程序中，有些地方必须使用常量表达式，例如定义数组大小以及 case 后面的标记。试设计一个程序，测试 const 变量能不能用到这些地方。

11. 为什么 switch 控制表达式和case标号表达式不可为浮点类型？

第 3 单元　重复程序设计

与人相比，计算机的最大优势是能不知疲倦、不怕烦琐地高速工作。因此，若能把一个问题的求解描述成重复性的程序结构，就可以充分发挥计算机的优势。

3.1　可连续计算的计算器算法分析

在第 2 单元设计了可以选择计算类型的计算器程序。但是，这个计算器与实际的计算器还有很大的差距。因为实际的计算器可以连续计算，如可以连续按 2、+、3、–、1、*、5、=，最后的"="表明计算结束。

分析连续输入操作数和操作符进行计算的过程可以看出，虽然每次输入的操作数和操作符不一样，但操作类型是相同的，连续输入实际上是一个重复过程。

3.1.1　初步算法

代码 3-1　可连续计算的计算器程序主函数算法伪代码。

```
int main(void)
{
     输入一个操作数 1;
     重复地进行下面的操作{
          输入一个操作符;
          判断操作符
              不为'=',输入操作数 2,进行计算,结果送第一个操作数作为中间值;
              为'=',重复结构结束;
     }
     输出结果;
     return 0;
}
```

3.1.2　算法细化

在细化上述算法时首先遇到的问题是需要清楚声明几个操作数变量。

简单地说，这个程序就是一开始输入一个操作数，然后不断输入一个操作符和一个操作数，直到输入的操作符是"="为止。如果每输入一个操作数需要为之声明一个变量，需要很多变量，而具体多少个无法确定。若先声明一个变量（记为 operand1），则当后面输入的操作符不是"="时再输入一个操作数到另一个变量（记为 operand2），紧接着进行计算，把计算结果存放在 operand1 中，operand2 就可以空下来，准备输入下一个操作数了，这样只需要声明两个操作数变量和一个操作符变量就可以了。为了使计算具有普遍性，将操作数声明为 double 类型。

代码 3-2 可连续计算的计算器程序主函数算法的细化。

```
#include <stdio.h>
int main(void){
    double operand1 = 0.0, operand2 = 0.0;
    char operator = '+';                                    //初始化为'+'
    double calculate(double x, double y, char op);

    printf("\n 输入一个操作数: ");
    scanf("%lf",&operand1);
    输入操作符，若不为'='，进入重复结构{
        再输入一个操作数
        operand1 = calculate(operand1, operand2, operator);
    }
    printf("\n 计算结果: %lf", operand1);
    return 0;
}
```

下面要进一步解决的问题是如何实现一段代码的重复执行。

3.1.3 重复结构的 C 语言实现

通过前面的分析可知，可连续计算的计算器算法是一种重复结构或称循环结构，即在一定条件下让一条或一段程序重复执行。C 语言提供的重复结构有以下 3 种。

（1）while 结构。

（2）do-while 结构。

（3）for 结构。

3.2 while 结构

3.2.1 while 结构的基本原理

while 结构也称为“当”结构，即当满足某个条件时重复执行某代码。其格式和对应的程序流程图如图 3.1 所示。

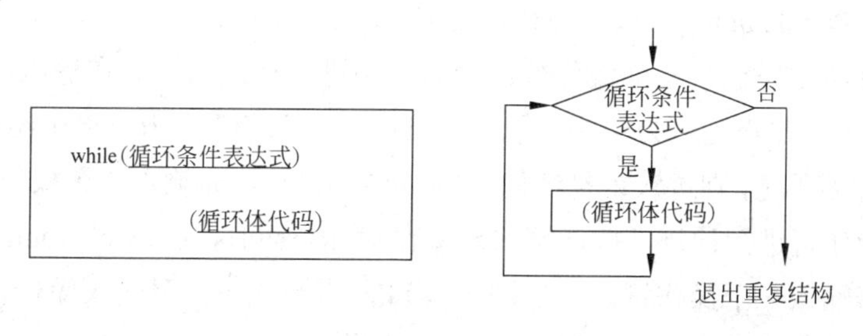

(a) while语句格式　　(b) while结构的程序流程图

图 3.1　while 结构

说明：while 语句具有以下特点。

（1）有条件进入：循环条件表达式为 true（非 0）。

（2）进入后重复执行循环体代码，每一次执行循环体代码后都要对循环条件表达式进行一次测试。

（3）有条件退出：循环条件表达式为 false(0)。

3.2.2 采用 while 结构的可连续型计算器主函数

1. 初步实现

根据代码 3-2 描述的算法和 while 结构的特点可以得到以下代码。

代码 3-3 可连续计算的计算器程序主函数算法的细化。

```
#include <stdio.h>
double calculate(double x, double y, char op);

int main(void){
    double operand1 = 0.0, operand2 = 0.0;
    char operator = '+';                                         //初始化为'+'

    printf("\n 输入一个操作数：");
    scanf("%lf",&operand1);
    getchar();                                                   //吸收一个多余空白
    printf("\n 输入一个操作符：");
    while((operator = getchar())!= '='){
        printf("\n 再输入一个操作数：");
        scanf("%lf",&operand2);
        operand1 = calculate(operand1,operand2,operator);
        getchar();                                               //吸收一个多余空白
        printf("\n 输入一个操作符：");
    }
    printf("\n 计算结果：%lf\n", operand1);
    return 0;
}
```

说明：

（1）运算函数 calculate()可以使用代码 2-18 或代码 2-21。

（2）这个算法是先输入一个操作数，接着试图进入重复结构。在进入的同时输入一个操作符，并检查该操作符是否为'='：若是，则不进入，跳过重复结构，输出结果——operand1 的值，程序结束；若不是，则进入重复结构。进入重复结构后，先输入一个操作数到 operand2，用之前输入的操作符进行计算，把计算结果保存到 operand1，腾出 operand2 为下一个输入做好准备，接着输入一个操作符。之后回到 while 判断式中，又输入操作符并检查是否为'='，……直到输入的操作符为'='输出结果，程序结束。

（3）在上面的代码中有两个 getchar()语句，各用于“吸收一个多余空白”。

2. 代码改进

在代码 3-3 中，核心部分如下：

```
getchar();
printf("\n 输入一个操作符：");
while((operator = getchar())!= '='){
    printf("\n 再输入一个操作数：");
    scanf("%lf",&operand2);
    operand1 = calculate(operand1,operand2,operator);
    getchar();
    printf("\n 输入一个操作符：");
}
```

在这一部分有两条语句是重复的，很多人不喜欢这种重复，这时可以将其改写成下面的代码。

代码 3-4 改进代码 3-3 中的核心部分。

```
while(getchar() , printf("\n 输入一个操作符：") ,(operator = getchar())!= '='){
   printf("\n 再输入一个操作数：");
   scanf("%lf",&operand2);
   operand1 = calculate(operand1,operand2,operator);
}
```

3.2.3 逗号操作符

在代码 3-4 中，控制表达式被写成了：

```
getchar() , printf("\n 输入一个操作符：") ,(operator = getchar())!= '='
```

即 3 个子表达式用两个逗号分隔，形成一种特殊的表达式——逗号表达式，这里逗号称为逗号操作符。逗号表达式的一般形式如下：

<u>子表达式 1</u>，<u>子表达式 2</u>，…

说明：逗号表达式的特点是顺序地执行这个表达式中的各子表达式，并以最后一个子表达式的值作为该逗号表达式的值。因此，代码 3-4 中的循环条件表达式的值取最后的子表达式(operator = getchar()) != '='的值。也就是说，每次进入重复体之前都要执行一次 3 个子表达式，并以最后一个子表达式的值作为流程控制的根据。这与代码 3-3 具有同样的效果。

注意：并非所有出现逗号的地方都组成逗号表达式，如在变量声明中、函数参数表中逗号只用作各变量之间的间隔符。

3.3　do-while 结构

3.3.1　do-while 结构的基本原理

do-while 结构也称为“直到”结构，即重复执行某代码直到某个条件不再满足，其格式以及程序流程图如图 3.2 所示。

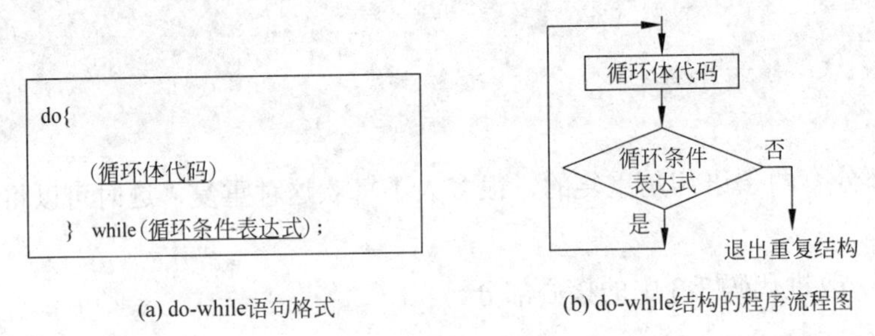

(a) do-while语句格式　　(b) do-while结构的程序流程图

图 3.2　do-while 结构

说明：do-while 语句具有以下特点。

（1）无条件进入。

（2）进入后重复执行循环体代码，每次执行循环体代码后都要对循环条件表达式进行一次测试。do 循环体必须是一条语句（也可能是一个符合语句）。

（3）有条件退出：循环条件表达式为 0。

注意：

（1）do-while 结构要用分号结束。

（2）无论需要与否，最好给所有 do 循环体都加上花括号，否则会把后面的 while（控制表达式）误当成 while 结构的循环头。

3.3.2　采用 do-while 结构的可连续型计算器主函数

根据代码 3-2 描述的算法和 do-while 结构的特点可以得到以下代码。

代码 3-5　采用 do-while 结构的可连续计算的计算器程序主函数。

```
#include <stdio.h>
double calculate(double x, double y, char op);
int main(void){
    double operand1 = 0.0, operand2 = 0.0;
    char operator = '+';                                    //初始化为'+'

    do{
        printf("输入一个操作数：");
        scanf("%lf",&operand2); getchar();
        operand1 = calculate(operand1,operand2,operator);
        printf("输入一个操作符：");
        operator = getchar();
```

```
    } while(operator != '=');
    printf("计算结果: %lf\n", operand1);
    return 0;
}
```

说明：执行这个程序，经过有关初始化操作后，不进行条件检查直接进入 do 结构。进入后，首先输入一个操作数到 operand2，接着进行计算。由于在声明中 operand1 被初始化为 0.0，opperator 被初始化为+，所以计算 operand1 = 0.0 + operand2。接着输入操作符，之后在 while 的判断表达式中对操作符进行判断，如果是 '='，则跳出重复结构，输出存储在 operand1 中的计算结果，程序结束；如果不是 '='，则转到 do，再输入一个操作数到 operand2 中，接着计算 operand1 = operand1 + operand2，然后输入操作符，再次进行判断……

3.4 for 结构

3.4.1 for 结构的基本原理

for 结构的格式以及数据流程图如图 3.3 所示。

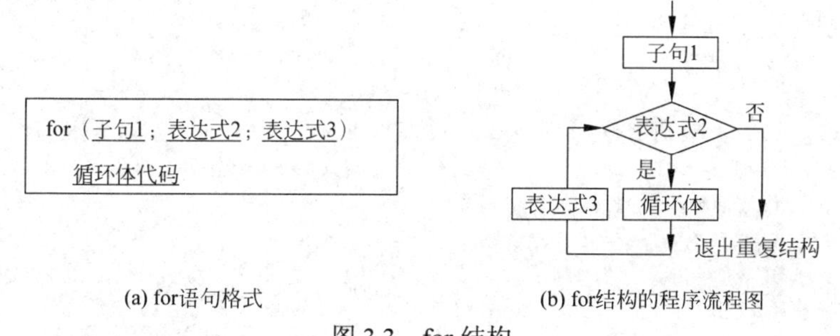

(a) for语句格式　　(b) for结构的程序流程图

图 3.3　for 结构

说明：for 重复结构有 3 个控制表达式，它们具有以下作用。

子句 1 称为初始化表达式子句，只在进入重复操作之前执行一次，以后每次重复都不再执行。C99 允许它是声明。

表达式 2 称为条件表达式，每进入重复体之前都要用它进行一次判断，为“真”（非 0）才能进入重复体，否则不再进入重复体。

表达式 3 称为后处理表达式，即重复体被执行后再次进行判断之前都要执行一次。

3.4.2 采用 for 结构的可连续型计算器主函数

根据代码 3-2 描述的算法和 do-while 结构的特点可以得到以下代码。

代码 3-6　采用 for 结构的可连续计算的计算器程序主函数。

```
#include <stdio.h>
int main(void){
    double operand1 = 0.0, operand2 = 0.0;
    char operate;
    for(printf("输入一个操作数: "),scanf("%lf",&operand1),getchar();
```

```
        printf("输入一个操作符: "),(operate = getchar())!= '=';
      operand1 = calculate(operand1,operand2,operate)){
         printf("再输入一个操作数: ");
         scanf("%lf",&operand2);getchar();
    }
    printf("计算结果: %lf\n", operand1);
    return 0;
}
```

说明：

（1）子句 1 由 3 个函数调用表达式组成，即 printf("\n 输入一个操作数:")、scanf("%lf ", &operand1)和 getchar()。3 个表达式之间用逗号分隔，形成一个逗号表达式语句。子句 1 执行进入 for 循环前的一些预操作，所以完全可以提到 for 结构之前。

代码 3-7 将子句 1 提到 for 结构之前。

```
#include <stdio.h>
int main(void){
    double operand1 = 0.0, operand2 = 0.0;
    char operate;
    printf("输入一个操作数:");            //将子句 1 提到 for 结构之前
    scanf("%lf",&operand1);
    getchar();
    for(;
        printf("输入一个操作符:"),(operate = getchar())!= '=';
        operand1 = calculate(operand1,operand2,operate)){
        printf("再输入一个操作数:");
        scanf("%lf",&operand2);getchar();
    }
    printf("计算结果: %lf\n", operand1);
    return 0;
}
```

这时，子句 1 的位置就空了，但还需要用一个分号占位，以免把表达式 2 当成子句 1。

（2）表达式 2 也是一个逗号表达式，由两个表达式组成，即 printf("\n 输入一个操作符:") 和(operator = getchar())!= '='。

（3）表达式 3 为 operand1 = calculate(operand1,operand2,operate)。它实际上是循环体中最后执行的操作，所以可以把它移到循环体的最后。

代码 3-8 将表达式 3 移到循环体的最后。

```
#include <stdio.h>
int main(void){
    double operand1 = 0.0, operand2 = 0.0;
    char operate;
    printf("输入一个操作数: ");
    scanf("%lf",&operand1);
    getchar();
    for(;printf("输入一个操作符: "),(operate = getchar())!= '=';){
        printf("再输入一个操作数: ");
```

```
        scanf("%lf",&operand2);getchar();
        operand1 = calculate(operand1,operand2,operate);//将表达式 3 移到循环体的最后
    }
    printf("计算结果: %lf\n", operand1);
    return 0;
}
```

这时，在其原来的位置还要用一个分号占位。

3.4.3 计数型重复结构

实际上，for 结构并不太适合上述可连续计算的计算器程序，这种程序使用 while 或 do-while 结构非常合适。也就是说，3 种重复结构分别适合不同的程序。对于 for 结构来说，最适合的是计数型重复。

下面学习如何打印如图 3.4 所示的九九乘法表。

1	2	3	4	5	6	7	8	9
1	2	3	4	5	6	7	8	9
2	4	6	8	10	12	14	16	18
3	6	9	12	15	18	21	24	27
4	8	12	16	20	24	28	32	36
5	10	15	20	25	30	35	40	45
6	12	18	24	30	36	42	48	54
7	14	21	28	35	42	49	56	63
8	16	24	32	40	48	56	64	72
9	18	27	36	45	54	63	72	81

图 3.4　一种九九乘法表

1. 算法分析

上述九九乘法表可以分为 3 个部分，即表头（即 1～9 几个数字）、隔线、表体。

代码 3-9　打印九九乘法表的初略算法。

```
int main(void)
{
    S1:打印表头;
    S2:打印隔线;
    S3:打印表体.
}
```

1）S1：打印表头

表头有 9 个数字 1、2、…、9。可以看成是打印一个变量 *i* 的值，其初值为 1，每次加 1，直到 9 为止，这使用 for 结构最合适。设每个数字区占 4 个字符空间，则很容易写出 s1：

```
for (int i = 1; i <= 9; ++ i)
    printf ("%4d",i);
```

在这里：

- "%4d" 表示输出项为占有 4 个字符空间的整数。

- ++称为自增操作符，执行一个++操作使操作数增 1。

由于打印一行后屏幕的光标会停留在一行的最后，为了使下一部分能从下一行的开始显示，需要移动光标到下一行的起始位置。为此，在上面的程序段后需要增加一个换行操作。于是将打印表头的代码修改为：

```
for (int i = 1; i<= 9; ++ i)
    printf ("%4d",i);
printf ("\n");
```

这里，子句 1 为

```
int i = 1;
```

起初始化循环体的作用。

表达式 2 为 $i <= 9$，作用是测试循环是否继续，所以表达式 2 也称为测试表达式。

表达式 3 为$++i$，作用是修订循环变量 i 的值，所以表达式 3 也称为修正表达式。

2）S2：打印隔线

考虑隔线的总宽度与表头同宽，可以用同样的结构写出 s2：

```
for (int i = 1; i <= 36; ++ i)
    printf ("%c", '-');
printf ("\n");
```

说明：

在上述两个程序段中都使用 i 作为循环变量。在 s2 中，i 只用于控制循环过程，称为单纯循环变量。在 s1 中，i 除了用于控制循环过程以外还作为操作变量使用，即在循环体内还要用到它，对其进行操作，称为操作型循环变量。在使用单纯循环变量时，循环变量本身的具体值并不重要，重要的是通过循环变量控制循环执行的次数，只要循环变量的初值、终值和步长配合恰当即可。例如，打印一行隔线也可以写为：

```
for (int i = 101; i <= 136; ++ i=
    printf ("%c", '-');
```

还可以写为

```
for (int i = 36; i >= 1; -- i)             /*  --称为自减操作符，-- i 相当于 i = i - 1 */
    printf ("%c", '-');
```

或

```
for (int i = 10; i <= 360; i += 10)
    printf ("%c", '-');
```

在众多书写形式中，当然最容易理解的还是开始写的那种形式。

3）S3：打印表体

表体共 9 行，所以首先考虑一个打印 9 行的算法：

```
for (int i = 1; i <= 9; ++ i)
```

```
    打印第 i 行
```

下面进一步考虑如何“打印第 *i* 行”。因为每行都有 9 个数字，故“打印第 *i* 行”可以写为

```
for (int j = 1; j <= 9; ++ j)
     打印第 j 个数
printf ("\n");                                 //执行一个换行操作
```

“打印第 *j* 个数”即在第 *i* 行的第 *j* 列上打印一个数，大小为 *i* * *j*，占 4 个字宽。故可写为

```
printf ("%4d", i*j);
```

到此，打印九九乘法表的算法已经全部细化为 C 代码。

2．程序代码

代码 3-10　打印矩形九九乘法表程序。

```c
#include <stdio.h>
int main (void) {
    for (int i = 1; i <= 9; ++ i)
        printf ("%4d",i);
    printf ("\n");

    for (int i = 1; i <= 36; ++ i)
        printf ("%c",'-');
    printf ("\n");

    for (int i = 1;i <= 9; ++ i) {
        for (int j = 1; j <= 9; ++ j)
            printf ("%4d",i * j);
        printf ("\n");
    }
    return 0;
}
```

其中，*i* 和 *j* 称为循环变量。程序的运行结果如下：

```
   1   2   3   4   5   6   7   8   9
------------------------------------
   1   2   3   4   5   6   7   8   9
   2   4   6   8  10  12  14  16  18
   3   6   9  12  15  18  21  24  27
   4   8  12  16  20  24  28  32  36
   5  10  15  20  25  30  35  40  45
   6  12  18  24  30  36  42  48  54
   7  14  21  28  35  42  49  56  63
   8  16  24  32  40  48  56  64  72
   9  18  27  36  45  54  63  72  81
```

3. 小结

计数型的 for 头为以下形式：

```
for( int i = 初值;i <= 终值; i++)
```

若终值小于初值，则有形式：

```
for( int i = 初值; i >= 终值; i--)
```

在这里，--称为自减操作符，执行--，被操作数自减 1。

4. 扩展

代码 3-10 打印出的九九乘法表是矩形的。若是打印三角形的九九乘法表，则要根据该三角形是左直角还是右直角分析两层 for 结构的起止位置，即确定变量 *j* 从什么位置开始到什么位置结束，以及这两个位置与 1、变量 *i* 和 9 之间的关系。例如要打印左下直角的三角形，*j* 就从 1 开始到 *i*，即每一行从第 1 列开始打印 *i* 个数据。

代码 3-11 打印左下直角三角形的九九乘法表程序。

```
#include <stdio.h>
int main (void) {
    int i,j;
    for (int i = 1; i <= 9; ++ i)
        printf ("%4d",i);
    printf ("\n");

    for (int i = 1; i <= 36; ++ i)
        printf ("%c",'-');
    printf ("\n");

    for (int i = 1;i <= 9; ++ i) {
        for (int j = 1; j <= i;++ j)            //内层重复的条件为 j <= i
            printf ("%4d",i * j);
        printf ("\n");
    }
    return 0;
}
```

运行情况如下：

```
1    2    3    4    5    6    7    8    9
_____________________________________________
1
2    4
3    6    9
4    8    12   16
5    10   15   20   25
6    12   18   24   30   36
7    14   21   28   35   42   49
8    16   24   32   40   48   56   64
9    18   27   36   45   54   63   72   81
```

3.4.4 复合赋值操作符与增值、自减操作符

1. 复合赋值操作符

在前面为节省一个 result 变量，采用了表达式 operand1= operand1 + operand2，它的意思是将 operand1 + operand2 的值传送给 operand1。这里的两个 operand1 具有不同的语义：赋值操作符右边的是原来的值，左边的是新值。

C 语言追求简洁，也提供了这种表达式的另一种简洁表示形式：operand1 += operand2。这里的操作符+=称为加赋值操作符，即+和=的复合，它是一种复合赋值操作符。同样，C 语言还提供了 – =、*=、/=、%=等多种复合赋值操作符。具体请参考附录 A。

注意：组成复合赋值操作符的两个字符之间不可以有空格，否则称为两个独立的操作符。

2. 自增操作符与自减操作符

前面已经使用过自增操作符与自减操作符。实际上，它们又都可以分为前缀（prefix）形式和后缀（postfix）形式，形成以下 4 种操作符。

- 前缀自增操作符：例如 ++ *i*;
- 后缀自增操作符：例如 *i* ++;
- 前缀自减操作符：例如 – – *i*;
- 后自减操作符：例如 *i* – –。

它们有什么区别呢？

代码 3-12 关于前缀自增操作符和后缀自增操作符不同的例子。

```
i = 1
printf("i is %d\n",++ i);                    //输出：i is 2
printf("i is %d\n",i);                       //输出：i is 2
i = 1
printf("i is %d\n", ++ i);                   //输出：i is 1
printf("i is %d\n",i);                       //输出：i is 2
```

为什么会这样呢？因为：

（1）前缀自增操作符是“先增后用”，或者是“立即增值”。例如语句“i = j + +;”相

当于

```
j = j + 1;
i = j;
```

（2）后缀自增操作符是“先用后增”，或者是“稍后增值”。例如语句“i = ++ j;”相当于

```
i = j;
j = j + 1;
```

前缀自减操作符和后缀自减操作符的操作与之类似。

自增操作符与自减操作符很容易构成未定义操作，例如在表达式 $a += a++$中先进行哪个操作是未定义行为。

3.5 重复结构的程序测试

3.5.1 基于路径覆盖的重复结构测试

路径覆盖是一种白箱测试策略，也是白箱测试中覆盖程度最高的一种测试，它要求选取足够多的测试数据，使程序的每条可能路径都至少执行一次，如果程序图中有环，则要求每个环至少经过一次，这里的“环”呈现为重复结构。

按照这个要求，一个重复结构要重复多少次就要把这个路径走多少次。如果在一个重复结构内还有选择结构以及在一个重复结构中又嵌套着重复结构，重复量就会大大增加。一般来说，进行路径覆盖测试往往需要很多测试用例。但是也不能一概而论，有些程序结构很适合路径覆盖测试。例如，打印九九乘法表程序就非常适合路径覆盖测试。它们都不需要测试用例，只要把程序运行一遍就覆盖了全部路径，通过结果分析即可判断程序中有无错误。

3.5.2 边值分析法与重复结构测试

1. 边值分析法概述

经验表明，程序中的错误多分布在输入等价类和输出等价类的边缘上。边值分析法就是针对这种规律提出的一种黑盒测试策略，应用边值分析法要注意它与等价类的差别。边值分析着眼于等价类的边界情况选择测试用例，而等价分类是从等价类中选取一个合适的例子作为测试用例。即对于一个等价类来说，选取的测试用例一般是一个；而边界分析选取的测试用例可能是一个，也可能是几个。边值分析法多应用于有极值的问题，而等价分类法多应用于有特殊值、无效值的情况。

采用边值分析法设计测试用例可以从输入和输出两个方面考虑。

1）基于输入的边值分析

（1）如果某个输入条件说明了值的范围，则可选择一些恰好取得边界值的例子，另外

再给出一些恰好越过边界值属于无效等价的例子。

（2）如果一个输入条件指出了输入数据的个数，则可取最小个数、最大个数、比最小个数少 1、比最大个数多 1 来分别设计测试用例。

（3）若输入是有序集，则应把注意力放在第一个和最后一个元素上。

2）基于输出的边值分析

边值分析不仅要注意输入条件，还要针对输出空间的分布。这时测试用例设计通常应先考虑以下两点：

（1）对于每个输出条件，如果指出了输出值的范围或输出数据的个数，则应按设计输入等价类的方法为它们设计测试用例。

（2）若输出是一个有序集，则应把测试注意力放在第一个和最后一个元素上。

2. 用边值分析法进行重复结构测试的用例设计

重复结构可以看作是一种特殊的判定结构。一般来说，它的错误多发生在初始和终止条件的设定上。为此，当要测试初始和终止条件时可以考虑采用边值分析法，并且可以考虑以下几个情况。

1）初始边值条件——测试初始化方面的问题

测试数据可以设计为：

- 循环零次，即不执行循环体。
- 循环 1 次。
- 循环两次，进一步揭露初始化方面的问题。

2）终止边值条件——测试循环次数有无错误

测试数据可以设计为：

- 第 $n-1$ 轮循环。
- 第 n 轮循环。
- 第 $n+1$ 轮循环。

3）特殊循环次数——测试特殊情况有无错误

测试数据可以设计为：

- 属于给定循环次数之内的典型循环次数。
- 属于非正常情况下的典型循环次数。

3. 等价分类法和边值分析法的不足

等价分类法和边值分析法都是着重考虑输入条件，常被称为输入条件覆盖法。但是在很多情况下，输入条件之间本身具有某种依赖关系，不考虑这些依赖是不切实际的。例如，对可连续计算的计算器程序考虑输入 5 次，可以形成如表 3.1 所示的等价类划分。这个等价类划分有以下问题：

（1）第 2 个输入的有效性依赖于第 1 个输入是否为数值数据。

（2）第 4 个输入的有效性依赖于第 4 个输入是否为“/”。

如果考虑这些输入之间的关系将会难以表达，边值分析法也有类似的问题。

表 3.1　可连续计算的计算器程序的等价类划分

输入条件	有效等价类	无效等价类
第 1 个输入	数值数据	非数值数据
第 2 个输入	操作符：=、+、–、*、/	非操作符：数值数据、其他字符
第 3 个输入	第 2 个输入为=、+、–、*时，任意数值数据	非数值数据
第 4 个输入	第 2 个输入为/时，非 0 数值数据	0
第 5 个输入	操作符：=	数值数据、其他字符

3.5.3　基于因果分析的程序测试

1. 因果分析法与判定表

因果（cause-effect）分析法用判定表（或称决策表）描述因（输入）与果（输出或行为）之间的关系，它有以下优点：

（1）能够将复杂问题按照各种情况完全列出，简明又可避免遗漏。

（2）适合在输入条件较多的情况下测试所有输入条件的各种组合。

（3）能够设计出完整的测试用例。

表 3.2 为可连续计算的计算器程序的测试判定表。

表 3.2　可连续计算的计算器程序的测试判定表

方案编号			1	2	3	4	5	6	7
原因	第 1 个输入	任意数值数据	T	T	T	T	T	F	T
	第 2 个输入	=	T	—	—	—	—	—	—
		+、–、*、	—	T	—	—	F	—	T
		/	—	—	T	T	F	—	—
	第 3 个输入	非 0 数值数据	—	T	T	—	—	—	F
		0	—	—	—	T	—	—	—
	第 4 个输入	=	—	T	T	—	—	—	—
结果	输出值		√	√	√				
	计算中								
	出错：被 0 除					√			
	出错：计算类型错						√		
	出错：类型错误							√	√

—：不输入；T：有效输入；F：无效输入

由于类型错误可以由编译器检查出，无法通过编译，所以方案 6 和方案 7 可以不考虑，最后得到如表 3.3 所示的 5 组测试用例。

2. 用因果分析法测试可连续计算的计算器程序

测试代码 3-3、3-4、3-5 需要的底层函数代码如下。

表 3.3　可连续计算的计算器程序的测试用例

测试用例组	第 1 个输入	第 2 个输入	第 3 个输入	第 4 个输入	期望结果
第 1 组	6.0	=	–	–	输出：6.0
第 2 组	6.0	+	2.0	=	输出：8.0
第 3 组	6.0	/	3.0	=	输出：2.0
第 4 组	6.0	/	0.0	–	输出：被 0 除，程序结束
第 5 组	6.0	a	–	–	输出：计算类型错，程序结束

代码 3-13　测试可连续计算的计算器主函数需要调用的函数。

```
#include <stdio.h>
#include <stdlib.h>                                          //含 exit()声明的头文件

double add(double x, double y){
    return x + y ;
}
double sub(double x, double y){
    return x - y ;
}
double mult(double x, double y){
    return x * y ;
}
double divs(double x, double y){
    if(y == 0){
        printf("除数为 0，不能计算！\n") ;
        exit(EXIT_SUCCESS) ;                                 //退出程序
    }
    else
    return x / y ;
}

double calculate(double x, double y,char op){
    if (op == '+')
        return  add(x,y);
    else if (op == '-')
        return sub(x,y);
    else if (op == '*')
        return mult(x,y);
    else if (op == '/')
        return divs(x,y);
    else {
        printf("没有这种运算！\n");
        exit(EXIT_SUCCESS) ;                                 //退出程序
    }
}
```

（1）测试 while 结构的可连续计算的计算器主函数。

下面是依次使用表 3.3 中的 5 组测试数据对代码 3-3 测试的结果。

```
输入一个操作数：6.0↵
输入一个操作符：=↵
↵
计算结果：6.000000
```

```
输入一个操作数：6.0↵
输入一个操作符：+↵
再输入一个操作数：2.0↵
输入一个操作符：=↵
↵
计算结果：8.000000
```

```
输入一个操作数：6.0↵
输入一个操作符：/↵
再输入一个操作数：3.0↵
输入一个操作符：=↵
↵
计算结果：2.000000
```

```
输入一个操作数：6.0↵
输入一个操作符：/↵
再输入一个操作数：0↵
除数为 0,不能计算！
```

```
输入一个操作数：6.0↵
输入一个操作符：a↵
再输入一个操作数：2.0↵
没有这种运算！
```

（2）采用 do-while 结构和 for 结构测试的结果同上。

3.6 break 与 continue

C 语言的 3 种重复结构提供了在重复体外部控制重复体执行的机制，while 和 for 在重复体之前，do-while 在重复体之后。它们共同的特点是以完整地执行重复体为基础。这样的结构缺乏必要的灵活性，为此，C 语言还提供了在重复体内控制重复过程的语句，即当一个重复体中的语句还没有执行完时决定是跳出当前层控制结构还是结束本轮重复体。

3.6.1 break 与 continue 语法概要

break 与 continue 是 C 语言中的两个流程转移语句。

1. break 语句

break 语句是跳出本层控制结构的语句，使用 break 语句应注意以下两点：

（1）break 语句仅对重复结构和 switch 结构有效。

（2）在嵌套的控制结构中，break 语句只跳出当前层。

2. continue 语句

使用 continue 语句应注意以下几点：

（1）continue 语句仅对重复结构有效，不可用于其他控制结构。

（2）continue 语句的作用是中途结束当前循环体。即它不是跳出一个循环体，而是提前结束当前轮，进入下一轮。

图 3.5 所示为在重复结构中 break 与 continue 的用法比较。

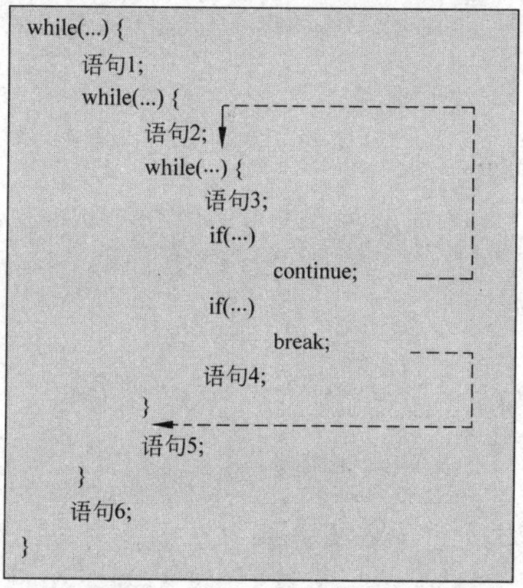

```
while(...) {
    语句1;
    while(...) {
        语句2;
        while(...) {
            语句3;
            if(...)
                continue;
            if(...)
                break;
            语句4;
        }
        语句5;
    }
    语句6;
}
```

图 3.5　重复结构中的 break 与 continue 的用法

3.6.2　实例：求素数

输出 3～100 中的素数，素数是除 1 和它本身以外不能被其他任何正整数整除的大于 1 的正整数。

1. 算法分析

代码 3-14　求素数的粗略算法。

```
int main(void) {
    在 3 ~ 100 中找出所有素数
    return 0;
}
```

代码 3-15　代码 3-14 的细化。

```
int main(void) {
    for (int m = 3; m <= 100 ;++ m) {                    //穷举测试 3~100 中的各 m 是否为素数
        测试一个具体的 m 是否为素数，如果不是，则取下一个数；如果是，则输出，取下一个数；
    }
```

```
    return0;
}
```

代码 3-16　判定素数。即测试一个数 *m* 是否为素数，可以用 2～*m*–1 的数依次去除 *m*，只要有一个数能将 *m* 整除，*m* 就不是素数。

```
for (int n = 2; n <= m - 1; ++ n) {          //判断一个 m 是否为素数
    if (m % n == 0)
        跳到下一个 m;                          //只要 m 被任何一个 n 整除就不是素数
}
输出: "m 是素数";                              //m 没有被任何一个 n 整除就是素数
取下一个 m;
```

2. 参考代码

代码 3-17　求素数的程序。

```
#include <stdio.h>
int  main (void) {
    ussigned int flag;

    printf ("\nThe primers from 3 to %d is:\n",NUMBER);

    for (int m = 3; m <= NUMBER; ++ m) {
        flag = 1;                              //设置素数标志
        for (int n = 2; n <= m - 1; ++ n) {
            if (m % n == 0) {
                flag = 0;                      //标志非素数
                break;                         //跳出当前重复结构
            }
        }
      if (flag == 0)                           //对素数标志进行判断
          continue;                            //短接当前重复结构中后面的语句
      printf ("%d,",m);
    }
    return 0;
}
```

说明：

（1）本例中的 flag 称为标志。使用标志是程序设计中常用的一个技巧，用于标明某一状态的变化，为某些操作执行与否提供判定条件。在本例中，flag 用于标明所测试的数 *m* 是否为素数，以便在后面确定是否打印该数。具体用法是：一旦发现 *m* 不是素数就终止后面的测试，就置 flag 为 0，并用 break 跳出内层循环；在外循环中，当 flag 为 0 时，用 continue 跳过 printf ()语句，即不打印非素数。

（2）unsigned 是一个修饰整数类型的关键字，它所修饰的整数不能取负值。

3. 测试用例设计

1）基于因果分析的测试

对于这样的程序，因果关系非常清晰，并且运行一次，即可覆盖全部路径。测试结果如下：

```
The primers from 3 to 100 is:
3,5,7,11,13,17,19,23,29,31,37,41,43,47,53,59,61,67,71,73,79,83,89,97
```

这也可以提供因果分析。

2）基于边值分析与等价分类相结合的方法的测试

如果是求任意两个自然数之间的素数，由于输入有一个数据区间范围，上界与下界都有有效与无效的问题，所以考虑采用边值分析方法，分析上界和下界。表 3.4 为其在边值的等价类划分情况。

表 3.4　通用求素数程序的等价类划分

输入条件	有效等价类	无效等价类
数据类型	（1）正整数	（2）浮点型，（3）负数
素数下界特殊值	（4）2，3	（5）0，1

对于规则（1）、（2）、（3），可以用数据类型检测：定义数据为整数，可以检测出输入浮点数引起的计算错误；定义数据为 unsigned 类型，能够检测出输入负数引起的计算错误。这样就只剩下规则（4）和（5）了。可以考虑下界为 1，但要在程序中考虑下列问题：

- 1 不是素数。
- 2 是素数。

对于上界，可以取任意正整数。但从边值分析的角度可以考虑选取一个素数 P，并在 $P-1$、P、$P+1$ 几个上界上进行测试，具体测试用例可以取[1,100]、[1,101]、[1,102]。

3.7　知识链接 G：表达式的副作用与序列点

3.7.1　表达式的副作用

1. 副作用与透明引用

表达式的基本作用是求值，即给出表达式的值。但是，表达式在求值过程中有可能引起其环境的改变。例如对于“int a = 1, b = 2;”，表达式 $a + b$ ++ 就是有副作用的，因为它在计算这个表达式的值的同时改变了 b 的值，而 b 是这个表达式的环境之一。

再看一下函数 printf()，它的原型是 int printf(const char*,...)，即它的调用表达式是计算写到输出数据流中的字符数，但是它却在屏幕上显示出一些字符，改变了环境。

这个函数在执行的过程中改变了 y 的值就有副作用了。再看一个常用的函数调用：

```
printf("this is a side effect.");
```

这个问题在什么地方呢？查看 printf()函数的原型，可以知道它返回的是字符数量，是 int 类型。但它却在屏幕上显示出一串字符。显然，这串字符串不是由返回提供的，而是函数的副作用，它改变了环境。很多 void 函数都有这个问题。

这些引起环境改变的操作都称为副作用（side effects）。C99 对于副作用给出了以下定义：

Accessing a volatile object, modifying an object, modifying a file, or calling a function that does any of those operations are all side effects, which are changes in the state of the execution environment.

在 C 语言中，引发副作用的操作主要有=、++、--、( )以及文件操作等。

相对而言，有些表达式绝对不会影响环境，例如表达式$(a+b)*(c+d)$执行时，操作数 a、b、c、d 都不会改变，这种情况称为环境（操作数）被透明引用（referential transparent）。

2. 未定义行为 + 副作用引发的风险

副作用不一定会带来风险，但不一定不带来风险。如前所述，未定义行为是 C 语言标准为提高编译效率而允许各编译器可以“将在外君命有所不授”式地进行处理的行为，即由实现定义行为（implementation-defined）。这些行为与操作符的副作用结合时往往会引发一些风险。例如在表达式 printf("%d,%d", i++, i++)中，不同的编译器会有不同的输出，因为不同的编译器的数据参数计算的顺序会有不同，结果也会不同。这样的例子很多，例如表达式 c = (b = a + 3) * (a = 2)和 b = a + a + (++a)也会有这样的情况发生。

3.7.2 序列点及其对表达式求值顺序的影响

1. 副作用的完成时间与序列点

要想规避未定义行为 + 副作用引起的麻烦，不能依靠编译器检查，因为它是实现定义行为；也不能依靠测试发现，因为它不是逻辑错误。唯一能做的是规范编程者使用操作符的行为。为了做到这一点，需要明确一个操作符所有的副作用在何时完成：有些操作符的副作用是与主操作同时完成的，例如=、前缀++、前缀--；而有些操作符的副作用是在该操作符的主作用完成之后完成的，例如后缀++和--。但是，这些之后完成的副作用到底在什么时候完成呢？标准没有具体说明。不过，程序语言通常规定了副作用完成的最晚实现时刻——称为序列点（sequence point），或称序点、时间点、顺序点以及执行点。C 语言只是要求在序列点之前所有运算的副作用都应该结束，并且后继运算的副作用还没发生。

对于主要序列点，C99 规定如下：

（1）函数调用时，实际参数求值完毕，函数被实际函数调用前。

（2）操作符&&、||、?:中的?和逗号操作符的第一个运算对象计算之后。

（3）完整表达式（full expression）操作结束的时间点是序列点。完整表达式不是子表达式，子表达式是表达式中的表达式。下面的表达式是完整表达式。

- 初始化表达式；
- 表达式语句中的表达式；

- 选择语句（if 或 switch）的控制表达式；
- while 或 do 语句中的控制表达式；
- for 语句头部的 3 个表达式；
- return 语句中的表达式。

（4）完整的声明结束时。

（5）每个与 printf()、scanf()函数的格式字段相关联的操作完成时。

（6）库函数即将返回之时。

有了序列点的概念，编译器在决定一个可能含有序列点的表达式求值的计算顺序时要先考虑序列点，再根据优先级别和结合性决定。C 语言还规定：

（1）对于一个序列点，要先对其左侧的表达式求值。

（2）当一个表达式中有多个序列点时，对先考虑哪个序列点没有规定。

2. 内部序列点

逗号操作符（,）、&&、||以及?:中的?处设置的序列点已经体现在操作符的操作规则中，下面来说明这些内部序列点对于操作规则的影响。

1）逗号操作符（,）序列点

逗号操作符用于把多个表达式组织成一个表达式，例如表达式 $a = 5$ 和++ a 使用逗号操作符可以组成表达式“$a = 5$, ++ a”。在这个表达式中，++的优先级别高于=。如果逗号操作符没有序列点，子表达式++ a 就会先执行，并且第一个子表达式就没有存在的意义了。这样，在有些情况下就会出现计算的错误。例如：

```
int i = 0;
printf("%d",(i = 5,++ i));
```

执行后会输出 1。

当逗号有了序列点之后，就要先执行其左边的子表达式，再执行其右边的子表达式，最后才是最低优先级别的逗号，选择其右边表达式的值作为整个表达式的值。

2）逻辑与操作符（&&）和逻辑或操作符（||）序列点

在 C 语言中逻辑与操作符（&&）和逻辑或操作符（||）实行“短路计算”。对于逻辑与操作符（&&）来说，当其左边的操作数值为 0（即假）时不再对右边的操作数求值，而直接把 0（假）作为求值的最终结果。如果&&没有序列点，表达式 $5 > 8$ && ++ a 求值时，应先求子表达式++ a 的值。而按照“短路计算”原则，应先对逻辑与操作符左边的子表达式 $5 > 8$ 求值。显然二者矛盾。当&&有了序列点之后，情况就变了，按照序列点和“短路计算”都是要先对其左子表达式求值，而不先考虑优先级别，这样就统一了。

逻辑或操作符（||）的情况与之类似。

3）条件操作符（?:）的问号（?）序列点

条件操作表达式是 if-else 选择结构的紧凑形式，它由 3 个子表达式组成。如果没有序列点，则要按照级别来执行 3 个子表达式，例如对于表达式 $a > b$? ++ a: ++ b 来说，++ a 和++ b 会先于子表达式 $a > b$ 执行。这样的执行顺序显然与 if-else 选择结构不相同。而当?

处有序列点之后，就会先执行？左边的表达式 $a > b$，当值为真时，对++ a 求值，不对++ b 求值；当值为假时，与之相反。这样与 if-else 选择结构的语义就一致了。

由上述例子可以看出，序列点不仅可以使低优先级的操作符先于高优先级的操作符求值，而且也可以影响操作符的结合性，所以在设计表达式时要特别注意序列点的作用。

3.7.3 副作用编程对策

在建立序列点机制的基础上，C 语言标准还给出了一个强制性要求：在相邻的两个序列点之间，一个对象只允许被修改一次，而且如果一个对象被修改则在这两个序列点之间只能为了确定该对象的新值而读一次。这一强制规定保证了符合要求的程序在任何一个序列点位置上其状态都可以确定下来。它不仅仅是对于编译器制定的规范，也是对于程序设计人员的一个规范。在编程时遵循这个原则，规范自己的表达式设计，就可以最大限度地消除副作用的影响。下面进一步理解这个规则。

这个规则可以分为两部分讨论，即副作用不叠加规则和读取仅用于确定新值。

1. 副作用不叠加规则

副作用不叠加规则要求确保在一个表达式中对于一个变量的值最多只能修改一次。所谓修改操作，指赋值类操作符，例如=、+=、–=等赋值操作和++、––运算。

这一描述避开了序列点的概念，比较容易理解和掌握。例如，在表达式$(++i)+(++i)+(++i)$中没有序列点，然而它是一个未定义行为。用这个规则判断比较简单，因为在这个表达式中变量 i 被修改了 3 次，副作用叠加了，不符合这个规则。

遇到这类表达式，进行修改的一个方法是将要修改的变量变成 3 个不同的变量。例如将它变为$(++a)+(++b)+(++c)$，则不管在哪种编译器上都会得到同样的结果。

表达式 printf("%d,%d", i ++, i ++)也属于这种情况。

对于有多个修改的表达式，也可以采用插入有序列点的操作符的方法进行解决。例如 while(c = getchar()!= EOF && c != '\n'){...} 中的控制表达式是合法的，因为虽然表达式访问了两次同一个变量的值，但是第二次对 c 的访问出现在&&引入的序列点之后，所以不会受 c 值可能被修改而影响。

当然，具体如何修改还要从问题的需求以及表达式的可理解性等方面考虑。

2. 读取仅用于确定新值规则

读取仅用于确定新值的另一种表述是，若在一个表达式中存在对一个变量的副作用，则该变量的前一个值只能用于决定其下一个值的操作。例如，在表达式 $c=(b=a+3)*(a=2)$ 中存在一个对于变量 a 的副作用 $a=2$。假定原来 a 被初始化为 0，则子表达式 $a=2$ 中 a 的前一个值为 0，可是这个 0 值并没有用于决定这个子表达式的下一个值。所以这个表达式不符合这一规则，有可能是实现定义行为。若将这个类表达式修改为 $c=(b=a+3)*2$ 就没有问题了。

$b=a+a+(++a)$也有同样的问题，修改为 $b=a+a+(a+1)$即可。

3.8 知识链接 H：算术数据类型转换

3.8.1 算术表达式中的数据类型转换

1. 表达式中数据类型转换的意义

C 语言允许在一个表达式中混合使用基本类型的数据，例如一个整数与一个浮点数相加、一个浮点数与一个整数比较等。但是，计算机指令却对这些计算无法实现，它往往只能实现相同长度以及相同表示格式的数据计算，例如两个 16b 的整数相加、两个 32b 的浮点数相减等，不能进行一个 32b 的整数与一个 16b 的整数相加，也无法直接实现一个 32b 的整数与一个 32b 的浮点数相减，为此需要进行操作数的类型转换。

2. 隐式数据转换与显式数据转换

类型转换分为以下两种。

（1）隐式转换（implicit conversion）：转换由编译器自动处理，无须程序员介入。

（2）显式转换（explicit conversion）：程序员使用强制操作符执行。

3. 隐式数据转换类型

隐式类型转换的执行规则与表达式的性质有关，可以分为以下两种类型。

（1）转送转换：在以下 4 种情形下发生。

- 赋值操作符两端的数据类型不相同。
- 函数调用时实际参数与形式参数的类型不匹配。
- 函数返回时，return 语句中的表达式类型与函数返回类型不一致。
- 输入/输出操作时。

（2）普通算术转换：在算术、关系、判等表达式中发生。

对于这些转换的具体规则，将在下面一一介绍。

3.8.2 普通算术转换中的“提升拉齐”规则

算术转换是在大多数非赋值类的二元表达式（包括算术表达式、关系表达式和判等表达式）中进行的类型转换。C 语言算术转换的基本策略是“提升拉齐”，并分为浮点和非浮点两种情况。

1. 有一个操作数是浮点类型的算术转换

对于有一个操作数是浮点类型的算术转换，将较狭小（存储字节较小）类型的操作数转换成另一个类型，具体规则可以用下面的伪代码表示。

```
if (一个操作数为 long double 类型)
    另一个操作数转换为 long double 类型
else if (一个操作数为 double 类型)
```

```
    另一个操作数转换为double类型
else (一个操作数为float类型)
    另一个操作数转换为float
```

C99增加了复数类型，复数类型转换分为复数—复数、复数—实数、实数—复数3种。其中，复数—复数转换的规则是将复数分为实部和虚部分别按照上面的原则进行。

2. 操作数都不是浮点类型的算术转换

操作数都不是浮点类型的算术转换分为以下两步进行。

① 提升。C99增加了标准整数类型，并对每个整数类型分配一个数字值，表示转换等级，称为转换阶（见表3.5，然后采用整数提升（integer promotion）策略，使转换阶不小于40。

表3.5　C99转换阶

换转阶	对应的整数类型	换转阶	对应的整数类型
60	long long int、unsigned long long int	30	short、unsigned short
50	long int、unsigned long int	20	char、unsigned char、signed char
40	int、unsigned int	10	_Bool（布尔类型，C99新增数据类型）

C89采用整值提升(integral promotion)策略，把字符或短整数类型转换成int或unsigned类型，即保证没有一个操作数是字符类型或短整数。

② 向上拉齐。具体规则C89与C99有所不同。

C99无浮点表达式中操作数类型转换规则如下：

```
整数提升
if(两操作数类型相同)
    转换结束
else if (两个操作数为有符号或无符号类型)
    将转换级低的操作数类型转换为转换级高的类型
else if (无符号操作数的转换级>=有符号操作数的转换级)
   将有符号操作数转换为无符号操作数类型
else if (有符号操作数类型可以表示无符号操作数类型的所有值)
   将无符号操作数转换为有符号操作数类型
else
   将两个操作数都转换为与有符号操作数的类型相对应的无符号类型
```

C89无浮点表达式中操作数类型转换规则如下：

```
整值提升
if(两操作数类型相同)
    转换结束
else if (一个操作数为unsigned long类型)
    另一个操作数转换为unsigned long类型
else if (一个操作数为long类型)
   另一个操作数转换为long类型
else if (一个操作数为unsigned int类型)
   另一个操作数转换为unsigned int类型
```

这个规则在 long int 类型与 unsigned int 类型长度相同时无法确定，通常会将它们都转换成 unsigned long int 类型。

注意： 上述二元转换规则是针对一个操作符的，而不是针对一个表达式的。例如对于声明

```
char ch = 'd';
short sh = 2;
int i = 15, result = 0 ;
float f = 5.5;
```

表达式的 result = ch / sh + ($f-i$)计算顺序及类型转换过程如图 3.6 所示。

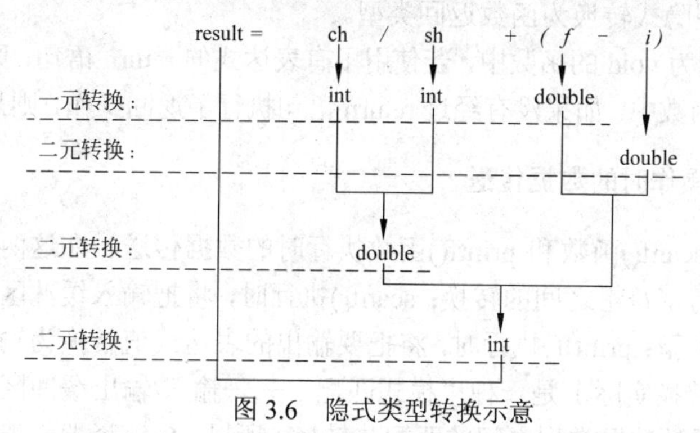

图 3.6　隐式类型转换示意

3.8.3　传送转换中的数据类型转换

在 C 语言中，数据传送时，除输入、输出以外，其他算术数据传送时会遵循向目标一致的原则，但是传送转换时有可能把某种类型的数据值转换成类型狭小的变量，这时若该值超出了变量类型的取值范围，则会得到无意义的结果。这几种算术传输的过程略有不同，下面分别予以介绍。

1. 赋值操作时的数据传送

赋值操作的实质就是将右值表达式的值传送到可以修改的左值表达式中。

2. 函数调用时实际参数值向形参的传送

C 语言允许在实际参数的类型与形式参数的类型不匹配的情况下进行函数调用，但具体的转换规则要看编译器在调用前是否已经得到了函数原型（或者函数的完整定义）。

（1）若编译器在调用前已经得到了函数原型，则会隐含地执行赋值操作，将每一个实际参数向形式参数转换。

（2）旧版本的 C 编译器在调用前没有得到函数原型，则会先对每一个实际参数进行提升，但是 C99 会给出出错信息。

3. 函数返回时的数据传送

在函数返回过程中有可能进行两次数据类型转换，第一次是函数的 return 表达式的类型与函数定义的返回类型不一致时的数据类型转换；第二次是在调用表达式中存在赋值操作时进行的数据类型转换。

在第一次转换的过程中，若 return 表达式是一个右值表达式，则编译器会为之生成一个没有名字的临时变量，然后将其值向调用表达式传送。

注意：

（1）如果 return 表达式与函数的返回类型不匹配但兼容，则会按照与目标一致的原则将 return 表达式类型隐式转换为函数返回类型。

（2）在返回类型为 void 的函数中，若使用了有表达式的 return 语句，则会导致编译错误。

（3）在非 void 函数中，如果没有经过 return 语句执行了返回操作，则是一种未定义行为。

4. 输入、输出操作时的数据传送

这里主要介绍 scanf()函数和 printf()函数执行时的数据传送。在这两个函数执行时进行的是程序中的数据与字符组之间的转换：scanf()执行时，将把输入缓冲区中的字符组转换为格式字段中指定的类型；printf()执行时，将把要输出的表达式值转换为输出缓冲区中的字符组。因此，它们的转换实际上是一种“模式匹配”——输入/输出缓冲区中的字符组与格式字段之间的匹配，不是数据类型之间的匹配与转换。所以，C 编译器一般不进行格式字段与要输入、输出的数据之间的类型检测，这样会产生以下结果：

（1）如果在 printf()中使用了不正确的格式字段，程序将会简单地产生无意义的输出。

（2）当 scanf()函数遇到一个可能不属于当前项的字符时会将该字符退回缓冲区，以便扫描下一个输入项或在下一次调用 scanf()函数时再次测试。

3.8.4 数据的显式类型转换

用户定义转换（user-defined conversions）也称强制类型转换、显式转换，是用户强制进行的一种数据类型转换。这种转换要用以下格式在程序中进行显式描述。

```
(类型标识符) 表达式
```

例如：

```
(char) (3 - 3.14159 * x)                      //得到字符型数
k = (int) ( (int) x + (float) i + j)          //得到整数
(float) (x = 99)                              //得到单精度数
(enum Color) 2                                //得到枚举 Color 类型
```

注意：显式转换是一种一元（单目）操作。各种数据类型的标识符都可以用作显式转换操作符，但必须用圆括号把类型标识符括起来。如果想对表达式 3.6 + 7.2 进行转换，应该加括号，写成 (int)(3.6 + 7.2)。如果写成 (int)3.6 + 7.2，则只对 3.6 转换，相当于 ((int)3.6) + 7.2。

3.8.5 数据类型转换风险

1. 引言

C 语言是一种静态弱类型定义语言，它要求变量有且只有一种类型，并允许在代码执行前确定类型，而不对程序中的类型做严格检查。因此在进行数据类型转换时，特别是在进行隐式转换时，很有可能产生风险。下面先看两个程序。

代码 3-18 程序 1。

```
#include <stdio.h>
int main(void) {
  unsigned short begin = 0;
  unsigned short end = 0;
  for (unsigned short i = begin; i < end-1; ++ i) {}
      printf ("代码 10-2 的循环体共执行%d 次\n",i);
  return 0;
}
```

代码 3-19 程序 2。

```
#include <stdio.h>
int main(void) {
  unsigned short begin = 0;
  unsigned end = 0;
  for(unsigned short i = begin; i < end -1; ++ i) {}
      printf ("代码 10-3 的循环体共执行%d 次\n",i);
  return 0;
}
```

分别运行这两段程序，结果是代码 3-18 不进入循环，代码 3-19 虽然进入了循环但几乎是死循环。为什么呢？

在代码 3-18 中，end 是无符号短整数 unsigned short，因此当执行表达式 $i < \text{end} - 1$ 时先对 end 进行一元转换，即 end 将被转换成 int 类型，转换之后的 end 还是 0；接着进行 end −1 操作，结果为−1。因为 $-1 < 0$，所以不进入循环。

在代码 3-19 中，end 是无符号整数 unsigned int，其级别高于常数 1（默认类型为 int），因此当执行表达式 end −1 时要把 1 转换成无符号整数 0x0001。无符号的 end −1 操作实际上就是 0x0000 − 0x0001 = 0xffff。接着把左边的 i 隐式转换成无符号整数，判断 $i < \text{end} - 1$，因为 0x0000 < 0xffff，条件符合进入循环条件。由于 0xffff 是一个很大的数，所以循环次数多得让人看起来好像是一个“死循环”。

2. 两大类风险

1）数据丢失与符号丢失风险

（1）当较长的整数转换为较短的整数时截去高位造成的数据丢失。例如 long int 型为 4B，short 型为 2B，将 long int 型值赋给 short 类型，只将低字节内容送过去。这就有可能造成溢出风险。

代码 3-20 数据截断示例。

```
#include <stdio.h>
int main(void) {
    short sh;
    long int lng1 = 32767, lng2 = 32768, lng3 = 65536 ;
    printf("long长度为: %ld, short长度为: %ld\n",sizeof(long),sizeof(short));
    printf("long类型小数%ld->short类型:%hd\n",lng1,sh = lng1);
    printf("long类型大数%ld->short类型:%hd\n",lng2,sh = lng2);
    printf("long类型大数%ld->short类型:%hd\n",lng3,sh = lng3);
    return 0;
}
```

测试结果如下：

```
long长度为: 4, short长度为: 2
long类型小数32767-> short类型: 32767
long类型大数32768-> short类型: -32768
long类型大数65536->short类型: 0
```

说明：第 1 个转换的 long 类型数据 32 767 没有超出 short 的表示范围，是安全转换，如图 3.7 所示。

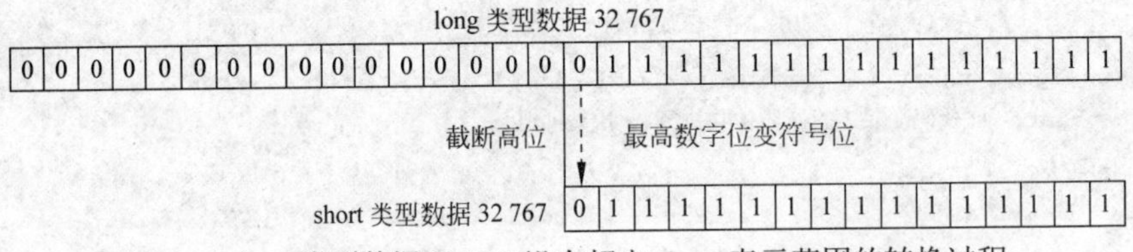

图 3.7 long 类型数据 32 767 没有超出 short 表示范围的转换过程

第 2 个转换的 long 类型数据 32 768 超出了 short 的表示范围，转换时截掉了高位，并把第 1 个有效数字 1 当成符号，如图 3.8 所示。注意，10000000 00000000 是–32768 的补码表示。

图 3.8 long 类型数据 32 767 超出 short 表示范围的转换过程

第 3 个转换的 long 类型数据 65 536 的转换情况如图 3.9 所示。它说明并非超出表示范围的转换一定被转换成负数，关键在于截断后的首位数字是 1 还是 0。

（2）有符号的整数与同长度的无符号类型进行数据转换时随着符号丢失造成数据错误。

图 3.9 long 类型数据 65 536 超出 short 表示范围的转换过程

代码 3-21 符号丢失示例。

```
#include <stdio.h>
int main (void) {
    unsigned short us1 = 32767, us2 = 65535, us;
    signed short ss = -7;                         //①
    us = ss;                                       //②
    printf (" (1)ss = %d, us = %d\n",ss,us);
    ss = us1;                                      //③
    printf (" (2)us1 = %d, ss = %d\n",us1,ss);
    ss = us2;                                      //④
    printf (" (3)us2 = %d, ss = %d\n",us2,ss);
    return 0;
}
```

程序执行结果如下：

```
(1)ss = -7, us = 65529
(2)us1 = 32767, ss = 32767
(3)us2 = 65535, ss = -1
```

说明：在这个例子中，不同类型的变量之间通过赋值操作使右值类型转换为左值类型。下面分 3 种情形讨论。

第 1 种情形：首先把一个 int 类型 –7 赋值给有符号类型的变量 ss（操作①），然后将其赋值给无符号变量（us）中（操作②），值变成 65 529。这种变化是由于将原来的符号数中的符号变成了无符号数中的最高位而产生的。如图 3.10 所示，当一个–7 的 16 位补码被当作 16 位无符号数时，由于正数的原码=补码，所以 1111 1111 1111 1111 $(65\ 535)_{10}$–110= $(65\ 529)_{10}$。所以，这个操作的本质是 us=(int)ss。

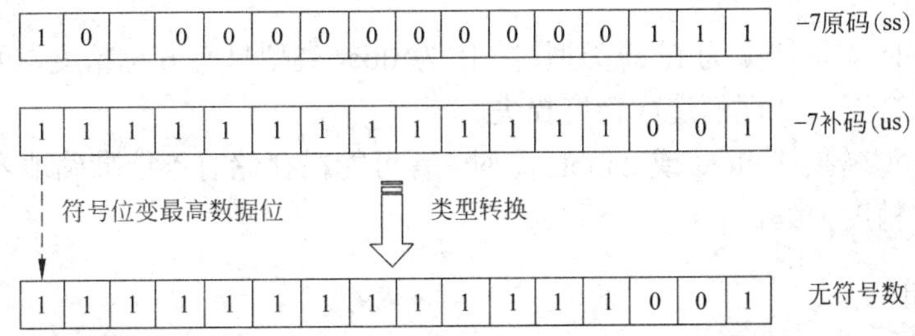

图 3.10 signed 类型向 unsigned 类型转换时因符号位被当作最高数据位造成的数据错误

第 2 种情形：将一个 unsigned 类型数据转换成同长度的 signed 类型数据（操作③），在一般情况下不会出现数据的错误。

第 3 种情形：出现了错误（操作④）。这是因为当无符号数较小，其最高位为 0 时，转换成符号数后，最高位虽然被当作了符号位，但并没有影响数据的有效值。如果无符号数大到使最高位为 1，则转换成有符号数后将会被当成负数的补码，于是出现数据错误。这一情形如图 3.11 所示。

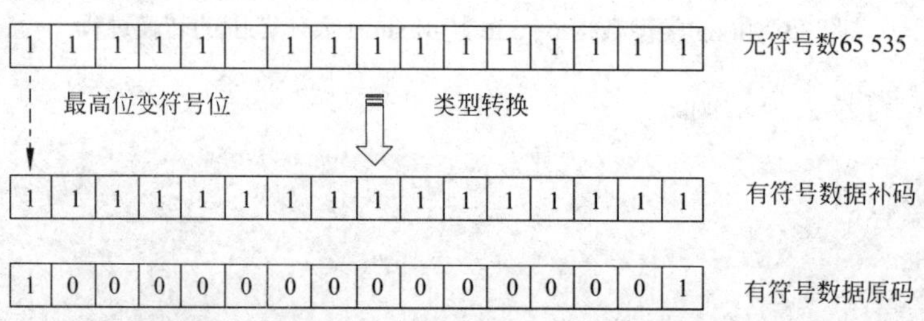

图 3.11　当无符号数转换成同样长度的有符号数因最高位被当作符号位而出现的错误

（3）当一个较大的浮点类型数据向整数类型转换时会出现溢出性丢失，因为浮点类型的表示范围会大于整数类型的表示范围（这实际上是一种未定义行为）。

代码 3-22　溢出性数据丢失示例。

```
#include <stdio.h>
int main(void) {
    double d = 2.15e9;
    printf("double类型大数%le->long类型:%ld\n",d,d);
    return 0;
}
```

执行结果如下：

```
double类型大数2.150000e+009->long类型:-1342177280
```

由于浮点数的存储结构比较复杂，这里就不进行进一步的分析了，有兴趣的读者可以自己分析。

2）精度损失风险

在 C 语言类型转换中，精度损失发生在以下 3 种情形。

（1）当浮点类型数据转换为整数类型时，由于将浮点数的小数部分全部舍去而造成精度损失。

（2）当 double 类型转换为 float 类型时，因为 float 类型只有 6 位精度，可能会将多余的有效数字进行四舍五入处理而造成精度损失。

（3）当 long 型转换成 float 或 double 型时，有可能在存储时不能准确地表示该长整数的有效数字而造成精度损失。

3. 几点说明

C 语言最初是为了代替汇编语言而设计的，属于弱类型语言，在程序中不对类型进行严格检查，从而导致了数据类型转换中的许多不安全性，因此用户在进行数据类型转换时应当格外小心。

（1）当较低类型数据转换为较高类型时，一般只是形式上有所改变，而不影响数据实际的值。当较高类型数据转换为较低类型以及涉及有符号和无符号类型之间的转换时，则可能是不安全的。

（2）强制类型转换是可以由程序员控制的类型转换，程序员可以自己判断有无数据丢失、精度丢失和符号丢失等问题，出错的机会小一点。

（3）在对一个变量进行显式转换后，得到另外一个类型的数据，但原来变量的类型不变。例如，对于声明“float x = 3.6;”，在执行 $i = (\text{int})\,x$ 后得到整数 3，并把它赋给整数变量 i，但 x 仍为 float 类型，值仍为 3.6。

习　题　3

代码分析

1. 分析下列表达式的求值顺序。

（1）i ++ * i ++

（2）a = 0 && ++ a

（3）3 > 5 && ++ a

（4）(a = 0) && (a = 5) || (a += 1)

（5）a > b ? + + a : c > d ? + + c : + + d

（6）ans = (+ + i) + (+ + i) + (+ + i)

2. 分析代码，从被选答案中选择合适的答案。

（1）下面代码中while循环的执行次数为（　　）。

```
int k = 9;
while (k = 0)k --;
```

A. 无限循环　　B. 9次　　C. 1次　　D. 0次　　E. 程序错误

（2）下面程序中for循环的执行次数是（　　）。

```
#include <stdio.h>
#define N 2
#define M  N+1
#define K  M+1*M/2
int main (void) {
    for (int i = 1; i < K; i ++) {…}
       …
    return 0;
}
```

A. 两次　　B. 3次　　C. 4次　　D. 5次

（3）下面程序段的执行结果为（　　）。

```
int x = 0, s = 0;
while (!x != 0)s += ++ x;
```

```
printf ("%d",s);
```

A. 输出1　　B. 输出0　　C. 形成无限循环　　D. 控制表达式非法，无法编译

（4）下面的程序运行后，表达式a = a + 1被执行的次数为（　　）。

```
#include <stdio.h>
int main (void) {
    int x = 1, a = 1;
    do {
        a = a + 1;
    }while (x);
    printf ("%d",a);
    return 0;
}
```

A. 0　　B. 1　　C. 无限次　　D. 程序不能执行

（5）下面的程序运行后将输出（　　）。

```
#include <stdio.h>
int main (void) {
    int a = 0;
    for (int i = 1; i < 5; ++ i) {
        switch ( i ) {
            case 0:case 3: a += 2;
            case 1:case 2: a += 3;
            defualt: a += 5;
        }
    }
    printf ("%d\n",a);
    return 0;
}
```

A. 31　　B. 13　　C. 10　　D. 26

（6）下面的程序执行后输出为（　　）。

```
#include <stdio.h>
int main (void) {
    int k = 5,n =0;
    while (k > 0) {
        switch (k){
            default:break;
            case 1:n += k;
            case 2:
            case 3:n += k;
        }
        k --;
    }
    printf ("%d\n",n);
    return 0;
}
```

A. 0　　　　B. 4　　　　C. 6　　　　D. 7

（7）下面的程序运行后输出为（　　）。

```
#include <stdio.h>
int main (void) {
   int a = 1;
   for (int b = 1;b <= 10;b ++) {
        if (a % 2 == 1) {a += 5;continue;}
        a -= 3;
   }
   printf ("%d\n",b);
   return 0;
}
```

A. 3　　　　B. 4　　　　C. 5　　　　D. 11

（8）若要使下面的程序输出2，则应该从键盘上给 *n* 输入（　　）。

```
#include <stdio.h>
int main (void) {
    int s = 0,a = 1,n;
    scanf ("%d",&n);
    do {s += 1;a -= 2}while (a != n);
    printf ("%d\n",s);
    return 0;
}
```

A. –1　　　　B. –3　　　　C. –5　　　　D. 0

（9）下面程序的运行结果是（　　）。

```
#include <stdio.h>
int main(void){
  int k = 0; char c = 'A';
  do{
      switch(c ++) {
          case 'A':k ++;break;
          case 'B':k --;
          case 'C':k += 2;break;
          case 'D':k = k % 2;continue;
          case 'E':k = k * 10;break;
          default:k = k / 3;
      }
      k ++;
   }while(c <'G');
   printf("k = %d\n",k);
   return 0;
}
```

A. k = 3　　　　B. k = 4　　　　C. k = 2　　　　D. k = 0

3. 阅读下面的各程序，从空白对应的备选项中选择合适的一项，将其代表字母填写在对应的括号内。

（1）下面的程序是将每次输入的一对数按照升序排列输出，当输入一对相等数时程序结束。

```
#include <stdio.h>
int main(void){
   int a,b,t;
   scanf("%d %d",&a,&b);
   while(【1:      】){
         if ( a > b )
         {t = a;a = b; b = t;}
         printf("%d,%d",a,b);
         scanf("%d %d",&a,&a);
   }
   return 0;
}
```

【1: 】A. !a = b　　B. a != b　　C. a = = b　　D. a = b

（2）下面程序的功能是将从键盘输入的小写字母变成对应的大写字母后的第2个字母，例如将a变为C、将y变为A，将z变为B。

```
#include <stdio.h>
int main(void){
   char c;
   while((c = getchar( )) != '\n') {
        if (c >= 'a' && c <= 'z' ) {
              【1:     】
              if ( c > 'Z')
                   【2:     】
        }
        printf ( "%c\n",c);
   }
   return 0;
}
```

【1: 】A. c += 2　　B. c -=32　　C. c = c + 32 + 2　　D. c -= 30

【2: 】A. c = 'B'　　B. c -= 'A'　　C. c -= 26　　D. c += 26

提示：在ASCII表中，小写字母的值比对应的大写字母大32。

（3）下面程序的功能是计算正整数2345的各位数字的平方和。

```
#include <stdio.h>
int main(void){
   int n, sum = 0;
   n = 2345;
   do{
      sum += 【1:      】;
      n = 【2:      】;
   }while(n);
   printf ( "sum = %d\n",sum);
   return 0;
}
```

【1:】A. n % 10　　B. (n % 10) * (n % 10)

C. n / 10　　D. (n / 10) * (n / 10)

【2:】A. n / 1000　　B. n / 100　　C. n / 10　　D. n % 10

（4）等比数列的第一项 $a=1$、公比 $q=2$。下面程序的功能是求满足前 n 项和小于100的最大 n。

```
#include <stdio.h>
int main(void){
    int a, q, n, sum ;
    a = 1; q = 2; n = sum = 0;
    do{
        【1:     】
        ++ n; a *= q;
    }while( sum < 100);
    【2:     】;
    printf("%d\n",n);
    return 0;
}
```

【1:】A. sum ++　　B. sum += a　　C. sum = a + a　　D. a += sum

【2:】A. n -= 2　　B. n = n　　C. n ++　　D. n -= 1

（5）下面的程序用来计算1到10中的奇数之和以及偶数之和。

```
#include <stdio.h>
int main(void){
    int a, b, c;
    a = c = 0;
    for(int i = 0; i <= 10;  i += 2) {
        a += i ;
        【1:     】;
        c += b;
    }
    printf ("偶数之和 = %d\n",a );
    printf ("奇数之和 = %d\n", 【2:     】);
    return 0;
}
```

【1:】A. b = i - -　　B. b = i + 1　　C. b = i ++　　D. b = i -1

【2:】A. c - 10　　B. c　　C. c - 11　　D. c - b

（6）下面的程序用来计算1000!的末尾有多少个零（提示：只要计算出从5到1000中含有因数5的个数即可）。

```
#include <stdio.h>
int main(void){
    int m,;
    for(int k = 0,i = 5; i <= 1000;  i += 5)  {
        m = i ;
        while(【1:     】){
```

```
            k ++;
            m = m / 5;
        }
    }
  【2:    】;
  return 0;
}
```

【1:】 A. m % 5 == 0　　B. m = m% 5 == 0

C. m % 5 == 0　　D. m % 5 != 0

【2:】 A. printf("%d", m)　　B. printf("%d", k)

C. printf("%d", i)　　D. printf("%d", k + i)

4. 按照以下各题的要求填空。

（1）执行下面的程序段后 *k* 值是______。

```
k = 1;n = 263;
do{k *= n % 10;n /= 10;}while(n);
```

（2）下面程序段中循环体的执行次数是_______。

```
a = 10;b = 0;
do{b += 2; a -= 2 + b; }while(a >= 0);
```

（3）当运行以下程序时，从键盘输入China#<CR>（<CR>代表回车），则运行结果是________。

```
#include <stdio.h>
int main(void){
    int v1 = 0,v2 = 0;char ch;
    while((ch = getchar())!='#')
        switch(ch){
            case 'a':
            case 'h':
            default:v1 ++;
            case'0':v2 ++;
    }
    printf("%d,%d\n",v1,v2);
    return o;
}
```

（4）当运行以下程序时，从键盘输入−10<CR>（<CR>表示回车），则下面程序的运行结果是_____。

```
#include <stdio.h>
void main(){
    int a,b,m,n;
    m = n = 1;
    scanf("%d %d",&a,&b);
    do{
        if(a > 0){m = 2 * n;b ++;}
        else{n = m + n;a += 2;b ++;}
    }while(a == b);
```

```
    printf("m=%d n=%d\n",m,n);
}
```

5. 分析代码，将正确的答案填在空白处。

（1）对于定义

```
int b = 7; float a = 2.5, c = 4.7;
```

表达式 $a + (\text{int})\,(b / 3 * (\text{int})\,(a + c) / 2)\%\,4$的值为（　　）。

（2）对于定义

```
int a = 2, b = 3; float x = 3.5, y = 2.5;
```

表达式$(\text{float})\,(a + b) / 2 + (\text{int})\,x\,\%\,(\text{int})\,y$ 的值为（　　）。

（3）对于定义

```
int x = 3, y = 2; float a = 3.5, b = 2.5;
```

表达式$(x + y)\,\%\,2 + (\text{int})\,a / (\text{int})\,b$的值为（　　）。

（4）对于定义

```
int e = 1, f = 4, g = 2; float m = 10.5, n = 4.0,k;
```

表达式 $k = (e + f) / (+\,\text{sqrt}(\text{double})n) * 1.2 / g + m$的值为（　　）。

（5）表达式$8 / 4 * (\text{int})2.5 / (\text{int})(1.25 * (3.7 + 2.3))$的数据类型为（　　）。

（6）表达式pow(2.8, sgrt((double)(x)))的数据类型为（　　）。

开发练习

设计下面的测试用例和程序。

1. 有一个数列“1，22，333，4444…”，请用重复结构计算其前7项之和。

2. 用重复结构打印如图3.12所示的图案。

3. 输入一个任意的整数，求其各位之和及位数。例如，23456的各位之和为20，位数为5。

4. 有一种3位数很有意思，它等于其各位的立方和，例如$153 = 1^3 + 5^3 + 3^3$，这种数被称为水仙花数。用程序求出所有的水仙花数。

5. 输入任意一个正整数n，求出满足关系$1! + 2! + \cdots + m! < n$ 的 m。

6. 输入任意两个正整数 x 和 n，计算 $x + xx + xxx + \cdots + n$ 位个 x 之和。例如，输入1和3，输出$1 + 11 + 111 = 123$。

```
   *
  ***
 *****
*******
 *****
  ***
   *
```

图 3.12　用*组成的菱形

7. 二项式$(a + b)^n$的展开式系数有一个很有趣的规律：

$n = 0, (a + b)^n = 1$

$n = 1, (a + b)^n = 1a + 1b$

$n = 2, (a + b)^n = 1a^2 + 2ab + 1b^2$

$n=3, (a+b)^n = 1a^3+3a^2b+3ab^2+1b^3$

⋮

这样，把这些系数可以排成如图3.13所示的一个有规律的三角形，这个三角形称为杨辉三角形，又称贾宪三角形，也称帕斯卡，它是被我国北宋的数学家于1050年首先发现的。其特点如下：

（1）两腰都为1；

（2）除腰上的各数以外，其他各数都是其肩上的两数之和。

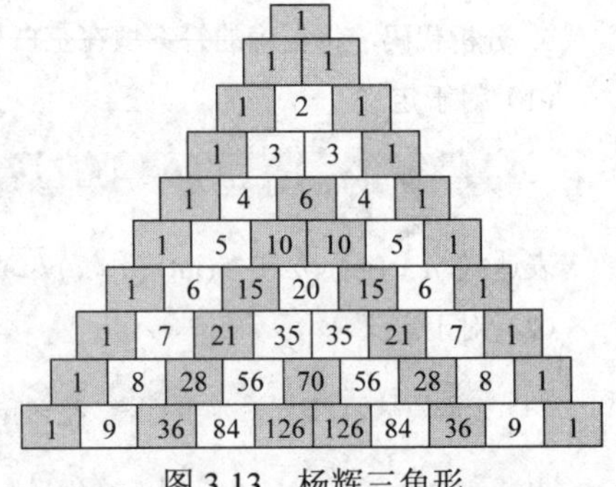

图 3.13　杨辉三角形

请设计一个程序，根据输入的正整数 n 输出 n 阶杨辉三角形。

探索验证

1. 设计一个简单的C程序，验证++ i 与 i ++的不同。

2. 编写程序，测试++和 -- 操作符是否可以作用于float变量。

3. 设计一个程序，验证C语言逗号表达式中各表达式的计算顺序以及逗号表达式的值。

4. 对于一个重复结构，如何才能知道下面的情况：

（1）该重复结构总共重复了几次？

（2）若该重复结构出现错误，如何知道是在哪一次重复时出现了错误？

5. 请简述以下两个for循环的优缺点。

```
//第 1 个
for (int i = 0; i <= 100; ++ i)
    if (condition)
       doSomething ();
    else
      doOtherthing ();
```

```
//第 2 个
if (condition)
   for (int i = 0; i <= 100; ++ i)
         doSomething ();
   else
         forcint i = 0; i <=100; ++i)
             doOtherthing ();
```

第4单元　算法基础

程序设计是人的智力与问题的复杂性之间的角力过程，它考验着人的思维素质和知识水平。不同的人，由于知识领域、思维模式以及对于程序设计语言理解和应用能力的不同，会设计出不同的程序代码。但是作为一个技术领域，编程解题也有它自己的规律，概括起来就是“观察-联想-变换”。

观察是对于问题的理解过程，以把握问题的需求。问题理解的准确性和深刻性决定了求解的准确性甚至成败。联想是建立解题环境的过程，以寻找解题的方向和线索。变换就是通过约简、嵌入、转化和仿真等方法把一个看来困难的问题重新阐释成一个在已有的知识能力范围内可以解决的问题。这3个过程是相互关联的，并且往往是递归的。

在这些过程中贯穿了一种有别于数学思维（mathematics of logic）的思维模式——算法（algorithm）。基于数学思维的解题方法是通过建立问题的映射（函数）关系或方程关系借助公理系统演绎出问题的解，而算法则是通过仿真、搜索等启发式思维借助数字操作形式寻求问题的解答。

本单元介绍最基本的算法，它们是其他各种算法的基础。

4.1　穷　　举

有一类问题，其解包含在容易获得的可能集合中。这类问题的求解过程就是从这个可能含有解的集合中根据约束条件去搜索（search）问题的解。搜索可以有多种策略，一种最直接的方法是根据问题中的部分约束条件对解空间逐一搜索、验证，以最后找到问题的一个解、一组解，或得到在这个空间中解不存在的结论，这种方法称为穷举（枚举）法（exhaustive attack method），也称蛮力法（brute-force method）。

穷举一般采用重复结构，并由以下3个要素组成：

（1）穷举范围。

（2）判定条件。

（3）穷举结束条件。

穷举算法是所有搜索算法中最简单、最直接的一种算法，但是其时间效率比较低。有相当多的问题需要运行较长的时间，而有些问题的运行时间会长得使人难以接受。为此，它只是在一时找不到更好的途径时才采用。为了提高效率，在使用穷举算法时应当充分利用各种有关知识和条件尽可能地缩小搜索空间。

4.1.1 搬砖问题

1. 问题描述

36 块砖，36 人搬，男搬 4、女搬 3、两个小孩抬一砖，要求一次全搬完，问男、女、小孩需若干？

2. 算法分析

设男人数、女人数、小孩数各为 menNumber、womenNumber、childrenNumber，则可得以下模型。

4 * menNumber + 3 * womenNumber + childrenNumber / 2 = 36

menNumber + womenNumber + childrenNumber = 36

这是一组不定方程——未知数个数多于方程数，因此求解还需增加其他约束条件。下面考虑如何寻找另外的约束条件。

按理说，应当分别对 menNumber、womenNumber、childrenNumber 取 0～36 作为穷举空间。但是对于穷举问题还常常可以利用已知条件或常识缩小穷举空间。对于本例，按照 menNumber、womenNumber、childrenNumber 的搬运能力可以大致确定穷举空间分别如下。

- menNumber：0～36/4
- womenNumber：0～36/3
- childrenNumber：0～36

以此作为另外的约束条件，就是在上述 3 个数的范围之内找满足前面两个方程的 menNumber、womenNumber、childrenNumber 的组合，下面再进一步考虑如何应用该约束条件。

求解本题的一个自然想法是依次对 menNumber、womenNumber、childrenNumber 取值范围内的各数逐一进行试探，找满足前面两个方程的组合：首先从 0 开始，列举 menNumber 的各可能值，在每个 menNumber 值下找满足两个方程的一组解，算法如下：

```
for (int menNumber = 0; menNumber < 36/4; menNumber ++) {
    s1：找满足两个方程的解的 womenNumber、childrenNumber
    s2：输出一组解
}
```

下面进一步用穷举法来表现 S1：

```
for(int womenNumber = 0;womenNumber < 36/3; womenNumber ++) {
     s1.1 找满足方程的一个 childrenNumber
     s1.2 输出一组解
}
```

由于对列举的每个 menNumber 与每个 womenNumber 都可以按下式

childrenNumber = 36 – menNumber - womenNumber

求出一个 childrenNumber，因此，只要该 childrenNumber 满足另一个方程

4 * menNumber + 3 * womenNumber + childrenNumber / 2 = 36

便可以得到一组满足题意的 menNumber、womenNumber、childrenNumber。故 S1.1 与 S1.2 可以改写为：

```
childrenNumber = 36 - menNumber - womenNumber;
if (4 * menNumber + 3 * womenNumber + childrenNumber / 2 == 36)
   printf ("%d%d%d\n ",menNumber,womenNumber,childrenNumber);
```

3. 参考程序

经过像剥葱头似的几步求精过程已经把模型基本上表现为 C 程序了。加入类型声明语句并调整输出格式，便可以得到一个 C 程序。

代码 4-1 36 人一次搬 36 块砖问题的参考代码。

```
#include <stdio.h>
int main (void) {
    printf ("menNumber\twomenNumber\tchildrenNumber\n");
    for (int menNumber=0; menNumber < 36/4; menNumber ++) {            //穷举 menNumber
      for (int womenNumber = 0; womenNumber < 36/3; womenNumber ++) {  //穷举 womenNumber
        childrenNumber = 36 - menNumber - womenNumber;
        if (4 * menNumber + 3 * womenNumber + childrenNumber / 2 == 36) {
            printf ("%d",menNumber);
            printf ("\t\t%d", womenNumber );
            printf ("\t\t%d\n", childrenNumber);
        }
      }
    }
    return 0;
}
```

4. 程序测试

这里讨论穷举算法的测试方法。从程序结构上看，穷举采用的是循环结构。但是，由于这类问题的解与边界关系不大，所以不宜采用边界分析法。另外，由于在求得解之前无法确定有效等价类和无效等价类，所以也不宜采用等价分类法。可能的方法有两种，即路径测试法和因果分析法。仔细分析这类穷举类问题，可以发现程序的前提条件是固定的，而输出是几组具有固定关系的数据，并且程序的输出也是固定的。因此，找出程序中错误的有效方法是对输出的每组数据进行相关分析（因果分析法）。

例如，上述程序的执行结果如下：

```
menNumber       womenNumber     childrenNumber
1               6               29
3               3               30
```

分析输出结果的两组解，显然第一组解是不正确的。因为按照题意“两个小孩抬一砖”，即小孩数只能是偶数，这样就可以发现程序中的错误了。但是问题出在什么地方呢？首先可以肯定用上述逐步求精的方法导出程序的逻辑是正确的。经过仔细检查发现问题出在声明语句中。前面声明的 menNumber、womenNumber、childrenNumber 都是整型，而在条件语句的判断表达式中有运算

childrenNumber / 2

两个整型数相运算的结果仍是整型数。这样当 childrenNumber 为奇数时就会出现由于运算的误差而引出的错误结论。为了避免这种误差而引起的计算错误，可以在程序中增加判断结构，不输出小孩数为奇数的情况。

代码 4-2 36 人一次搬 36 块砖问题的修改代码。

```
#include <stdio.h>
int main (void) {
   printf ("menNumber\twomenNumber\tchildrenNumber\n");
   for (int menNumber = 0; menNumber < 36/4; menNumber ++) {      //穷举 menNumber
      for (int womenNumber = 0; womenNumber < 36/3; womenNumber ++) {  //穷举 womenNumber
         childrenNumber = 36 - menNumber - womenNumber;
         if (4 * menNumber + 3 * womenNumber + childrenNumber / 2 == 36 && childrenNumber
                % 2 == 0) {
                printf ("%d",menNumber);
                printf ("\t\t%d", womenNumber );
                printf ("\t\t%d\n", childrenNumber);
         }
      }
   }
    return 0;
}
```

测试结果如下：

```
menNumber     womenNumber    childrenNumber
3             3              30
```

4.1.2 推断名次

1. 问题描述

某宿舍住有 A、B、C、D、E 共 5 人。期末考试结束，C 语言程序设计课任老师来到这个宿舍，告诉同学们：你们这个宿舍的同学本学期囊括了本课全班成绩的前 5 名。同学们问，那我们 5 个人的名次是怎么排的呀？老师说，你们猜吧。于是大家就推测起来。

A 说：E 一定是第一；

B 说：我可能是第二；

C 说：A 一定最不妙；

D 说：C 肯定不会最好；

E 说：D 会得第一。

老师说我再告诉你们一下吧：只有考第一和考第二的同学的推测是正确的；E 肯定不是第二名，也不是第三名。下面请你们用 C 语言程序来验证你们的推测。

2. 基本思路与程序基本结构

根据题意，求A、B、C、D、E 5个人名次的一种直接方法是将5个人为5个名次的全排列作为可能范围，对每一种情况按照题中给定的条件一一进行测试，找出其中满足题意的一组解。这是一个穷举问题，与前面的问题相比，其判定条件比较复杂一些。

对于复杂的穷举问题，可以采取以下策略来缩小穷举空间：

- 根据已知条件或常识显式地缩小穷举空间，例如搬砖问题。
- 根据已知条件排除不符合判定条件的情况，隐式地缩小穷举空间。在C语言程序中，排除一种情况的方法是用continue语句跳过它。下面介绍这种方法的使用。

本例作为一个穷举问题，若用*a*、*b*、*c*、*d*、*e*分别代表A、B、C、D、E 5个人的名次，以5个人为5个名次的全排列作为可能范围，就是对*a*、*b*、*c*、*d*、*e*分别在范围1～5进行穷举，可以得到以下5重重复结构。

代码 4-3 5重重复结构程序框架。

```
for (int a = 1; a <= 5; ++ a)
    for (int b = 1; b <= 5; ++ b)
        for (int c = 1; c <= 5; ++ c)
            for (int d = 1; d <= 5; ++ d)
                for (int e = 1; e <= 5; ++ e)
                    找出满足题意的一组解;
```

考虑$a+b+c+d+e=15$，即对于每一个已知的*a*、*b*、*c*、*d*，可以直接计算出*e*，将程序结构修改为以下的4重重复结构。

代码 4-4 4重重复结构程序框架。

```
for (int a = 1; a <= 5; ++ a)
    for (int b = 1; b <= 5; ++ b) {
        for (int c = 1; c <= 5; ++ c) {
            for (int d = 1; d <= 5; ++ d) {
                e = 15 - a - b - c - d;
                找出满足题意的一组解;
            }
        }
    }
```

3. 加入常识性约束条件

首先考虑名次不能重复，为此要排除名次重复的可能。方法是在某一层重复结构的最前面判定这一层出现与上层相同的值时立即将该层短路——后面的工作不再进行。将上述结构修改如下。

代码 4-5 加有约束条件的程序框架。

```
for (int a = 1; a <= 5; ++ a)
    for (int b = 1; b <= 5; ++ b) {
        if (b == a) continue;
```

```
        for (int c = 1; c <= 5; ++ c) {
            if ((c == b) || (c == a)) continue;
            for (int d = 1; d <= 5; ++ d) {
                if ((d == c) || (d == b) || (d == a)) continue;
                e = 15 - a - b - c - d;
                找出满足题意的一组解;
            }
        }
    }
```

4. 根据题意分析约束条件

下面分析题目给出的约束条件，并把这些条件分为两种。

- 排除性条件：用于隐式缩小穷举空间。
- 符合性条件：作为判定条件。

（1）分析“A 说：E 一定是第一”和老师的提示，这一条件只有 *a* 为 1 或 2 时成立。由此推出：

- A 一定不能为第一名。因为若 A 为第一名，他所说的“E 一定是第一”就是错误的。所以程序中要排除 A 为第一的情况，即有

```
if( a == 1) continue;                                         //条件 1
```

- 既然 A 不可能是第一名，那么假如 E 真为第一名，就说明 A 一定是第二名。为此程序中要排除 *a* 不为 2 而 *e* 为 1 的情况。即

```
if((a ! = 2) && (e == 1)) continue;                           //条件 2
```

（2）与此相仿的情况是对 E 的猜想，所以要排除 *e* 为 1 的情况和 *e* 为 2 但 *d* 不为 1 的情况，即

```
if( e == 1) continue;                                         //条件 3
if((e ! = 2) && (d == 1)) continue;                           //条件 4
```

（3）C 说：A 一定最不妙，表明当 *c* 为 1 或 2 时，*a* 一定为 5，要排除的表达式为

```
if(((c ! = 1) || (c ! = 2)) && (a == 5)) continue;            //条件 5
```

（4）D 说：C 肯定不会最好，表明当 *d* 为 1 或 2 时 *c* 一定不为 1。此时排除的表达式比较复杂，下面考虑符合的条件

```
if(((d == 1) || (d == 2)) && (c != 1));                      //条件 6
```

（5）B 说：我可能是第二。这只有 *b* 为 1 或 2 时成立，但这是一句没有用的话。因为 *b* 为 1 时 *b* 为 2 是矛盾的，应当排除，而 *b* 为 2 时 *b* 为 2 是没有意义的。但这时为了确保 *b* 为 2，其他几人的名次之和一定为 15–2=13。表示为

```
if((b == 1) continue;                                        //条件 7
if((b == 2) && (a + c + d + e == 13)));                      //条件 8
```

（6）老师讲：“E 肯定不是第二名，也不是第三名”。在程序中可描述为：

```
if ((e == 2) || (e == 3)) continue;                         //条件 9
```

5. 将约束条件插入到程序框架中，形成参考代码

以上 9 个条件要分别插入到程序的合适地方，插入的基本原则如下：

- 把排除条件提到无关语句的前面。
- 把符合条件插入到输出部分之前。

代码 4-6 推断名次程序参考代码。

```
#include <stdio.h>
int main (void) {
      int i = 1;
      for (int a = 1; a <= 5; ++ a){
          if (a == 1) continue;                                     //条件 1
          for (int b = 1; b <= 5; ++ b) {
              if (b == a) continue;
              if (b == 1) continue;                                 //条件 7
              for (int c = 1; c <= 5; ++ c) {
              if ((c == b) || (c == a)) continue;
                    if(((c == 1)||(c == 2))&&(a != 5))continue;     //条件 5
                    for (int d = 1; d <= 5; ++ d) {
                        if ((d == c) || (d == b) || (d == a)) continue;
                            e = 15 - a - b - c  - d;
                        if (e == 1) continue;                       //条件 3
                        if((e == 2) || (e == 3)) continue;          //条件 9
                        if((a != 2) && (e == 1)) continue;          //条件 2
                        if((e != 2) && (d == 1)) continue;          //条件 4
                        if((((d == 1) || (d == 2)) && (c != 1))     //条件 6
                           ||((b == 2) && (a + c + d + e == 13))) { //条件 8
                             printf ("\n 第%d 种可能: ",++ i);      //考虑会有多个解
                             printf ("A 排第%d 名",a);
                             printf (",B 排第%d 名",b);
                             printf (",C 排第%d 名",c);
                             printf (",D 排第%d 名",d);
                             printf (",E 排第%d 名\n",e);
                        }
                    }
              }
          }
      }
     return 0;
}
```

6. 程序测试

本例只能进行因果分析测试，测试结果如下：

```
第 1 种可能: A 排第 5 名, B 排第 2 名, C 排第 1 名, D 排第 3 名, E 排第 4 名
```

习题 4.1

代码分析

分析下面各程序，在空白处填写合适的内容。

1．下面程序的功能是用do-while语句求1～1000满足“用3除余2；用5除余3；用7除余2”的数，且一行只打印5个数。请填空。

```
#include <stdio.h>
int main(void){
  int i = 1, j = 0;
  do{
     if ____[1]____ {
          printf("%4d",i);
          j = j + 1;
          if____[2]____printf("\n");
     }
     i = i + 1;
  }while(i < 1000);
  return 0;
}
```

2．下面程序的功能是统计正整数的各位数字中0的个数，并求出各位数字中的最大者，请填空。

```
#include <stdio.h>
int main(void){
    int n,count,max,t;
    count = max = 0;
    scanf("%d",&n);
    do{
        t =____[1]____;
        if(t == 0) ++ count;
        else if(max < t)____[2]____;
        n /= 10;
    }while(n);
    printf("count = %d,max = %d\n",count,max);
    return 0;
}
```

3．鸡兔共有30只，脚共有90只，下面程序段的功能是计算鸡、兔各有多少只，请填空。

```
for(int x = 1;x <= 29;x ++){
    y = 30 - x;
    if________printf("%d,%d\n",x,y);
}
```

4．下面程序的功能是求出用数字0～9可以组成多少个没有重复的3位偶数，请填空。

```
#include <stdio.h>
```

```
int main(void){
    int n = 0;
    n = 0;
    for(int i = 0; i <= 9; ++ i)
      for(int k = 0; k <= 8; ____[1]____)
         if(k != 1)
                for(int j = 0; j <= 9; j ++)
                  if ____[2]____ n ++;
    printf("n = %d\n",n);
    return 0;
}
```

5. 下面程序的功能是完成将一元人民币换成一分、两分、五分的所有兑换方案，请填空。

```
#include <stdio.h>
int main(void){
     int k,l = 1;
     for(int i = 0; i <= 20; ++ i)
          for(int j = 0; j <= 50; j ++){
                k =____[1]____;
                if(____[2]____) {
                        printf("%2d%2d%2d\n",i,j,k);
                        l = l + 1;
                        if(l%50) printf("\n");
                }
          }
     return 0;
}
```

思维训练

写出下面各题的解题思路。

1. 金条切割问题。以前有位财主雇了一个工人工作 7 天，给工人的回报是一根金条。如果把金条平分成相等的7段，就可以在每天结束时给工人一段金条。但是，财主规定只允许两次把金条弄断，否则工人就无法得到当天的报酬。聪明的工人如何切割金条才能使自己每天都能得到报酬呢？

2. 星期天计算机0801班的4位同学上街遇到一位犯病老人，其中一位同学将这位老人背到了医院，直到老人醒来才离开。星期三，老人的家属来到学校表示感谢，学校很快查到是这4位同学中的一位。于是系主任把这4位同学叫到办公室，问是谁做了好事。结果

甲说：不是我；

乙说：是丙；

丙说：是丁；

丁说：他说的不对。

系主任急了，说：你们到底怎么回事？

老人家属仔细看了看这4位同学说：这4位同学中有一个人说了假话。系主任打开计算机写了一个C程序，马上知道了做好事的是谁。请你也写一个C程序来确定做好事的是哪位同学。

提示：分别用1、2、3、4表示4位同学，并用变量thisStudent代表做了好事的同学，则4位同学的话可以描述为

thisStudent != 1（甲说）

thisStudent == 3（乙说）

thisStudent == 4（丙说）

thisStudent != 4（丁说）

按照老人家属的说法是有一个人说了假话，即在真实情况下上述4个表达式中有3个成立。由于逻辑真一般用1代表，所以在真实情况下上述4个表达式的和为3。

这样，看一看当thisStudent分别为1、2、3、4时哪种情况下4个逻辑表达式的和为3，这种情况就是真实情况。

开发练习

设计下面各题的C程序，并设计相应的测试用例。

1. 简单穷举类问题。

（1）打印500之内所有能被7或9整除的数。

（2）某人年龄的3次方是四位数，4次方是六位数，并且这两个数中没有重复的数字。请用C语言程序求出该人的年龄。

（3）如果一个数恰好等于其所有因子（包括1，但不包括自身）之和，则称这个数为完数。例如6 = 1 + 2 + 3，所以6是一个完数。请编写C程序输出某个正整数区间内的所有完数。

（4）一个袋子中有*m*个大小、重量相同的红、黄、蓝三色小球。其中红球r1个、黄球y1个、蓝球b1个。若要从中摸出*n*（$n < m$）个小球，可能会有多少种颜色搭配？

（5）小蔡的借书方案。小蔡有5本关于C程序设计的新书，要借给同小组的另外3位同学A、B、C。假如每人只能借一本，可以有多少种不同的借书方案？

（6）找完全数。古希腊人因子之和（自身除外）等于自身的自然数称为完全数。设计一个C程序，输出给定范围中的所有完全数。

2. 不定方程类问题。

（1）百钱买百鸡问题。公元5世纪末，我国古代数学家张丘建在《算经》中提出了如下问题：鸡翁一值钱五，鸡母一值钱三，鸡雏三值钱一。凡百钱买百鸡，则鸡翁、母、雏各几何？使用C语言程序求解该题。

（2）一根29cm长的尺子，只允许在它上面刻7个刻度。若要用它能量出1～29cm的各种整长度，刻度应如何选择？

（3） 百马百担问题。有100匹马，驮100担货，大马驮3担，中马驮两担，两匹小马驮1担，则有大、中、小马各多少？请设计求解该题的C程序。

（4） 爱因斯坦的阶梯问题。设有一阶梯，每步跨2阶，最后余1阶；每步跨3阶，最后余2阶；每步跨5阶，最后余4阶；每步跨6阶，最后余5阶；每步跨7阶，正好到达阶梯顶。问共有多少阶梯？

（5）五家共井问题。我国古代数学巨著《九章算术》第八卷·第十三题为“五家共井，甲二绠（汲水用的井绳）不足，如（接上）乙一绠；乙三绠不足，如丙一绠；丙四绠不足，如丁一绠；丁五绠不足，如戊一绠；戊六绠不足，如甲一绠。如各得所不足一绠，皆逮（dai，及）。问井深、绠长各几何。答曰：井

深七丈二尺一寸，甲绠长二丈六尺五寸，乙绠长一丈九尺一寸，丙绠长一丈四尺八寸，丁绠长一丈三尺九寸，戊绠长七尺六寸。”请用程序求解。

（6）破碎的砝码问题。法国数学家梅齐亚克在他所著的《数字组合游戏》中提出一个问题：一位商人有一个质量为40磅的砝码，一天不小心被摔成了4块。不料商人发现了一个奇迹：这4块的质量各不相同，但都是整磅数，并且可以是1～40的任意整数磅。问这4块砝码碎片的质量各是多少？

3. 基于复杂条件分析的穷举类问题。

（1）喝汽水问题。1元钱一瓶汽水，喝完后两个空瓶换一瓶汽水，若有20元钱，最多可以喝到几瓶汽水？

（2）一人岁数的3次方是四位数，4次方是六位数，并知道此人岁数的3次方和4次方用遍了0～9这10个数字。编写一程序求此人的岁数。

（3）奇妙的算式。有人用字母代替十进制数字写出下面的算式，请找出这些字母代表的数字。

$$\begin{array}{r} EGAL \\ \times \quad\quad L \\ \hline LGAE \end{array}$$

（4）找赛手。两个羽毛球队进行比赛，各出3人。甲队为A、B、C 3人，乙队为x、y、z 3人，已抽签决定比赛名单。有人向队员打听比赛的名单，A说他不和x比，C说他不和x、z比。请编写一个程序找出3对赛手的名单。

（5）案情分析。某处发生一案件，侦察结果发现A、B、C、D 4人有作案可能。为此侦察员将这4名嫌犯分别叫来询问。

- A 说：不是 B，是 D 作的案；
- B 说：不是我，是 C 作的案；
- C 说：不是 A，是 B 作的案；
- D 说：不是我。

看到询问记录，刑警队长告诉侦察员：这4人，要么说的都是真话，要么都说了假话。听完队长的话，聪明的侦察员立刻找出了作案的罪犯。请用C语言程序分析谁是案犯。

（6）安排轮休。某公司有7位保安A、B、C、D、E、F、G。为了工作需要，每人每周只能轮休一天。考虑每个人的特殊情形，让他们先选择自己希望哪一天轮休，他们的选择如下。

A：星期二、四；

B：星期一、六；

C：星期三、日；

D：星期五；

E：星期一、四、六；

F：星期二、五；

G：星期三、六、日；

请用C语言程序安排一个轮休表，让他们都满意。

（7）矿石和身份问题。有A、B、C 3名地质勘探队员对一块矿石进行判断，每人判断两次。

- A 两次的判断为：它不是铁矿石，不是铜矿石。
- B 两次的判断为：它不是铁矿石，是锡矿石。

- C 两次的判断为：它不是锡矿石，是铁矿石。

在这3名队员中，有工程师、技术员和实习生各一名，并且：

- 工程师的两次判断都正确。
- 技术员的两次判断中只有一次是正确的。
- 实习生的两次判断都不正确。

请用C语言程序裁定该矿石是什么矿石以及这3人的身份各是什么。

（8）黑心的旅游套餐。有一条旅游线路共有A、B、C、D、E 5个景点，某旅行社要求参加这条线路的游客按照下面的原则选定自己的套餐：

- 若要去 A 景点，则必须去 B 景点；
- D 和 E 两个景点中只能去一处；
- B 和 C 两个景点中只能去一处；
- C 和 D 两个景点要么都去，要么都不去；
- 要去 E 景点，必须去 A 和 D。

结果游客们发现，这个方案实际上是限制了游客对于景点的选择。请用C程序把这个旅行社的限制输出。

（9）谁偷懒？某工厂的烟囱中有一些送风设备，某天有A、B、C、D、E 5人到这个烟囱中检修设备，出力的人脸上都有烟灰。工作结束后，工长与大家一起总结，让每个人说说谁偷懒。5个人互相看了一下，开始总结。

A说：我们之中有3个人偷懒。

B说：我们大家都没有偷懒。

C说：我看有一个人偷懒。

D说：你们4人都偷懒。

E什么也没有说。

工长说：出了力的讲的都是实话，偷懒的人讲的都是假话。

请用C程序判断谁偷懒了。

4.2 迭代与递推

迭代是用变量的新值代替其旧值的操作。递推是由一个变量的值推出另外变量的值的操作。例如，一笔存款每年自动转存，形成利滚利的情况，本金每年不同，不断迭代。若在该存款问题中将各年的本金用不同的变量表示，就成了递推问题。所以，迭代与递推没有严格的界限。

迭代或递推一般采用重复结构，并且由以下 3 个要素组成：

（1）迭代或递推初始状态，即迭代或递推比变量的初始值。

（2）迭代或递推关系，即一个问题中某个状态的前项与后项之间的关系。

（3）迭代或递推的终止条件。

4.2.1 用二分迭代法求方程在指定区间的根

1. 问题描述

给定一个方程，求它在指定区间的一个根。

2. 算法分析

一般来说，一元方程 $f(x) = 0$ 的根分布是非常复杂的，要找出它们的解析表达式也是非常困难的。已经有人证明，像 $x - e^x = 0$ 及 5 次以上的 $f(x) = 0$，都找不出用初等函数表示的根的解析表达式。在这种情形下，只能借助数值分析的方法得到近似的解。二分法就是一种求解多项式方程时常用的一种方法，其基本原理如图 4.1 所示。

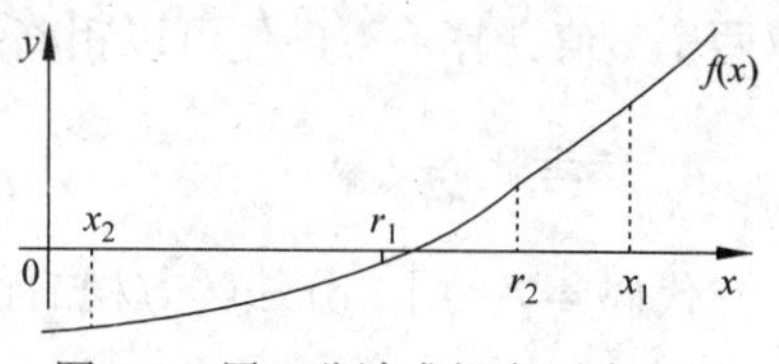

图 4.1　用二分法求解多项式方程

若连续函数 $f(x)$在区间$[x_1, x_2]$上 $f(x_1)$与 $f(x_2)$符号相反，则它在此区间内至少有一个 0 点。取 root 为 x_1 和 x_2 的中点，如果 root 不是 $f(x)$的根，则在分隔成的两个子区间中必有一个子区间两端的函数值符号仍然相反，该子区间中也必然至少有一个根。使用 root 虽然不一定能直接找到根，但把含根的区间缩小了一半。这样，不断对两端函数值异号的子区间进行二分，要么正好碰上一个根，要么最后可以把子区间缩小到非常接近根的地方。当已经符合精度要求时，也就算是找到根了。这一过程就是一个迭代过程。但是，还需要进一步解决以下两个问题：

（1）如何判断根在哪个子区间。可以肯定地说，取一个区间的中点为 root，若 root 不是根，则必然有一个端点处的函数值与 root 处的函数值同号，另一个端点处的函数值与 root 处的函数值异号。根一定存在于 root 与函数值异号的端点之间。

为此，还要进一步判断两个函数值是否异号。这个问题非常简单，对于 $f(x_1)$和 $f(x_2)$，只要它们的乘积小于 0，它们就一定异号。即

$$f(x_1) * f(x_2) < 0$$

（2）迭代终止条件的确定。在进行迭代计算时要经过有限步骤准确地得到一元方程的解几乎是不可能的。通常要先给出允许的最大误差 error，当$|root - x_1| <= error$ 时才可终止迭代过程，即用 x_1 近似地代替 root。但是，由于 root 是未知的，在实际应用中采用两个近似解$|x_1 - x_2|$近似地代替$|root - x_1|$，即当$|x_2 - x_1| <= error$ 时可以终止迭代过程。这种迭代被称为近似迭代。

3. 算法设计

下面从两个方面进行讨论。

1）确定方程的类型

为了便于理解和验证，本例选用一元二次方程。一般来说，一元二次方程根的存在情况，可以由判别式 $b^2 - 4ac$ 判断。因此，程序的测试可以按照判别式采用等价分类法进行。

为此，要求的输入有一元二次方程的 3 个系数。为了针对根的存在情形便于修改，可以采用以下两种措施之一：

- 用宏定义定义 3 个系数。
- 由键盘输入 3 个系数。

2）原始区间的指定

原始区间的指定也是测试中应当考虑的问题。一般来说，当一个区间两端具有不同符号的函数值时，在该区间至少存在一个根。但是，也并非两端具有同号的函数值就不存在根，也许会有两个根。这样就把问题搞复杂了。本例只希望介绍近似迭代方法，因此对这两个方面从简，只要运行结果满足估计就可以了。为此，区间要选择在根的附近，即肯定原始区间两端的函数值一定是异号的。通常是在给定方程系数后，粗略地估计一下，分别取两个 *x* 值计算一下，便可以粗略地确定一个区间。

4. 参考代码

代码 4-7 用二分法解方程的程序初步代码。

```
//功能：用二分法求解一元方程
#include <stdio.h>
#include <math.h>
#define A 1.0
#define B -1.0
#define C -1.0
#define ERR 0.001                                          //定义求解精度

double equation(double x) {                                //定义方程多项式计算函数
    return A * x * x + B * x + C;
}

int main (void) {
    double x1,x2;                                          //求解区间
    double root;                                           //近似解

    printf ("请输入求解区间:");
    scanf ("%lf,%lf",&x1,&x2);
    if(equation (x1) * equation (x2) > 0) {
        printf ("\n 方程在此区间无解！\n");
        return 0;                                          //退出程序
    }
  else {
        while (fabs (x1 - x2) > ERR) {
            root = (x1 + x2) / 2.0;                        //用二分点作为近似解
            if (equation (x1) * equation (root) <= 0)      //判断 root 在哪个区间
                x2 = root;                                 //区间边界迭代
            else
                x1 = root;                                 //区间边界迭代
        }                                                  //调用 fabs ()
    }
    printf ("\n 方程的解是: %lf\n", (x1 + x2) / 2);
```

```
    return 0;
}
```

说明：

（1）fabs(*x*)是一个库函数，用于计算参数 *x* 的绝对值。这个函数定义在 math.h 中，如果要使用它，必须用文件包含命令#include <math.h>将头文件包含在当前程序中。

（2）本例有多个地方要进行方程给定的多项式的求解，这样就需要在多个地方写一段相同的代码来计算函数值，只是在每段前面要再写一个赋值语句，给 *x* 以不同的值。为了缩减代码，可以用 equation()函数来代替这段可以被多次执行的代码。

5. 程序测试

根据前面的测试设计中的分析，需要在方程的系数确定之后给定原始区间，给定的方法是粗略地进行根的估计。下面是考虑系数为{1, –1,–1}时的测试。对于这个方程，其根分别在–0.65 和 1.65 附近，所以可以选[–2,0]和[0,3]两个区间进行测试。先进行[–2,0]的测试，得到以下结果：

```
请输入求解区间:-2,0↲
方程在此区间无解!
```

怎么会在这个区间没有解呢？这肯定是因为程序存在错误。为了找出错误，先从源头上找起，在输入语句之后，立即用一条输出语句将其输出回显。

```
int main (void) {
    double x1,x2;                                          //求解区间
    double root;                                           //近似解

    printf ("请输入求解区间：");
    scanf ("%lf%lf",&x1,&x2);
    printf("%lf,%lf\n",x1,x2);
    //…
    return 0;
}
```

运行程序得到以下结果：

```
请输入求解区间：-2，0↲
-2.000000, -92559631349317831000000000000000000000000000000000000000000000.000000
方程在此区间无解!
```

可以看到，是第 2 个数据输入错误。原因在什么地方？仔细检查，发现是两个格式字段之间的逗号输成全角了。改正以后，程序运行正常。这个错误是比较难发现的，因为格式字符串中的非格式字段中的字符要求照样输入，编译器并不对其进行检查。安全的方法是不在 scanf()的格式串中加入多余的分隔字符，要求用户一律用空格分隔输入的数据。

为了检查在精度提高时对于收敛性的影响，选用了不同的误差要求。测试情况见表 4.1。

表 4.1　代码 4-14 在不同测试区间内选用不同的误差时的测试结果

原始区间	0.1	0.01	0.001	0.0001	0.00001
[–2,0]	–0.593750	–0.621094	–0.617676	–0.618011	–0.618031
[0,3]	1.640625	1.620117	1.618286	1.618057	1.618032

4.2.2　猴子吃桃子问题

1. 问题描述

一天一只小猴子摘下一堆桃子，当即吃去一半，还觉得不过瘾，又多吃了一个。第 2 天接着吃了前一天剩下的一半，馋不能罢又多吃了一个。以后每天如此，到第 10 天小猴子去吃时只剩下一个桃子了。问小猴子最初共摘了多少桃子？

2. 算法分析

首先看一下用代数方法如何求解此题。

设小猴子当初共摘了 x 个桃子。则根据题意，有：

第 1 天吃掉 $x/2 + 1$ 个，剩下 $x/2 - 1 = (x-2)/2$ 个；

第 2 天吃掉 $((x-2)/2)/2 + 1$ 个，剩下 $(x-2)/2 - ((x-2)/2)/2 - 1 = (x-2)/2 - (x-2+2^2)/2^2 = (x-2-2^2)/2^2$ 个；

……

第 i 天剩下：$(x-2-2^2-\cdots-2^i)/2^i$ 个；

……

第 9 天剩下：$(x-2-2^2-\cdots-2^9)/2^9 = 1$（第 10 天小猴子看到的那一个桃子）。这就是本题的方程式。解之，得

$$x = 2^9 + 2^9 + 2^8 + \cdots + 2^2 + 2$$

这种求解方法有以下缺点：人的干预太多，且需要进行的计算比较复杂。假设是到了第 100 天才看到剩下的一个桃子，则要进行 $2^{99} + 2^{99} + 2^{98} + \cdots + 2^2 + 2$ 的计算，而用递推法就可以使计算简单多了，使用递推法的关键是找出递推式。可是本题开始时的桃子数是不知道的，要求的就是开始时的桃子数。所以，不能采用从前向后递推的方法，只能采用往前递推的方法。即从第 10 天看到的那个桃子开始往前推，这是一个倒推问题。推导过程如下：

第 9 天的桃子数为 $peach_9 = (peach_{10} + 1) * 2$；

第 8 天的桃子数为 $peach_8 = (peach_9 + 1) * 2$；

……

第 i 天的桃子数为 $peach_i = (peach_{i+1} + 1) * 2$；

……

如此就建立了递推式，从初始值开始，以倒退的方式迭代 9 次，就得到了第 1 天的桃子数。这类问题也称为倒推问题。

3. 测试设计

测试的基本方法是因果分析。从最后一个桃子开始往前倒退，应当得到如表 4.2 所示的结果。

表 4.2　猴子吃桃子过程中每天的桃子数

天　数	10	9	8	7	6	5	4	3	2	1
桃子数	1	4	10	22	46	94	190	382	766	1634

程序设计好后运行，看能否得到这个预期结果。

4. 参考代码

代码 4-8　猴子吃桃子问题参考代码。

```
#include <stdio.h>
#define N 10

int getPeaches(int n) ;
int main(){
    for(int i = N; i >= 1; -- i)
        printf("第%2d 天有桃子%d 个。\n",i,getPeaches(i));
    return 0;
}

int getPeaches(int n){
    int peaches = 1;
    for(int i = 0; i < N-n; ++ i)
        peaches = 2 * (peaches + 1);
    return peaches;
}
```

5. 程序测试

测试结果如下：

```
第 10 天有桃子 1 个。
第 9 天有桃子 4 个。
第 8 天有桃子 10 个。
第 7 天有桃子 22 个。
第 6 天有桃子 46 个。
第 5 天有桃子 94 个。
第 4 天有桃子 190 个。
第 3 天有桃子 382 个。
第 2 天有桃子 766 个。
第 1 天有桃子 1534 个。
```

测试结果没有发现错误。

4.2.3 用辗转相除法求两个正整数的最大公因子

1. 问题描述

我国东汉时期的《九章算术》中记录了一种求两个正整数的最大公因子的算法，将之称为辗转相除法，它是已知最古老的迭代算法。在西方它首次出现于欧几里德的《几何原本》（第Ⅶ卷，命题 i 和 ii）中。

> **《九章算术》**
>
> 《九章算术》是中国古代数学专著，承先秦数学发展的源流，进入汉朝后又经许多学者的删补才最后成书，这大约是在公元1世纪的下半叶。它的出现标志着中国古代数学体系的形成。
>
> 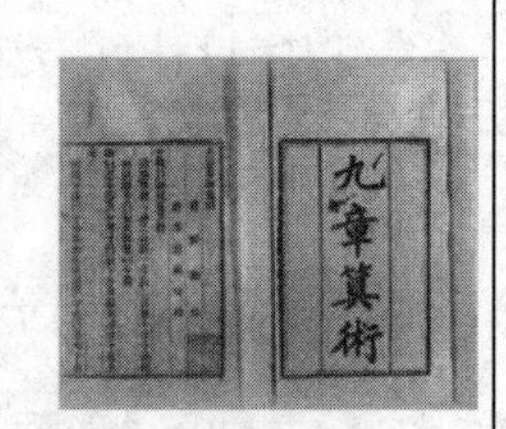
>
> 图 4.2 《九章算术》
>
> 《九章算术》（如图 4.2 所示）共收有 246 个数学问题，分为9章，即方田、粟米、衰分、少广、商功、均输、盈不足、方程、勾股。

2. 算法分析

其基本思想可以简单地描述如下。

对于两个自然数 u 和 v，计算它们的最大公因子的方法为辗转相除，即

S1：计算 $u \div v$，令 r 为所得余数（$0 \leqslant r < v$）。

S2：判断，若 $r = 0$，v 即为答案，执行 S4；若 $r \neq 0$，则执行 S3。

S3：迭代互换，即置 $u \leftarrow v$，$v \leftarrow r$，再返回 S1。

S4：输出结果，算法结束。

图 4.3 为当 $m = 36$、$n = 21$ 时的迭代过程。

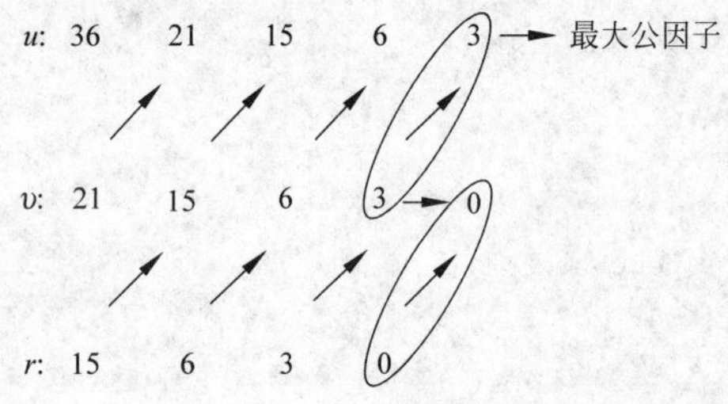

图 4.3 $m = 36$、$n = 21$ 时辗转相除的迭代过程

显然，这个过程可以描述为以下算法。

代码 4-9 辗转相除法程序框架。

```
int u = m, v = n, r;                  //初始化
r = u % v;                            //S1
while (r != 0) {                      //S2
   u =  v;                            //S3
   v = r;                             //S3
   r = u % v;                         //S1
}
输出 v;                               //S4
```

这里 S1 和 S3 描述了 3 个变量 u、v 和 r 不断用新值代替旧值的过程，这种过程称为迭代。一般来说，迭代具有以下 3 个要素。

（1）迭代初始值：u 的初始值为 m，v 的初始值为 n。

（2）迭代公式，如本例中的

```
u = v;
v = r;
r = u % v;
```

（3）迭代终止条件：$r == 0$，用一个表达式的值来确定迭代是否终止。

在迭代时要注意相关表达式之间的顺序关系，不可搞错。

3. 初始参考代码

代码 4-10 辗转相除法的程序参考代码。

```
#include <stdio.h>
int main (void) {
    int u,v,r;
    printf ("\n请输入两个正整数:");
    scanf ("%d%d",&u,&v);
    while ( (r = u % v) != 0 ) {
        u = v;
        v = r;
    }
    printf ("\n最大公因子为:%d\n",v);  //u中存储的是相除时的v值
    return 0;
}
```

4. 测试设计

根据等价分类法，测试用例分为以下两类。

（1）有效等价类。

- $u > 0$，$v > 0$，$u > v$，并且 u、v 有非 1 的最大公约数，例如 {18,12}。
- $u > 0$，$v > 0$，$u < v$，并且 u、v 有非 1 的最大公约数，例如 {12,18}。
- $u > 0$，$v > 0$，并且 u、v 只有为 1 的最大公约数，例如 {5,7}。

（2）无效等价类。

- $u < 0$，$v > 0$，例如 {–3,6}。
- $u > 0$，$v < 0$，例如 {3, –6}。
- $u > 0$，$v = 0$，例如 {3,0}。
- $u = 0$，$v = 0$，例如 {0,0}。
- $u = 0$，$v = 0$，例如 {0,3}。

5. 程序改进

根据测试设计，需要为程序增加确保输入有效的代码段。

代码 4-11 基于代码 4-10 的改进代码。

```
#include <stdio.h>
int main (void) {
   int u,v,r;

   printf ("\n请输入两个正整数:");
   while ( scanf ("%d%d",&u,&v),(u <= 0 || v <= 0))
         printf ("\n输入错误,请重新输入:");

    while ( (r = u % v) != 0 ) {
         u = v;
         v = r;
    }
    printf ("\n最大公因子为:%d\n",v);
    return 0;
}
```

请读者考虑：如果最多允许用户连续地错误输入 5 次，上述代码该如何进一步修改？

6. 程序测试

（1）有效等价类

用{18,12}的测试结果为：

```
请输入两个正整数:18 12↵
最大公因子为:6
```

用{12,18}的测试结果为：

```
请输入两个正整数:12 18↵
最大公因子为:6
```

用{5,7}的测试结果为：

```
请输入两个正整数:5 7↵
最大公因子为:1
```

（2）无效等价类

下面先用 5 组无效等价类测试数据，最后用一组有效等价类测试数据的结果。

```
请输入两个正整数: -3 6↵
输入错误，请重新输入: 3 -6↵
输入错误，请重新输入: 3 0↵
输入错误，请重新输入: 0 0↵
输入错误，请重新输入: 0 3↵
输入错误，请重新输入: 8 18↵
最大公因子为:2
```

习题 4.2

代码分析

阅读下面各程序，在空白处填写合适的内容。

（1）下面程序的功能是计算$1-3+5-7+\cdots-99+101$的值，请填空。

```
#include <stdio.h>
intmain(void){
    int t = 1,s = 0;
    for(int i = 1;i <= 101;i += 2)
        {____[1]____; s = s + t;____[2]____;}
    printf("%d\n",s);
    return 0;
}
```

（2）以下程序用梯形法求sin(*x*) * cos(*x*)的定积分，求定积分的公式为：

$$S=\frac{h}{2}[f(a)+f(b)+h\sum_{i=1}^{n-1}\Sigma f\left(x_i\right)]$$

其中$x_i=a+ih$，$h=(b-a)/n$。

设$a=0$，$b=1$，为积分上限，积分区分隔数$n=100$，请填空。

```
#include <stdio.h>
int main(void){
     int n; double h,s,a,b;
     printf("input a,b:\n");
     scanf("%lf %lf", ____[1]____);
     n = 100;h = ____[2]____;
     s = 0.2 * (sin(a) * cos(a) + sin(b) * cos(b));
     for(int i = 1;i <= n - 1;++ i) s += ____[3]____;
     s *= h;
     printf("s = %10.4lf\n",s);
     return 0;
}
```

（3）以下程序的功能是根据公式$e=1+\frac{1}{1!}+\frac{1}{2!}+\frac{1}{3!}+\cdots$求 e 的近似值，精度要求为10^{-6}。请填空。

```
#include <stdio.h>
int main(void){
     double e,new;
     ____[1]____; new=1.0;
     for(int i = 1;____[2]____; ++ i)
     {new /= (double)i;e += new;}
     printf("e = %f\n",e);
     return 0;
}
```

（4）有1020个西瓜，第一天卖一半多两个，以后每天卖剩下的一半多两个，问几天以后能卖完？请填空。

```
#include <stdio.h>
int main(void){
    int day,x1,x2;
    day = 0;x1 = 1020;
    while____[1]____{x2 =____[2]____; x1 = x2; day ++;}
    printf("day = %d\n",day);
    return 0;
}
```

思维训练

写出下面题目的解题思路。

一辆吉普车来到 1000km 宽的沙漠边缘。吉普车的耗油量为 1L/km，总装油量为 500L。显然，吉普车必须用自身油箱中的油在沙漠中设几个临时加油点，否则是通不过沙漠的。假设在沙漠边缘有充足的汽油可供使用，那么吉普车应在哪些地方、建多大的临时加油点才能以最少的油耗穿过这块沙漠？

开发练习

设计下面各题的 C 程序，并设计相应的测试用例。

1. 简单递推（迭代）问题。

（1）牛的繁殖问题。有位科学家曾出了这样一道数学题：一头刚出生的小母牛（cow）从第 4 个年头起每年年初要生一头小母牛，按此规律，若无牛死亡，买来一头刚出生的小母牛后，到第 20 年头共有多少头母牛？

（2）某种品牌的过滤器的过滤效率是 0.12，问它要过滤几次才能把水中杂质的量控制在最初的10%？

（3）编程把下面的数列延长到第 50 项。

1,2,5,10,21,42,85,170,341,682,⋯

（4）设计一个程序，将一个十进制整数转换为二、三、五、六、七、八、十六进制的数。

（5）聪明的达依尔。据说，古印度有一位非常爱玩的国王叫舍罕，他有一位聪明的宰相叫达依尔，达依尔发明了大家今天仍在玩的国际象棋献给了舍罕，使舍罕百玩不舍。为了奖励这位聪明的宰相，舍罕许诺给达依尔任何要求。“那就请陛下给我一点麦子吧。”达依尔指着那个8×8的国际象棋棋盘说，“您为我的第1格赏1粒麦子，为我的第2格赏两粒麦子，为我的第3格赏4粒麦子，以后每一个格子都是前面的两倍。您只要按照这64格给我麦子，我就满足了。”国王一听，这样的“小小”要求何足挂齿，就立即答应了。不过，后来舍罕却反悔了。这是为什么呢？

（6）切饼问题。一张大饼放在板上，如果不许将饼移动，问切n刀时最多可以切成几块？

2. 倒退问题。

（1）一个排球运动员一人练习托球，第$i+1$次托起的高度是第 i 次托起高度的9/10。若他第8次托起了1.5m，问他第1次托起了多高？

（2）假设银行一年整存整取的年利率为0.300%，某人存入了一笔钱，每满一年都取出200元，将余数再存一年，到第5年期满刚好只有200元。请设计一个C语言程序，计算该人当初共存了多少钱。

（3）某日，王母娘娘送唐僧一批仙桃，唐僧命八戒去挑。八戒从娘娘宫挑上仙桃出发，边走边望着眼前箩筐中的仙桃咽口水，走到64km时，倍觉心烦、腹饥、口干舌燥不能再忍，于是找了个僻静处开始吃起前头箩筐中的仙桃来，越吃越有兴致，不觉竟将一筐仙桃吃尽，才猛然觉得大事不好。正在无奈之时，发现身后还有一筐，便转悲为喜，将身后的一筐仙桃一分为二，重新上路。走着走着，馋病复发，才走了32km路，便故伎重演，又在吃光一筐仙桃后把另一筐一分为二才肯上路。以后，每走前一段路的一半，便吃光一头箩筐中的仙桃才上路。如此这般，最后走了0.5km走完，正好遇上师傅唐僧。师傅唐僧一看，两个箩筐中各只有一个仙桃，于是大怒，要八戒交代一路偷吃了多少仙桃。八戒掰着指头，好几个时辰也回答不出来。

请设计一个C语言程序，计算一下八戒一路偷吃了多少个仙桃。

（4）某人为了购置商品房贷了一笔款，其贷款的月利息为1%，并且每个月要偿还1000元，两年还清。问他最初共贷款多少？

3. 近似迭代问题。

（1）编写一个C程序，利用以下的格里高利公式求 π 的值，直到最后一项的值小于10^{-5}为止。

$$\frac{\pi}{4}=1-\frac{1}{3}+\frac{1}{5}-\frac{1}{7}\cdots$$

（2）随着圆的内接多边形边数的增加，多边形的面积接近圆的面积，试用此方法求圆周率。

（3）牛顿迭代法。牛顿迭代法又称为牛顿切线法，是一种收敛速度比较快的数值计算方法。其原理如图4.4 所示。

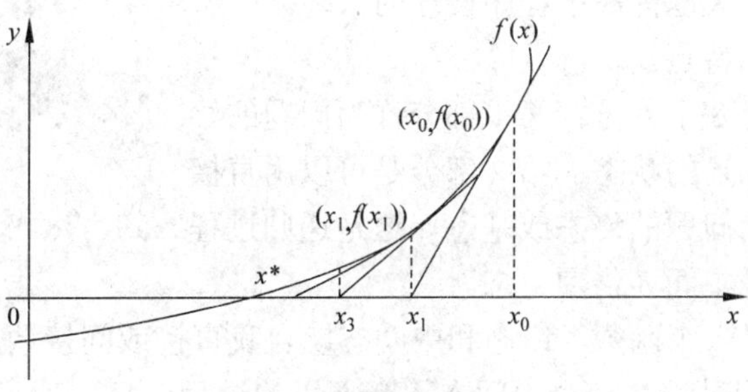

图 4.4　牛顿迭代法

设方程 $f(x)=0$有一个根x^*。首先要选一个区间，把根隔离在该区间内，并且要求函数 $f(x)$在该区间连续可导，则可以使用牛顿迭代法求得 x^*的近似值。方法如下：

选择区间的一个端点x_0，过点$(x_0, f(x_0))$ 作函数 $f(x)$的切线与 x 轴交于x_1，则此切线的斜率为$f'(x_0) = f(x_0)/(x_0-x_1)$，即有

$$x_1 = x_0 - f(x_0)/f'(x_0)$$

显然，x_1比 x_0 更接近 x^*。

继续过点（x_1，$f(x_1)$）作函数 $f(x)$ 的切线与 x 轴交于x_2……当求得的 x_i 与 x_{i-1}两点之间的距离小于给定的最大误差时，便认为 x_i 就是方程$f(x)=0$的近似解。

试用C程序描述牛顿迭代法。

（4）用矩形法计算定积分。定积分（definite integral）$\int_a^b f(x)\mathrm{d}x$ 的几何意义就是计算曲线 $f(x)$、$f(a)$、$f(b)$以及x轴所围成的面积。如图4.5 所示，矩形法就是将此面积分割成许多小区间，用各小区间的面积和近似地作为定积分的值。试编写用矩形法计算定积分的程序。

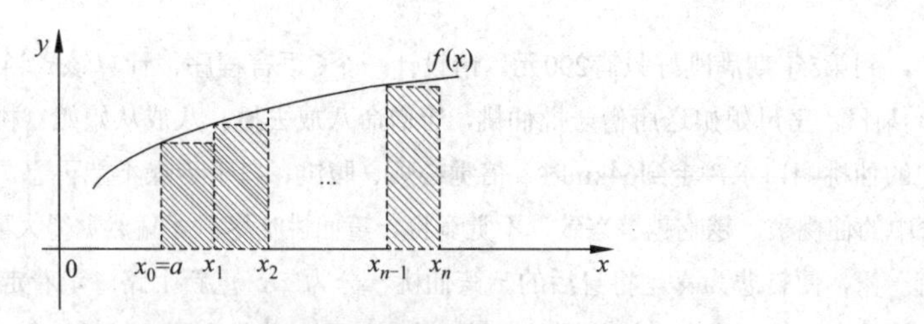

图 4.5　用矩形法计算定积分

4.3　递　　归

递归调用与图 4.6 所描绘的一个猴子在画自己的场面非常相似，所不同的是猴子自己画自己将形成一个无尽的过程。这样的一个过程虽然比较复杂，但如果用这样一句话描述就简单多了："猴子在画自己画自己的图画"。或者描述成"猴子递归地画自己"。

图 4.6　猴子自己画自己的递归场面

在程序设计中，"递归"（recursion）描述也称递归算法，表现为函数直接或间接地调用自己。这样可以将一个复杂的过程简单地描述出来，而将烦琐的求解过程交给编译器实现，大大地提高了程序设计的效率。

递归算法有以下特点。

（1）把问题分为 3 个部分：第 1 部分称为问题的始态，这是问题直接描述的状态；第 2 部分是可以用直接法求解的状态，称为问题的终态或基态，这是递归过程的终结；第 3 部分是中间（借用）态。

（2）用初态定义一个函数，终态和中间态以自我直接或间接调用的形式定义在函数中。

（3）函数的执行过程是一个中间态不断调用的过程，每一次递归调用都要使中间态向终态靠近一步。当中间态变为终态时，函数的递归调用执行结束。

这一节通过 3 个典型例子来介绍如何进行问题的递归描述以及哪些问题适合递归描述。

4.3.1　阶乘的递归计算

1. 算法分析

通常，求 $n!$ 可以描述为

$$n! = 1 * 2 * 3 * \cdots * (n-1) * n$$

也可以写为

$$n! = n * (n-1) * \cdots * 3 * 2 * 1 = n * (n-1)!$$

这样，一个整数的阶乘就被描述成为一个规模较小的阶乘与一个数的积。用函数形式描述，可以得到以下递归模型。

$$\text{fact}(n)=\begin{cases}\text{非法} & (n<0) \\ 1 & (n=0)\end{cases}\text{终态}$$

$$n*\text{fact}(n-1) \quad (n>0)\text{——初态和中间态}$$

2. 递归函数参考代码

代码 4-12 计算阶乘的递归函数代码。

```
#include <stdio.h>
#inckude <stdlib.h>
long int fact (long int n) {
    if (n < 0L) {
        printf(" 对不起,这里不对负数求阶乘！\n");          //终态 1
        exit900;
    }else if (n == 0L)
        return 1L;                                      //终态 2
    else
        return n * fact (n - 1);                        //中间态被递归调用
}
```

说明：

（1）递归是把问题的求解变为较小规模的同类型求解的过程，并且通过一系列的调用和返回实现。图 4.7 为本例的调用——回代过程。

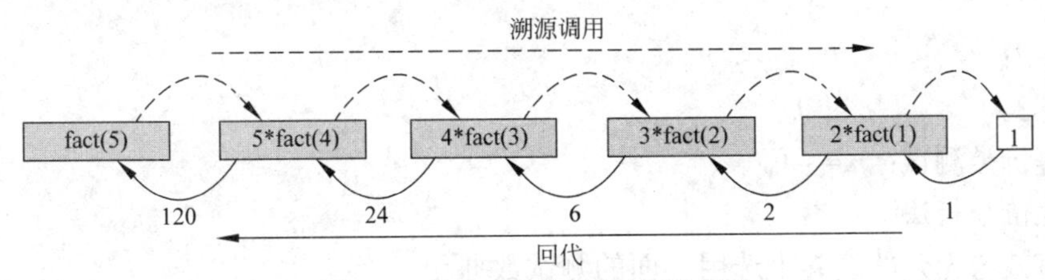

图 4.7　求 fact(5)的递归计算过程

（2）递归过程不应无限制地进行下去，当调用有限次以后，就应当到达递归调用的终点得到一个确定值（例如图中的 fact (1)=1），然后进行回代。在这样的递归程序中，程序员要根据数学模型写清楚调用结束的条件，以保证程序不会无休止地调用。任何有意义的递归总是由两部分组成的，即中间态的递归和用终态终止递归。

3. 改进的递归程序代码

分析代码 4-12 的执行过程发现，若 n = 10 000，则这个函数在执行过程中就需要对（$n<0$L）判断 10 000 次，对（$n==0$L）判断 9 999 次，显然降低了程序的效率。由于这些判断一定是最后才需要的，因此应当将它们放在最后。

代码 4-13 改进的阶乘计算的递归函数代码。

```
#include <stdio.h>
#include <stdlib.h>
```

```
long int fact (long int n) {
    if (n > 0L)
        return n * fact ( n - 1);                     //中间态，被递归调用
    else if (n == 0L)
        return 1L;                                    //终态 2
    else                                              //终态 1
        printf("对不起，这里不对负数求阶乘!\n");
    exit(EXIT_SUCCESS);
}
```

这样，程序的效率就会提高不少。

4. 测试用例设计

递归函数具有调用和回代两个过程，并且这两个过程的转换条件就是递归调用的终结条件，因此递归函数的测试和调试可以采用以下方法。

（1）路径覆盖方法

在辗转相除函数中插入打印语句，追踪递归过程。本例在语句“return n * fact (n – 1);”前插入一个打印语句打印 n 的值。

（2）等价分类法

有效等价类测试：

- $n = 0$；
- $n = 1$；
- $n = 2$；
- $n = 3$。

无效等价类测试：$n = -1$。

（3）边值分析法

可在有效与无效的边界上选用下面的测试数据。

- $n = -1$；
- $n = 0$；
- $n = 1$。

总结上述几点，本例可以使用测试数据–1、0、1、2、3。

代码 4-14 代码 4-13 的测试主函数。

```
#include <stdio.h>
long int fact(long int);
int main(void){
    long int n;
    printf("请输入一个正整数：");
    scanf("%ld",&n);
    printf("该数的阶乘为：%ld。\n", fact(n));
    return 0;
}
```

5. 测试过程及其结果

程序的测试情况如下：

```
请输入一个正整数:-1↲
对不起，这里不对负数求阶乘!
```

```
请输入一个正整数:0↲
该数的阶乘为:1。
```

```
请输入一个正整数:1↲
该数的阶乘为:1。
```

```
请输入一个正整数:3↲
该数的阶乘为:6。
```

4.3.2 汉诺塔

1. 问题描述

汉诺塔（Tower of Hanoi）问题：古代印度布拉玛庙里的僧侣玩的一种游戏，据说游戏结束就标志着世界末日到来。游戏的装置是一块铜板，上面有3根杆，在a杆上自下而上、由大到小顺序地串有64个金盘（见图4.8）。游戏的目的是把a杆上的金盘全部移到b杆上。条件是一次只能够动一个盘，可以借助a与c杆，但移动时不允许大盘在小盘上面。容易推出，n个盘从一根杆移到另一根杆至少需要2^n-1次，所以64个盘的移动次数为$2^{64}-1$ = 18 446 744 073 709 511 615。这是一个天文数字，即使用一台功能很强的现代计算机来解汉诺塔问题，每1μs可能模拟（不输出）一次移动，那么也需要几乎100万年。如果每秒移动一次，则需近5800亿年，目前从能源角度推算，太阳系的寿命也只有150亿年。

2. 算法分析

这个问题并不复杂，但是描述起来非常烦琐。读者可以尝试描述一下$n=3$时的游戏过程。如果盘子再增加，描述就更烦琐了。但是，若进行递归描述，就简单多了。

假定把模拟这一过程的算法称为hanoi (n,a,b,c)，那么这个递归过程就可以描述如下。

第1步：先把$n-1$个盘子设法借助b杆放到c杆，如图4.8中的箭头①所示，记为hanoi($n-1$,a,c,b)。

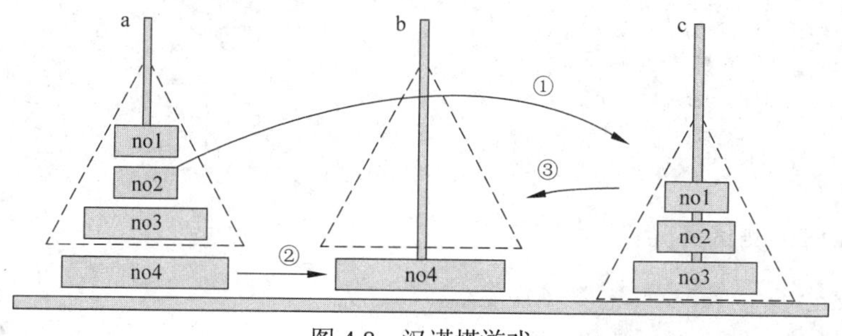

图4.8 汉诺塔游戏

第 2 步：把第 n 个盘子从 a 杆移到 b 杆，如图 4.8 中的箭头②所示，记为 move(n,a,b)。

第 3 步：把 c 杆上的 $n-1$ 个盘子借助 a 杆移到 b 杆，如图 4.8 中的箭头③所示，记为 hanoi($n-1$,c,b,a)。

3. 函数代码

代码 4-15 汉诺塔的递归函数。

```
#include  <stdio.h>

int  step = 1;                                              //记录步数
void  move(int  n, char  from, char  to) {                  //将编号为 n 的盘子由 from 移动到 to
    printf("第%d 步:移动%d 号盘子: %c---->%c\n", step++, n, from, to);
}

void hanoi (int n,char from, char to,char temp) {           //将 n 个盘子从 from 借 temp 移到 to
    //n: 盘子数
    //form:   当前柱
    //to:目的柱
    //temp:   中间柱
    if (n > 1) {                                            //递归非终止条件
         hanoi (n-1,from, temp, to);                        //递归调用中间态
         move (num, from,to);                               //终态：直接移动盘子
         hanoi (n-1,temp,to, from);                         //递归调用中间态
    }else
         move (1, from,to);                                 //终态：直接移动盘子
}
```

4. 测试主函数

代码 4-16 汉诺塔递归函数的测试主函数。

```
#include <stdio.h>
void  move(int  n, char  from, char  to)
void hanoi (int n,char a,char b,char c);

int main(void)  {
       printf("请输入盘子的个数:");
       int n;
       scanf("%d",&n);
       printf("盘子移动情况如下:\n");
       hanoi(n,'A','B','C');
       return 0;
}
```

（1）$n = 1$ 时的测试情况。

```
请输入盘子的个数：1↵
盘子移动情况如下：
```

```
第 1 步：移动 1 号盘子：A--->B
```

（2）$n=2$ 时的执行情况。

```
请输入盘子的个数：2↲
盘子移动情况如下：
第 1 步：移动 1 号盘子：A--->C
第 2 步：移动 2 号盘子：A--->B
第 3 步：移动 1 号盘子：C--->B
```

（3）$n=3$ 时的执行情况。

```
请输入盘子的个数：3↲
盘子移动情况如下：
第 1 步：移动 1 号盘子：A--->B
第 2 步：移动 2 号盘子：A--->C
第 3 步：移动 1 号盘子：B--->C
第 4 步：移动 3 号盘子：A--->B
第 5 步：移动 1 号盘子：C--->A
第 6 步：移动 2 号盘子：C--->B
第 7 步：移动 1 号盘子：A--->B
```

5. 说明

为了再一次说明递归函数的调用与回代过程，下面将 hanoi()函数简写为：

```
h(n,a,b,c) {
    h(n-1,a,c,b);
    non:a  b;
    h(n-1,c,b,a);
}
```

这样，当 $n=3$ 时，调用与回代情况如图 4.9 所示。

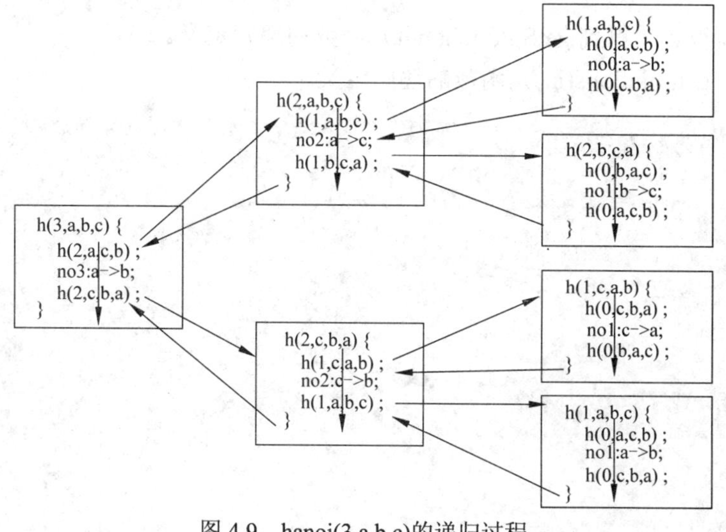

图 4.9 hanoi(3,a,b,c)的递归过程

注意：一个递归定义必须是确切的，必须每经过一步都使规模更小，并且最后要能够终结，不能无限递归调用下去。所以，每次进入函数 hanoi()中时都要判断一下还有没有盘子需要移动。

4.3.3 台阶问题

1. 问题描述

某楼梯有 N 阶，上楼可以一步上一阶，也可以一步上两阶。编写一个程序，计算共有多少种不同的走法。

2. 算法分析

这样一个题目看起来简单，例如：

$N=1$，则只有 1 种走法；

$N=2$，则有 2 种走法：一步 1 台阶和一步 2 台阶；

$N=3$，则有 3 种走法：一步 1 台阶、先 1 后 2、先 2 后 1；

……

随着台阶增多，复杂程度急剧增加。

但是，从上面的分析可以看出，如果以 N 的某个值为初态，则终态为 2 和 1。这样，若将计算走法的函数 getSolutions(int n)设计成递归函数，则其需要定义中间态如何从初态变化到终态。那么如何定义中间态呢？

可以考虑跨上一步的情况：每跨上一步，就会使阶梯数减少，这样就可以使中间态逐步向终态靠近。但是，每一步有两种跨法，而这两种跨法得到了两种走法。也就是说，每递归调用一次得到两种跨法，可以表示为 getSolutions($n-1$) + getSolutions($n-2$)；不断递归就不断从前一步得到新的二分支，直到每一分支都达到终态为止。

3. 上台阶走法函数

由上述分析很容易得到 getSolutions(int n)函数的递归定义。

代码 4-17 getSolutions(int n)函数的递归定义。

```
int getSolutions(int n){
    if(n > 2)
        return getSolutions(n - 1) + getSolutions(n - 2);
    else if(n == 2)
        return 2;
    else if(n == 1)
        return 1;
    else
        return 0;
}
```

4. 程序代码

代码 4-18 getSolutions(int *n*)函数的测试代码。

```
#include <stdio.h>
#include <stdlib.h>

int getSolutions (int n);

//count how many ways to climb up N steps stairs.

int main (int argc, char *argv[]) {
    int n,count;
    printf("please input number of stairs:");
    scanf("%d",&n);
    count = getSolutions (n);
    printf("there are %d ways to climb up N steps stairs!\n",count);
    system("PAUSE");
    return 0;
}
```

5. 程序测试结果

（1）$n = 1$ 的测试情况。

```
please input number of stairs:1↲
there is 1 way to climb up N steps stairs!
```

（2）$n = 2$ 的测试情况。

```
please input number of stairs: 2↲
there are 2 way to climb up N steps stairs!
```

（3）$n = 4$ 的测试情况。

```
please input number of stairs: 4↲
there are 5 way to climb up N steps stairs!
```

习题 4.3

概念辨析

1. 递归函数的名称在自己的函数体中至少要出现一次。 （ ）
2. 在递归函数中必须有一个控制环节用来防止程序无限期地运行。 （ ）
3. 递归函数必须返回一个值给其调用者，否则无法继续递归过程。 （ ）
4. 不可能存在 void 类型的递归函数。 （ ）

思维训练

写出下面题目的解题思路。

四柱汉诺塔问题。以每秒钟移动一次的速度玩64个盘子的三柱汉诺塔大约要用5 800亿年，对于这个游戏，有人提出四柱汉诺塔游戏的设想，这样中间柱就成为两根。据说，在游戏规则不变的前提下可以把游戏时间缩短到5小时7分13秒。请设计四柱汉诺塔的游戏算法。

开发练习

设计下面的程序，并设计测试用例。

1. 编写一个计算$f(x)=x^n$ 的递归程序。

2. 假设银行一年整存整取的月息为0.32%，某人存入了一笔钱，然后每年年底取出200元。这样到第5年年底刚好取完。请设计一个递归函数，计算他当初共存了多少钱。

3. 设有 n 个已经按照从大到小顺序排列的数，现在从键盘上输入一个数 x，判断它是否在已知数列中。

4. 用递归函数计算两个非负整数的最大公约数。

5. 约瑟夫问题：M个人围成一圈，从第1个人开始依次从1到 N 循环报数，并且让每个报数为 N 的人出圈，直到圈中只剩下一个人为止。请用C语言程序输出所有出圈者的顺序（分别用循环和递归方法）。

6. 分割椭圆。在一个椭圆的边上任选 n 个点，然后用直线段将它们连接，会把椭圆分成若干块。

4.4 模拟算法

模拟（simulation）又称仿真，是利用模型在实验环境下对真实系统进行研究。当研究环境是计算机环境时就是计算机模拟。从模拟问题的性质来看，模拟又可以分为确定型模拟和随机模拟。随机模拟，就是用计算机产生的随机数模拟现实世界中的一些随机现象。

随 机 数

随机数最重要的特性是在一个序列中后面的随机数与前面的随机数毫无关系。

有多种不同的方法产生随机数，这些方法被称为随机数发生器。不同的随机数发生器所产生的随机数序列是不同的，可以形成不同的分布规律。真正的随机数是使用物理现象产生的，例如掷钱币、骰子、转轮，使用电子元件的噪声、核裂变等。这样的随机数发生器称为物理性随机数发生器，它们的缺点是技术要求比较高。

计算机不会产生绝对随机的随机数，例如它产生的随机数序列不会无限长，常会形成序列的重复等，这种随机数称为伪随机数（pseudo random number）。有关如何产生随机数的理论有许多，无论用什么方法实现随机数发生器，都必须给它提供一个名为“种子”的初始值。例如，经典的伪随机数发生器可以表达为：

$$X(n+1) = a * X(n) + b$$

显然给出一个 $X(0)$，就可以递推出 $X(1)$、$X(2)$、…；不同的 $X(0)$就会得到不同的数列，“$X(0)$”称为每个随机数列的种子。因此，种子值最好是随机的，或者至少这个值是伪随机的。

4.4.1 产品随机抽样

1. 问题描述

产品的质量检验除了必要的项目外，多数项目采用抽样检验方式。本例要求设计一个抽样程序，假设有 m 个产品，分别用正整数 1～m 进行编号，从中随机抽取 n 个编号。

2. 算法分析

人工方法是在编有 m 个号的纸片中按照每次随机抽取一张的方式共抽取 n 次。下面介绍用计算机产生 n 个随机号码的方法。

1）库函数 rand()

用计算机进行模拟，可以每次随机地在整数 1～m 之中产生一个数，共产生 n 次，即采用算法：

```
for (int i = 1; i <= n; ++ i) {
        产生一个 1~m 的随机数
}
```

在 C 语言中可以使用随机数函数 rand()产生随机数，这是在系统的函数库中定义的一个函数。为了使用这个函数，用户需要知道下列 3 点。

- 该函数的原型（提供了该函数的用法）：int rand(void)。
- 该函数没有参数，只能产生[0,RAND_MAX]的一个随机整数。
- RAND_MAX 定义和 rand()说明在头文件 stdlib.h 中。

2）rand()的不同应用

库函数 rand()只能产生 0～RAND_MAX 的随机数，RAND_MAX 是定义在 stdlib.h 中的一个宏，其值与系统字长有关，最小为 32 767，最大为 2 147 483 647。

假设 $m <$ RAND_MAX–1，则需要把一个 1～RAND_MAX 的随机数截短到 0～m。把一个大区间中的数截到小区间的简单办法就是进行模运算。图 4.10 为在一个以月为单位的时间轴中对点 A 做 12 为模的运算情形，它将所有时间都折合在[0～12)区间，点 A 的值为 8。这样，就把一个大数截短在一个小的区间了。

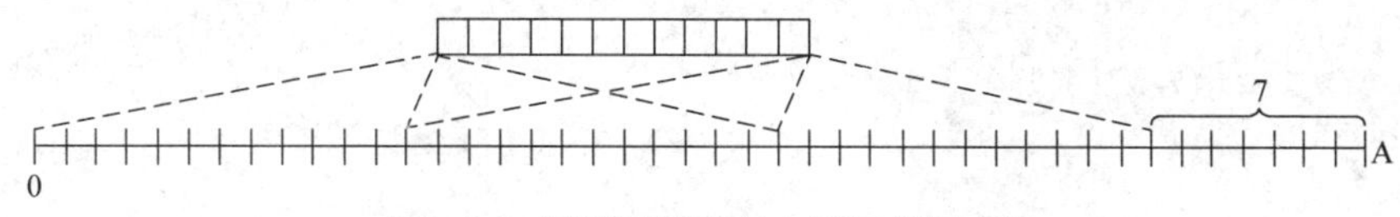

图 4.10　用模运算进行大区间截短变换

在一般情况下可以使用以下截短移位变换。

- rand() % m：产生[0, m)区间的随机数；
- rand() % (m + 1)：产生[0, m]区间的随机数；
- rand() % m + 1：产生[1, m]区间的随机数；
- rand() % m + n：产生[n, m + n]区间的随机数；
- rand() % m + n + 1：产生[n + 1, m + n] 区间的随机数。

注意：当要求的随机数区间很小时，所产生的随机数列的分布会很不均匀。

3. 测试设计

输入：*m*（产品总数）、*n*（抽样数）、*s*（抽样次数）。
输出：*s* 组抽样数。各组不重复，每组内的样本编号分布均匀。

4. 初步代码与测试

代码 4-19　随机抽取样本初步代码。

```
#include <stdio.h>
#include <stdlib.h>                                    //rand()函数要求的头文件

int main (void) {
    int m,n,r;

    printf ("请输入产品数量和抽样台数:");
    scanf ("%d,%d",&m,&n);
    for (int i = 1;i <= n;++ i) {
        r = rand () % m + 1;                           //产生一个随机数
        printf ("%d;",r);
    }
    printf ("\n");
    return 0;
}
```

本例运行 5 次的结果如下。

```
请输入产品数量和抽样台数:100,5↵
47;31;83;91;57;

请输入产品数量和抽样台数:100,5↵
47;31;83;91;57;

请输入产品数量和抽样台数:100,5↵
47;31;83;91;57;

请输入产品数量和抽样台数:100,5↵
47;31;83;91;57;

请输入产品数量和抽样台数:100,5↵
47;31;83;91;57;
```

结果表明重复运行上述程序，5 次运行所得的结果相同。对于抽样来说，每次抽样的都是这几个编号的产品，这也就不具有随机性了。形成这种结果的原因在于计算机所生成的随机数序列并非真正的随机数序列，而是一个伪随机数序列。

5. 程序改进

用计算机进行随机模拟是绕不开伪随机数这个特点的，改进的办法是如何使伪随机数序列不同。

在 C 语言中可以用库函数 srand (seed)先为 rand()设置随机数序列种子，不同的随机数序列种子可以产生不同的随机数序列。如果让随机数序列种子具有不重复性，函数 rand()产生的随机数序列就会不相同。通常采用系统时间作为随机数序列种子具有较好的效果，其形式如下。

```
srand ( (unsigned int) time (NULL));
```

在这里，unsigned int 称为无符号整数类型的声明关键字。将其用圆括号括起来，形成一种强制转换操作符，可以将后面的时间（字符串类型）数据转换为无符号整数类型。

srand()的说明在头文件 stdlib.h 中，time()的说明在头文件 time.h 中。

代码 4-20　改进后程序的代码。

```
#include <stdio.h>
#include <stdlib.h>                                //rand ()要求的头文件
#include <time.h>                                  //time ()要求的头文件

int main (void) {
    int m,n,r;
    printf ("请输入产品数量和抽样台数:");
    scanf ("%d,%d",&m,&n);

    srand (time (0));                              //用时间函数作为伪随机数序列种子
    for (int i = 1;i <= n; ++ i {
        r = rand ()%m + 1;                             //产生一个随机数
        printf ("%d;",r);
    }
    printf ("\n");
      return 0;
}
```

6. 测试结果

5 次运行结果如下：

```
请输入产品数量和抽样台数:100,5↵
30;52;47;49;85;

请输入产品数量和抽样台数:100,5↵
61;74;38;26;78;

请输入产品数量和抽样台数:100,5↵
78;33;1;4;66;
```

```
请输入产品数量和抽样台数:100,5↵
63;71;73;5;61;

请输入产品数量和抽样台数:100,5↵
49;8;12;6;56;
```

4.4.2 用蒙特卡洛法求π的近似值

1. 用蒙特卡洛方法计算π的近似值的基本思路

蒙特卡洛方法（Monte Carlo Method）也称随机抽样技术（random sampling technique）或统计实验方法，是一种应用随机数进行仿真实验的方法。

用蒙特卡洛方法计算π的近似值的基本思路如下。

根据圆面积的公式

$$S = \pi R^2$$

当 $R = 1$ 时，$S = \pi$。

由于圆的方程为

$$X^2 + Y^2 = 1$$

因此，1/4 的圆面积为 X 轴、Y 轴和上述方程所包围的部分。

如图 4.11 所示，如果在 1 × 1 的矩形中均匀地落入随机点，则落入 1/4 圆中点的概率就是 1/4 圆的面积，其 4 倍就是圆面积。由于半径为 1，该面积的值即π的值。

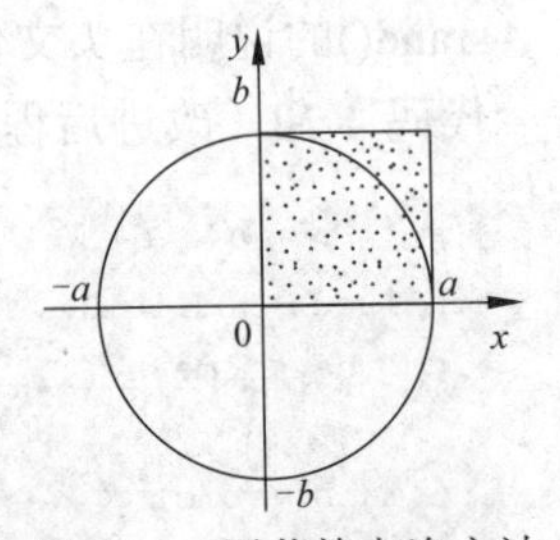

图 4.11　用蒙特卡洛方法计算π的近似值

2. 测试设计

输入：m（随机点数）。

输出：π的近似值。

期望：要求随着点数的增加，输出收敛。

3. 程序代码

代码 4-21　用蒙特卡洛方法计算π的值的程序。

```
#include <stdio.h>
#include <stdlib.h>
#include <time.h>
#define N 2000                                          //定义随机点数

int main (void) {
    int n=0,
    double x,y;                                         //坐标

    srand (time (00));
    for (int i = 1; i <= N; ++ i) {                     //在1×1的矩形中产生N个随机点
        x = (double)rand ()/(RAND_MAX);                 //在0~1产生一个随机x坐标
        y = (double)rand ()/(RAND_MAX);                 //在0~1产生一个随机y坐标
```

```
        if (x * x + y * y <= 1.0) ++ n;                //统计落入单位圆中的点数
    }
    printf ("\n The Pi is %f\n",4* (double)n/N);      //计算出 的值
      return 0;
}
```

4. 程序测试

本题可以采用结果分析法，分析程序的执行结果是否随着随机点数的增加越来越接近，下面是几次试运行的结果。

```
输入要产生的随机点数：1000↵
计算值为：3.140000
```

```
输入要产生的随机点数：1000000↵
计算值为：3.142644
```

```
输入要产生的随机点数：100000000↵
计算值为：3.141363
```

```
输入要产生的随机点数：1000000000↵
计算值为：3.141521
```

4.4.3 事件步长法——中子扩散问题

1. 问题描述

中子扩散问题：原子反应堆的壁是铅制的，中子从铅壁的内侧（为了简化问题，设以垂直方向）进入，经过一定的距离（设此距离为铅原子的直径 d），与铅原子碰撞；之后改变方向（这个方向是随机的），又经过一定的距离（仍设为 d），与另一个原子碰撞。如图 4.12 所示，如此经过多次碰撞后，中子可能穿透铅壁辐射到反应堆外，也可能将其能量耗尽被铅壁吸收，还可能被反射回反应堆内。显然，铅壁设计得越厚，穿透的概率就越小，反应堆就越安全。由此可以根据对原子反应堆的辐射标准设计出原子反应堆的壁厚。

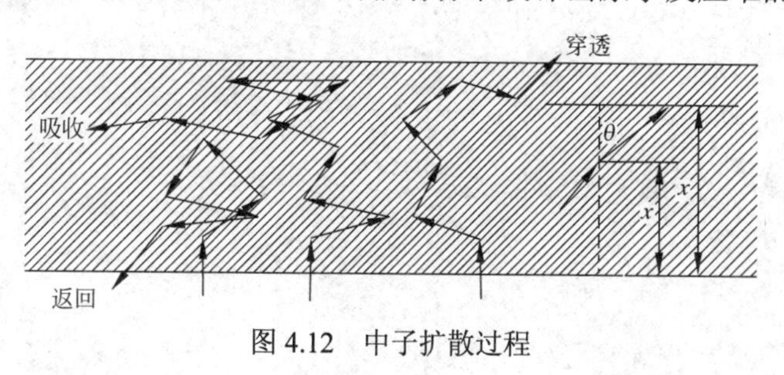

图 4.12　中子扩散过程

2. 建立模型

由于每次碰撞后弹出的角度是随机的，因此中子最后是穿透还是被吸收或返回也是随机的，是由大量中子运动的统计规律决定的。如果要导出铅壁厚和穿透率之间的关系，用

解析方法是极为困难的，用计算机模拟会使问题的求解得到简化。

为了建立概率模拟模型，首先分析一个中子在铅壁内的运动情况。

中子在壁内的运动与其每次与铅原子碰撞后的弹射角θ有关，这个角是随机的，可以采用下面的公式表示：

$$\theta = 2 * \pi * \text{rand ()/RAND\_MAX}$$

设中子在壁内与某一铅原子碰撞时距内壁的距离为x，则下一次碰撞前产生x的变化为：

$$x = x + d * \cos (2 * \pi * \text{rand ()/RAND\_MAX})$$

若以铅原子直径为单位，可以写为：

$$x += \cos (2 * \pi * \text{rand()/ RAND\_MAX})$$

设反应堆的壁厚为$m * d$，每个中子在铅壁内碰撞 n0 次后其能量就会被铅原子吸收。那么当碰撞次数$n \geqslant n0$时就可以由 x 的变化表明它是被吸收了（$0 \leqslant x \leqslant m*d$）还是返回到反应堆（$x < 0$），或是扩散到了反应堆外（$X > m * d$）。模拟一个中子的运动只能得到一个结果，通过对大量中子的运动模拟的结果便可以统计出中子的穿透率 NP%、吸收率 NA%和返回率 NR%。

3. 测试设计

输入：*m*（壁厚）、*n*x（中子数）。

输出：穿透率、吸收率和返回率。

期望：

（1）在壁厚一定的情况下，3 个输出应随着中子数的增加而收敛。

（2）在中子数一定的情况下，铅壁越厚，穿透率越低，吸收率越高。

4. 程序参考代码与测试

代码 4-22 中子扩散问题。

```
#include <stdio.h>
#include <math.h>
#include <stdlib.h>
#include <time.h>
#define N0 10
#define PI 3.1415926
int main (void) {
    double nr = 0.0, np = 0.0, na = 0.0;
    int in, m, nx;
    double x;

    printf ("\nDeep of reactor wall:");
    scanf ("%d",&m);
    printf ("\nTotal of neutrons:");
    scanf ("%d",&nx);
    srand (time (00));
    for (int i = 1;i <= nx;++ i) {
        x = 0, n = 0;
```

```
        do {
             x += cos (2.0 * PI * rand () / (RAND_MAX - 1));
             ++ n;
             if (x < 0) {++ nr;break;}
             if (x > m) {++ np;break;}
             if (n > N0) {++ na;break;}
        }while (1);
    }
    printf ("np=%f%%,na=%f&&,nr=%f%%",100 * np / nx,100 * na / nx,100 * nr / nx);
    return 0;
}
```

程序某次运行的结果如下：

```
Deep of reactor wall:2↵
Total of neutrons:1000↵
np=23.700000%,na=1.400000%,nr=74.900000%
Deep of reactor wall:5↵
Total of neutrons:1000↵
np=4.100000%,na=19.900000%,nr=76.000000%
```

5. 说明

（1）事件步长法是按照事件发生的顺序对过程进行仿真的方法。在本题中，将中子的每一次碰撞当作一个事件，观察其变化。事件不断积累，就可以得到解。这是事件步长法的一个简单应用。一般来说，事件多是随机出现的，或事件的变化具有一定的随机性，因此，事件步长法与蒙特卡洛方法在许多问题中是同一种方法的不同视角。

（2）%%的作用是显示一个%。

4.4.4 时间步长法——盐水池问题

1. 问题描述

如图 4.13 所示，某盐水池内有 200L 盐水，内含 50kg 食盐。假定以 6L/min 的速度向该盐水池中注入含盐量为 0.2kg/L 的盐水，同时以 4L/min 的速度流出搅拌均匀的盐水，则 30min 后，盐水池中的食盐总量为多少？

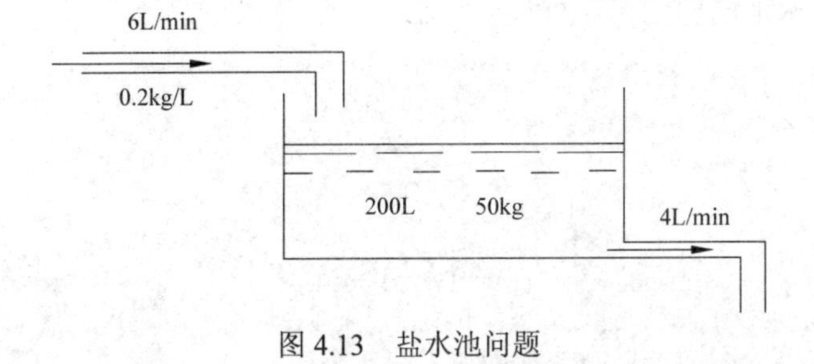

图 4.13 盐水池问题

2. 算法分析

先假设该盐水池是只进不出，或只出不进，问题就比较简单了。先计算进水情况：时间段 period = 30min 内流进的盐水量为 6L/min×period = 180L，流进食盐量为 6L/min×period ×0.2kg = 36kg。于是加上原来的食盐量，该盐水池中的食盐总量为 50kg + 36kg = 86kg，盐水总量为 200L + 180L = 380L，盐水含盐量为(86/380)kg/L。

如果进水 30min 后便只出不进 30min，则流出的盐水总量为 4 L/min×30min = 120L，流出食盐量为 4 L/min×30 min×86 kg/380 L = 27.157895 kg，盐水池中剩余的食盐量为 86 kg − 27.157895 kg = 58.842105 kg。

实际是进口不断流进，出口不断流出，采用这样的计算误差太大。那么如何减少计算的误差呢？显然只要时间段缩小，精度就可以提高，并且时间段越小，计算的精度就越高。这个小的时间段就称为时间步长。

3. 数据设计

（1）原始数据。在程序中用宏定义来定义：

```
#define IniBrines       200.0          //原来盐水总量,          单位:L
#define IniSalts        50.0           //原来食盐总量,          单位:kg
#define InBrinetSpeed   6.0            //进盐水速度,            单位:L/min
#define InSaltSpeed     0.2            //进盐水中每升食盐量,    单位:kg/L/min
#define OutBrinerSpeed  4.0            //出盐水速度,            单位:L/min
```

（2）变量。在程序中定义：

```
double   totalBrines,                  //存储迭代过程中的盐水总量
         totalSalts,                   //存储迭代过程中的食盐总量
         time,                         //时间变量
         timeSpan,                     //时间段,            单位:min
        timeStep;                      //时间步长,          单位:s
```

为了计算比较精确，使用秒级的步长 timeStep。

4. 操作代码设计

（1）粗略的代码——伪代码描述。

代码 4-23　盐水池问题的算法框架。

```
//初始化
totalBrines = IniBrines;
totalSalts = IniSalts;

//迭代过程
for (time = 0; time < timeSpan * 60; time += timeStep ) {
    //考虑只进不出,计算 1 个 timeStep 后池中盐水的总量
    池中盐水总量 + 1 个时间步长中流进的盐水量;
    //考虑只进不出,计算 1 个 timeStep 后池中食盐的总量
    池中食盐总量 + 1 个时间步长中流进的食盐量;
```

```
    //考虑只出不进,计算 1 个 timeStep 后池中盐水的总量
    池中盐水总量 - 1 个时间步长中流出的盐水量;
    //考虑只出不进,计算 1 个 timeStep 后池中食盐的总量
    池中食盐总量 - 1 个时间步长中流出的食盐量;
}
输出食盐总量;
```

（2）部分细化的伪代码。

代码 4-24　部分细化盐水池问题的算法。

```
//初始化
totalBrines = IniBrines;
totalSalts = IniSalts;
//迭代过程
for (time = 0; time < timeSpan * 60; time += timeStep ) {
    //考虑只进不出,计算 1 个 timeStep 后池中盐水的总量
    totalBrines += InBrinetSpeed / 60 * timeStep;
    //考虑只进不出,计算 1 个 timeStep 后池中食盐的总量
    totalSalts += InBrinetSpeed * InSaltSpeed / 60 * timeStep ;
    //考虑只出不进,计算 1 个 timeStep 后池中食盐的总量
    totalSalts -= totalSalts / totalBrines * OutBrinerSpeed/60 * timeStep;
    //考虑只出不进,计算 1 个 timeStep 后池中盐水的总量,准备下一次迭代
    totalBrines -= OutBrinerSpeed / 60 * timeStep;
}
printf ("%d 分钟后,盐水池中含有食盐%lf 公斤。", timeSpan ,totalSalts);
```

（3）进一步细化的程序代码。

此外，为了便于分析，时间段和时间步长可以在运行中输入，这样得到本例的代码如下。

代码 4-25　部分细化盐水池问题的程序代码。

```
#include <stdio.h>
#define IniBrines       200.0               //原来盐水总量,          单位:L
#define IniSalts        50.0                //原来食盐总量,          单位:kg
#define InBrinetSpeed   6.0                 //进盐水速度,            单位:L/min
#define InSaltSpeed     0.2                 //进盐水中每升食盐量,    单位:kg/L
#define OutBrinerSpeed  4.0                 //出盐水速度,            单位:L/min

int main (void) {
    double   totalBrines,                   //存储迭代过程中的盐水总量
             totalSalts,                    //存储迭代过程中的食盐总量
             time,                          //时间变量
             timeStep,                      //时间步长,              单位:s
             timeSpan;                      //时间段,                单位:min

    totalBrines = IniBrines;totalSalts = IniSalts;
    printf ("请给定时间段（以分为单位）：");
    scanf ("%lf",&timeSpan);
    printf ("请给定时间步长（以秒为单位）：");
```

```
    scanf ("%lf",&timeStep);
    for (time = 0; time < timeSpan*60; time += timeStep) {
        totalBrines += InBrinetSpeed / 60 * timeStep;
        totalSalts += InBrinetSpeed * InSaltSpeed / 60 * timeStep ;
        totalSalts -= totalSalts / totalBrines * OutBrinerSpeed / 60 * timeStep;
        totalBrines -= OutBrinerSpeed / 60 * timeStep;
    }
    printf ("步长为%lf秒,经%lf分钟后,盐水池中含有食盐%lf公斤。\n", timeStep, timeSpan,
        totalSalts);
    return 0;
}
```

说明：

（1）在这个程序中，采用宏定义的方式定义原始数据。这种方法的好处是修改便利，例如要使用不同的原始数据进行程序测试，只需在预处理命令处集中修改即可，不需要在程序代码中进行分散修改，从而减少了出错的概率。

（2）操作符 += 和 −= 是两种复合赋值操作符，分别是加与赋值、减与赋值复合操作的简洁表示形式。例如 $a += b$，相当于 $a = a + b$，$a -= b$，相当于 $a = a - b$。类似的操作符还有*=、/=、%=等，用户一定要注意这些操作符和++、−−都具有赋值功能。

5. 程序测试

本例采用重复结构，可以采用边值分析方法在循环的边界上进行测试。同时，本例采用了步长法进行迭代，因此还需对步长进行数据分析法测试。

（1）对时间段进行边值分析。

- 时间段为0min，步长为1s：

```
请给定时间段(以分为单位)：0↵
请给定时间步长(以秒为单位)：1↵
步长为1.000000秒,经0.000000分钟后,盐水池中含有食盐50.000000公斤。
```

- 时间段为1min，步长为1s：

```
请给定时间段(以分为单位)：1↵
请给定时间步长(以秒为单位)：1↵
步长为1.000000秒,经1.000000分钟后,盐水池中含有食盐50.203009公斤。
```

- 时间段为30min，步长为1s：

```
请给定时间段(以分为单位)：30↵
请给定时间步长(以秒为单位)：1↵
步长为1.000000秒,经30.000000分钟后,盐水池中含有食盐57.917842公斤。
```

显然，时间段越长，水池中的含盐量越少，这符合题意。

（2）对于步长的变化进行数据分析测试。

- 时间段为30min，步长为100s：

```
请给定时间段(以分为单位): 30↲
请给定时间步长(以秒为单位): 100↲
步长为100.000000秒,经30.000000分钟后,盐水池中含有食盐57.984177公斤。
```

- 时间段为30min，步长为1800s：

```
请给定时间段(以分为单位): 30↲
请给定时间步长(以秒为单位): 1800↲
步长为1800.000000秒,经30.000000分钟后,盐水池中含有食盐58.842105公斤。
```

从数据变化规律可以看出，越接近本题开始时的分析结论——步长越长，误差越大。

6. 讨论

除了时间步长法以外，根据问题的特点，也可以采用长度步长、重量步长等方法。

习题 4.4

开发练习

设计下面各题的程序，并设计测试用例。

1. 有1000台产品，要从中抽10台进行抽样检测。请设计一个抽样模拟程序。

2. 请设计一个模拟彩票摇奖的程序。例如：

- 供发行彩票 100 000 张；
- 头奖 1 个。
- 二等奖 10 个。
- 三等奖 100 个。

3. 在口袋中放有手感相同的3只红球、4只白球。随机地从口袋中摸出3只球，然后放回口袋中，共摸500次，问摸到3只都是红球和白球的概率各是多少？

4. 一个有n个人的班级中至少有两个人的生日相同的概率有多大？n 由自己设定，并假定每年只有365天。

5. 设计一个用蒙特卡洛法求函数e^{-x} 在 [0,1] 区间的积分的程序。

6. 设计一个用蒙特卡洛法求球的体积的程序。

7. 蒲丰投针问题（Buffon's needle problem）。蒲丰（George-Louis Leclerc de Buffon, 1707—1788）是法国数学家、几何概率的开创者。1777年他提出这样一个问题：设想在平面（称此平面为二维的Buffon空间）上有宽度为 r ($r > 0$) 的平行直线族，随机地投一根长度为l的针或直线段（称该针或直线段为Buffon针）到该平面上。则求该针或直线段与平面上的平行直线族相交的概率为$2l / \pi r$。这就是著名的Buffon丢针问题。请模拟蒲丰投针问题。

8. 编写一个模拟扑克洗牌、发牌的程序。

输入：54张扑克牌（红桃、黑桃、梅花、方块各13张，大、小王各1张）、玩家n人。

输出：洗牌后发到每人手中的牌。

9. 基于事件步长的模拟问题。

（1）在一篇文章中，7个字母A～G出现的概率分别如下：

A 是31.4%

B 是20%

C 是20%

D 是25%

E 是3%

F 是0.5%

G 是0.1%

请编写一个程序模拟出上述概率。

（2）一位持月票上班者每天早上的行程大致如下：

- 走到地铁车站用 25～30min。
- 等车需要 0～5min。
- 坐车需要 7～10min
- 走出地铁需要 4min。

请模拟该人某一天的行程。

（3）制定进货方案。某商店经营红旗牌小车，需求量的历史统计数据如表4.3所示。

表 4.3 需求量的历史统计数据

需求量 Dt（台）	100	200	300
概　　率	0.25	0.50	0.25

进货量要与需求量有关，但需求是不能控制的，只能根据历史数据推测。为此，该商店提出了两种进货方案。

方案一：按照上月的需求量D_t 决定本月的进货量Q_t，即

$$Q_t = D_{t-1}$$

方案二：按照前两个月的需求量的平均数决定本月的进货量，即

$$Qt = (D_{t-1} + D_{t-2}) / 2$$

若每售一辆车可获利2万元，则哪种方案获利较大？

10. 基于时间步长的模拟问题。

（1）狗追狗的游戏。在一个正方形操场的4个角上放4条狗，游戏令下，让每条狗去追位于自己右侧的那条狗。若狗的速度相同，问这4条狗要多长时间可以会师？操场的大小和狗的速度请自己设置。

（2）导弹追击飞机问题。图4.14 为一个导弹追击飞机的示意图，在这个过程中，导弹要不断调整方向对准飞机。为了简化问题，假定飞机只沿 X 轴作水平飞行，并且导弹与飞机在同一平面内飞行。在该图中，当飞机出现在坐标原点（0,0）时，导弹从（x_0, y_0）处开始追击飞机。

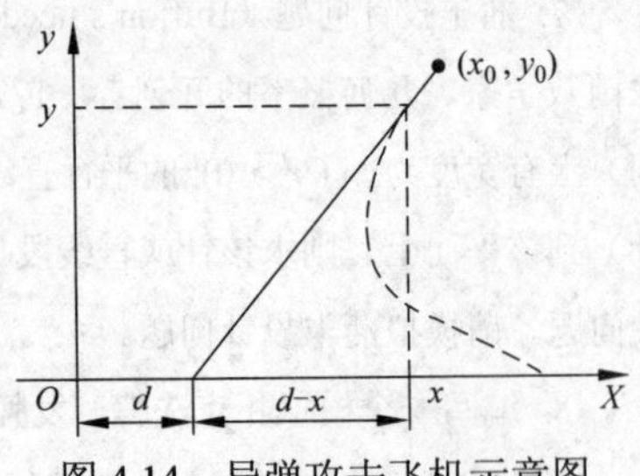

图 4.14 导弹攻击飞机示意图

初始条件：

[x0,y0]：初始时刻导弹的坐标；

[d,0]：初始时刻飞机的坐标；

va：飞机的速度；

vm：导弹的速度。

请模拟飞机和导弹的飞行情况，并讨论系统在什么情况下会收敛，在什么情况下会震荡。

（3）一个人用定滑轮拖湖面上的一艘小船。如图4.15所示，假定地面比湖面高出 h m，小船距岸边 d m，人在岸上以速度 v m/s收绳，计算把小船拖到岸边要多长时间。

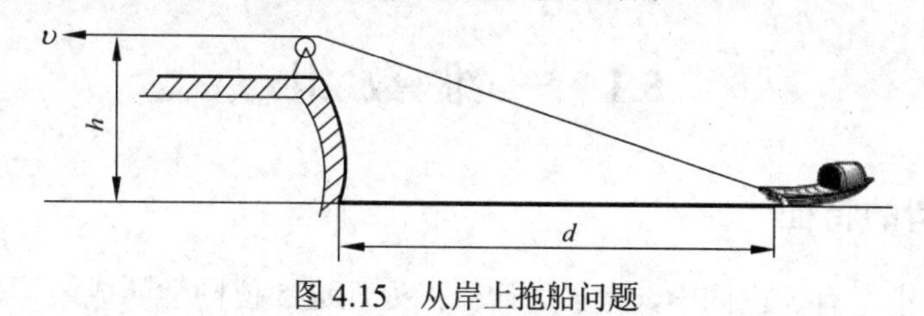

图 4.15　从岸上拖船问题

（4）死囚越狱问题。某小岛有一个牢房是一条笔直长廊最里端的全封闭部分，这条长廊被5道自动开闭的铁门分为5个部分。即第一道门把牢房和长廊的其余部分隔开，最后一道门（即第五道门）把长廊和外界分开。

在某一时刻，5道门会同时打开。这时，也只有在这时，第五道门外会出现警卫，他能把长廊一览无余，以确定死囚是否仍在牢房里。死囚只要离开牢房一步，都将被立即拉出去处死。在确定死囚仍在牢房之后，警卫立即离开，直到下一次5道门同时打开才重新出现。此后，5道门以不同的频率自动重复开启和关闭：第一道门每隔1分45秒自动开启和关闭一次；第二道门每隔1分10秒；第三道门每隔2分55秒；第四道门每隔2分20秒；第五道门每隔35秒。每道门每次开启的时间间隔很短，这使得死囚一次最多只能越过一道门。同时，只要他离开牢房在长廊里的时间超过2分半钟，警报器就会报警。

最终，这个精于计算的死囚终于还是逃脱了。

问这个越狱犯是如何逃脱的？他越过第五道门时离警卫的出现还有多少时间？

探索验证

分别用演绎法和步长法求解下面的问题，并进行比较。

1. 两人在一条直路上相向而行，A的速度为 a，B 的速度为b。当A、B之间的距离为 s 时，A放出一只鸽子C飞向B。C的速度为 c，并且C飞到B后立即调头飞向A，遇到A又立即调头飞向B……如此飞来飞去，直到A、B相遇。计算在此期间C共飞了多少路程。

2. 某轮船以速度 a 在流速为 b 的江中逆流而行，在某一刻从船上落下一个行李箱，于是船上的人开始研究该如何办。一个小时后决定调头去找，问要多长时间才可以找到落下的行李箱？

第 5 单元　数　　组

数组（array）是一种聚合数据类型，它可以将相关的同类型数据按照某种顺序组织成一个整体。

5.1　一 维 数 组

5.1.1　数组类型的特征

例 5.1　一个小组有 5 位同学，为了用计算机处理这 5 位同学的成绩，在 C 语言中如何表示？

对于这样一个问题，已经具有前面介绍的 C 语言知识的人一定会说：使用下面的声明定义 5 个变量就可以了。

```
float a,b,c,d,e;
```

但这是一种不好的方法。因为这些简单变量无法反映变量之间的关系。假如一个程序中的所有量（例如学生成绩、学生年龄、学生身高、学生体重……）都用简单字母表示，就会造成阅读程序时的混乱。于是，有人想了一个见名知义的命名变量的方法：

```
double stuScore1, stuScore2, stuScore3, stuScore4, stuScore5;
```

这个办法比简单地使用一些字母好多了，但是它们在用于某些群体性数据时无法反映出个体与群体之间的联系，例如这个群体有多大，在这个群体中个体与个体之间有什么样的联系性等，都表现不出来。此外，命名的工作量很大，也不能发挥计算机高速处理的优势，不能使用重复结构进行计算处理（如进行求和）。为了对类似的情况进行有效管理和处理，高级计算机程序设计语言都提供了数组。

1. 数组类型的群体特征

数组类型具有以下 3 个群体性特征。

（1）数组的组成元素是同类型数据，这个类型也称为数组的元素类型或数组的基类型。

（2）数组的组成元素（element）具有逻辑顺序，这种逻辑顺序用下标表示。例如，一组学生成绩可以用数组 stuScore 存储，并分别用 stuScore[0]、stuScore[1]、stuScore[2]、stuScore[3]、stuScore[4]等表示其中每个学生的成绩。通常，被括在一对方括号中的数字称为下标，表示这组数据之间的逻辑顺序关系。

（3）数组中的各元素按照下标的顺序存储在一段连续内存单元中，所以数组也具有物理的顺序性。

2. 数组的个性化参数

数组的个性化参数有以下 3 点：

（1）具体的数据类型。

（2）具体数组的大小。

（3）具体数组的名字具有唯一性。

其中前两个参数是数组的存储细节，也是判断两个数组异同的依据，只有两个数组的元素类型和大小都相同时才认为它们是同类型的数组，但不是同一数组。

5.1.2 数组的定义

数组定义就是根据数组公共属性格式给出具体数组的个性化参数并进行命名的过程，其格式如下：

```
数组基类型 数组名 [数组长度表达式 ];
```

说明：

（1）数组声明中的一对方括号称为数组类型声明符，它表明所声明的名字是一种聚合数据类型的名字，即这种类型中可以存储多个元素，这些元素的类型相同并且具有顺序性。

（2）数组类型和数组长度表达式是由用户补充的存储细节。例如，前面介绍的存储 5 名学生成绩的数组可以定义为

```
double stuScore[5];
```

它表明这个名为 stuScore 的数组存储细节如下：

- 它所存储的元素类型是 double 类型。
- 它所存储的元素最大数目是 5。

（3）在 C 语言中，数组的长度是在编译时计算的，为此数组长度的定义必须使用编译时整数表达式——任何整数常量表达式，例如整数常量、整数宏、字符常量，以及编译时可以直接得到值的其他整数表达式。例如：

```
double stuScore[5];
```

也可以写成

```
double stuScore[2 + 3];                            //正确
```

或

```
#define N 5
double stuScore[N];                                //正确
```

采用宏定义数组长度的好处是比较灵活，如果以后想改变数组大小，仅在宏定义处修改即可。

（4）数组名不能作为左值表达式，因为数组是由若干独立的数组元素组成的，这些元

素不能作为一个整体被赋值。例如：

```
int x[5],y[5];
x = y;                          //错误
```

5.1.3 数组的初始化

在定义数组时，若仅仅声明了一个数组的名字，则这个数组中每个元素的值可能是不确定的。数组初始化就是在定义数组时给数组元素以确定的值。

1．数组全部初始化

数组的初始化用初始化列表进行。初始化列表是括在花括号中的一组表达式。例如：

```
double stuScore[5] = {87.6,90.7 + 8,76.5,65.4,56.7};
```

这时，声明语句中可以省略数组大小，由编译器按照初始化列表中的数据个数确定数组的大小。例如：

```
double stuScore[] = {87.6,98.7,76.5,65.4,56.7};
```

2．数组开始部分元素初始化

当一个数组的初始化列表比数组短时，则后面的元素按照静态方式默认初始化：对于 int 类型，被初始化为 0；对于 double 类型，被初始化为 0.0。例如：

```
double stuScore[5] = {87.6,98.7};
```

相当于使用{87.6,98.7,0.0,0.0,0.0}进行初始化。

显然，当只有部分元素的初始化列表时不可以省略数组大小，利用这一特点可以很方便地将一个数组初始化为全零。例如：

```
double stuScore[5] = {0.0};
```

就将每个元素都初始化为 0.0。

3．数组元素的下标指定初始化

下标是对于数组元素的标号，其起始值为 0，最大值为数组大小减 1。C99 允许用下标对指定元素初始化。例如：

```
double stuScore[5] = {[3] = 76.5, [1] = 98.7, [0] = 87.6};
```

这个数组的大小为 5，其下标取值为 0、1、2、3、4。在这个声明中，指定对下标为 3、1 和 0 的元素分别初始化为 76.5、98.7 和 87.6。其他元素被默认初始化为 0。显然，这时不再需要按照顺序。若省略数组大小，则编译器默认数组大小为下标最大值 +1，例如：

```
double stuScore [ ] ={[4] = 56.7, [1] = 98.7, [3] =65.4};
```

默认数组大小为 4 + 1 = 5。

下面的数组定义也是正确的：

```
int a[] = {0,1,2,[0] = 3,4,5};
```

它将元素 0 初始化了两次，即先初始化为 0，后又初始化为 3。

5.1.4 下标变量

1. 下标变量的概念

一个数组被定义之后就可以用下标变量对其元素随机访问了。下标变量用数组名加上括在方括号中表示逻辑序号的整数表达式表示，这个表达式称为下标表达式，简称下标（subscripting）。例如在定义了数组 stuScore 以后可以用 stuScore[0]、stuScore[1]、stuScore[2]等表示该数组的各个下标变量。

用下标变量可以随机地访问数组中的任何一个元素，对其赋值或引用其值。

代码 5-1 打印一组学生成绩。

```
#include <stdio.h>
int main (void){
    double stuScore[] = {87.6,98.7,76.5,65.4,56.7};           //定义一个数组存储学生成绩
    printf ("该组学生的成绩为:\n");
    for(int i = 0; i < sizeof stuScore/sizeof stuScore[0]; ++ i){
        printf("%.1lf,", stuScore[i]);
    }
    printf("\n", stuScore[i]);
    return 0;
}
```

说明：

（1）sizeof 是 C 语言中的一个操作符，可以用来计算一个表达式或一种类型所占用（或所需要）的内存字节数。所以表达式 sizeof stuScore 的值是数组 stuScore 占用的内存字节数，sizeof stuScore[0]的值是数组元素 stuScore[0]占用的内存字节数。二者相除，得到的是数组 stuScore 的元素个数。这种写法可以不考虑小组成员到底有多少人，有几个成绩就有多少人。而下面的写法必须先数有几个成绩，增加了出错的几率。

```
for (int i = 0; i < 5; ++ i){
    printf("%.1f,", stuScore[i]);
}
```

（2）在输出格式字段“%.1f”中用“.1”表示小数部分只保留 1 位。

运行该程序，输出结果如下。

```
该组学生的成绩为:
87.6,98.7,76.5,65.4,56.7
```

2. 使用下标变量应注意的事项

（1）在数组声明中，数组名后紧靠的一对方括号称为数组定义符，它要求为一个整数常量表达式。在下标变量中，数组名后紧靠的一对方括号称为下标操作符，它要求为整数表达式，不要求必须是常量，并执行对数组取下标操作或称对数组索引（indexing）操作。C 语言规定数组下标的取值始终从 0 开始，所以一个长度为 N 的数组的下标是从 0 到 $N-1$。

（2）C 语言将字符作为整数处理，因此也可以用字符作为下标。但为了把字符放到合适的范围内，可以用 a[ch – 'a']表示 a[0]。

（3）C 语言标准没有规定要对下标范围进行检查。因此，当程序员使用了超出数组的最大下标值（最常见的是错将 n 当成下标最大值）时就会形成未定义操作。例如，对于图 5.1 所示的内存内容，代码 5-2 将是一个无限循环。

a[0]	5
a[1]	6
a[2]	7
i	

图 5.1　数组越界隐患示例

代码 5-2　数组越界造成的无限循环。

```
#define N 3
int a[N];
//…
for(int i = 1; i <= N; i ++ )
     a[i] = 0;
//…
```

当这段程序执行完 $i=1$、$i=2$ 时，会把 a[1]、a[2]都赋值为 0。而执行到 $i=3$ 时，会把 a[3]这个位置的内存也赋值为 0。但是内存中 a[3]的位置已经超出了数组 a 的范围，保存的是变量 i 的值，所以执行到 $i=3$ 时是把 i 赋值为 0。这样，就永远不会退出循环。

当然，若 i 不是正好保存在 a[3]的位置，就可能不会形成死循环了。不过这总是一个隐患，并已经成为黑客窃取信息的一种手段。

（4）下标表达式可以产生左值，而数组名不是左值。

（5）用户要注意下标表达式中的副作用。例如在表达式[i ++] = a[i ++] + 2 中，i 被修改了两次，称为实现定义行为。为避免发生这种行为，可以修改为 a[i ++] + = 2，或 i ++，a[i] = a[i] + 2，或 i ++，a[i] + = 2。

再看表达式 a[i] = i ++，虽然在这个表达式中对于 i 只修改了一次，但在修改 a[i]时要读取 i 的值，但无法保证读取的是哪个 i 值。实际上还是一个修改叠加问题。

类似的问题还有以下程序段：

```
int i = 0;
while(i < N)
     a[i] = b[i++ ];
```

5.1.5　变长数组与常量数组

1. 变长数组

C99 支持 VLA（variable-length array，变长数组），VLA 有以下特点。

（1）其长度不是编译时计算，而是运行时计算，因此长度可以用任意整型表达式定义。

（2）没有初始化式。

（3）一般用在 main()之外的其他函数中，每次调用时长度可以不同。

2. 常量数组

C 语言允许将数组定义为常量数组，使每个元素的值都不可再修改。定义常量数组的方法是在数组定义的开始处加上关键字 const，例如：

```
const char octalChars[] = { '0', '1', '2', '3', '4', '5', '6', '7'};
```

这说明，关键字 const 不仅可以保护数组元素不被修改，还可以保护任何一个变量的值不被修改。

5.2 排序与查找

排序（sorting）也称分类，其目的是将一组“无序”的记录序列调整为“有序”的记录序列。排序方法有很多，主要可以分为选择排序、插入排序、交换排序、归并排序等。不同的排序算法有不同的时间效率和空间效率（多用的存储空间），适合不同的情况。

在多个有序的或无序的数据元素中，通过一定的方法找出与给定关键字相同的数据元素的过程称为查找（search）。通常，查找的输入有一组数据（如一个数组）、一个关键字。查找的输出分两种情形，若查找成功，则输出查找到的数据；若查找结束，没有相同的关键字，则输出找不到的信息。

5.2.1 直接选择排序

1. 直接选择排序的基本思路

选择排序（selection sort）的基本思路是把序列分为两个部分，即已排序序列和未排序序列。开始前，已排序序列没有元素，未排序序列具有全部元素。若要进行升序排序每次就要从未排序序列中选择一个最小值放进已排序序列，直到把未排序序列中的元素都放进已排序序列为止。为了节省空间，可以按照下面的算法进行：首先从未排序序列中选择一个最小元素与第 1 个元素交换，然后把第 1 个元素作为已排序序列，把其余的元素作为未排序序列；接着再从未排序序列中选择一个最小元素与未排序序列的第 1 个元素交换，使已排序序列增加一个元素……；如此重复 $N-1$ 次，就把具有 N 个元素的序列排好序了。这种算法称为直接选择排序。图 5.2 为采用直接选择排序对初始序列进行降序排序的情况。

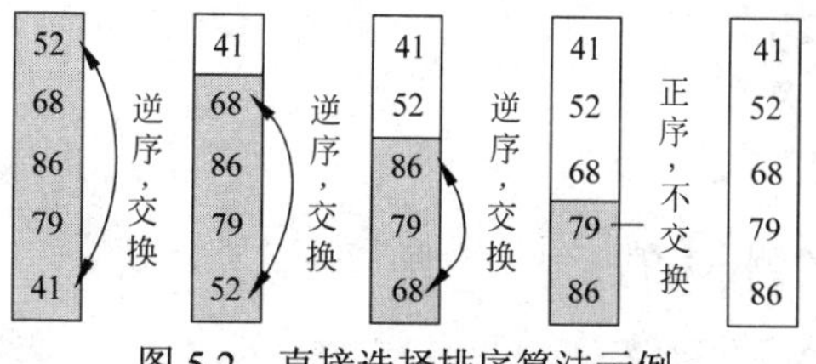

图 5.2　直接选择排序算法示例

2. 直接选择排序程序

代码 5-3 一个简单选择排序函数。

```
void seleSort(int a[],int size){
    int k,min,temp;
    for (int i = 0; i < size - 1; ++ i ){
        min = a[i];
        k = i;
        for (int j = i + 1; j < size; j  ++ )       //在后面的数列中选择比 min 小的元素
            if (min > a[j]){
                min = a[j];                          //更新最小值
                k = j;                               //记录当前最小值的位置
            }
        if(k  != i){                                 //交换,形成已排序序列的最后一个元素

            temp = a[i]; a[i] = a[k]; a[k] = temp;
        }
    }
}
```

说明：在这个算法中记录了最小元素 min 和它的位置 *k*。略加分析可以看出，这两者是互相联系的。为此可以省略 min，得到下面的算法。

代码 5-4 修改后的简单选择排序函数。

```
void seleSort(int a[],int size){
    int k,temp;
    for (int i = 0; i < size - 1; ++ i){
        k = i;
        for (int j = i + 1; j < size; j ++ )        //在后面的数列中选择一个最小元素位置
            if (a[k] > a[j])
                k = j;                               //记录当前最小值的位置
        if(k  != i){                                 //交换,形成已排序序列的最后一个元素

            temp = a[i]; a[i] = a[k]; a[k] = temp;
        }
    }
}
```

3. 测试设计

输入：任意一个数列。

输出：已经排序的数列。

4. 测试

代码 5-5 代码 5-4 的测试程序。

```
#include <stdio.h>
```

```
#include <stdlib.h>
#include  <time.h>
#define N 9
void dispAllElemenNumberts(int score[], int size);  //输出函数原型声明
void seleSort(int a[], int size);                    //选择排序函数原型声明

int main (void) {
  int stuScore[N];                                   //定义一个数组存储学生成绩

    srand (time (00));                               //用时间函数作为伪随机数序列种子
    for (int i = 0; i < N; ++ i){
        stuScore[i] = rand () % 101;                 //产生一个[0,100]区间的随机数赋值给下标变量
    }
    printf("排序前的序列：");
    dispAllElemenNumberts(stuScore,N);               //显示所有元素值
    seleSort(stuScore,N);                            //排序
    printf("排序后的序列：");
    dispAllElemenNumberts(stuScore,N);               //显示所有元素值
    return 0;
}

void dispAllElemenNumberts(int a[],int size){
    for (int i = 0; i < size; ++ i)
        printf("%d,",a[i] );
    printf("\n");
}
```

一次测试结果如下。

```
排序前的序列:71,33,94,72,11,29,91,35,88.
排序后的序列:11,29,33,35,71,72,88,91,94.
```

5.2.2 冒泡排序

1. 冒泡排序算法的基本思路

冒泡排序（bubble sort）是一种典型的交换排序算法。它的基本思路是按一定的规则比较待排序序列中的两个数，如果是逆序，就交换这两个数；否则继续比较另外一对数，直到将全部数都排好为止。冒泡排序是通过对未排序序列中两个相邻元素的比较交换来实现排序过程。图 5.3 为用冒泡排序对数据序列[7,5,3,9,1]进行升序排序的过程，其基本算法是从待排序序列的一端开始，首先对第 1 个元素（7）和第 2 个元素（5）进行比较，当发现逆序时进行一次交换；接着对现在的第 2 个元素（7）和第 3 个元素（3）进行比较，当发现逆序时进行一次交换；如此下去，直到对第 $n-1$ 个元素（9）和第 n 个元素（1）比较交换完为止。这时，最大的一个元素（9）便被“沉”到了最后一个元素的位置上，成为已排序序列中的一个元素，未排序序列成为[5,3,7,1]。接着再重新对这个未排序序列进行比较交换，将次大元素（7）“沉”到倒数第 2 个元素的位置上。如此操作，直到没有元素需要交换为止。

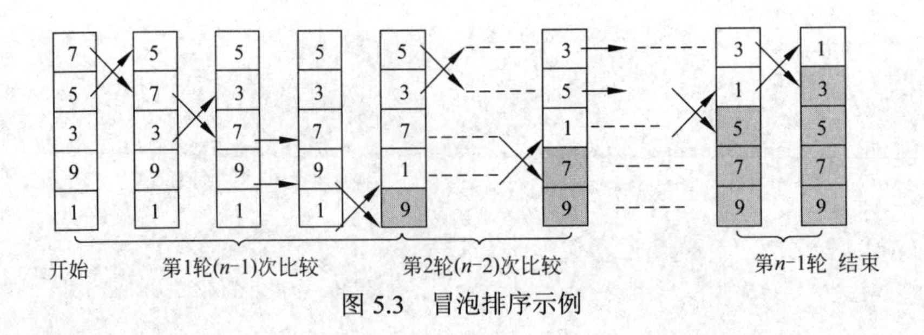

图 5.3　冒泡排序示例

2. 冒泡排序程序

代码 5-6　一个冒泡排序函数。

```
void bubbleSort (int a[], int size) {
    int temp;
    for (int j = 0; j < size - 1; j  ++ )                    //总的比较交换轮数
        for (int i = 0; i < size - j; ++ i)                  //每轮中的比较交换次数
            if (a[i] > a[i + 1]) {
                temp = a[i];
                a[i] = a[i + 1];
                a[i + 1] = temp;
            }
}
```

说明：

（1）在这个函数中，当 $j = 0$ 时，内层循环变量 i = size −1 后，if ($a[i] > a[i + 1]$)中的 $a[i + 1]$将越界。为了避免产生这种情况，可以使数组元素 $a[0]$空闲，数据从 $a[1]$开始存储。与此相对应，函数 bubbleSort ()中的循环也从 1 开始。

（2）在这个算法中，有可能出现某一轮的两两比较后不需要交换的情况。这种情况说明，所有元素的位置都是不需要变动的，就是一个已经排好序的序列了。到此为止，就不需要再进行后面的两两比较交换了。这样可以提高排序的效率。那么，如何判断一轮中有无交换呢？一个简单的方法是在进入一轮前设置一个交换标志（例如 exchange）为−1，只要进行了交换，就让交换标志为 1。这样，用这个交换标志就可以知道待排序序列是否已经全部有序。

代码 5-7　改进的冒泡排序函数。

```
void bubbleSort (int a[], int size) {
    int temp,exchange;
    for (int j = 1; j < size - 1; j  ++ ) {
        exchange = -1;                                       //进入每一轮前设置一个交换标志为-1
        for (int i = 1; i < size - j; ++ i)
            if (a[i] > a[i + 1]) {
                temp = a[i];
                a[i] = a[i + 1];
                a[i + 1] = temp;
                exchange = 1;                                //只要有交换，就使交换标志改变为 1
            }
```

```
        if (exchange == -1)                                    //交换标志若为-1,就返回
            return;
    }
}
```

3. 程序测试

测试程序与代码 5-5 基本相同，但要进行如下修改。

（1）修改排序函数及其声明。

（2）将数组元素 *a*[0]赋值为−1，因为学生成绩不可能为−1。

（3）将数组元素的输入部分的循环变量起始值修改为 1。

（4）将 dispAllElemenNumberts()函数中的循环变量起始值修改为 1。

代码 5-8 代码 5-7 的测试程序。

```
#include <stdio.h>
#include <stdlib.h>
#include  <time.h>
#define N 9
void dispAllElemenNumberts(int score[], int size);        //输出函数原型声明
void bubbleSort (int a[], int size) ;                     //冒泡排序函数原型声明


int main (void) {
    int stuScore[N];
    stuScore[0] = -1;

    srand (time (00));
    for (int i = 1; i < N; ++ i ){                        //修改循环变量起始值
        stuScore[i] = rand () % 101;
    }
    printf("排序前的序列: ");
    dispAllElemenNumberts(stuScore,N);
    bubbleSort Sort(stuScore,N);                          //排序
    printf("排序后的序列: ");
    dispAllElemenNumberts(stuScore,N);
    return 0;
}

void dispAllElemenNumberts(int a[],int size){
    for (int i = 1; i < size; ++ i)                       //修改循环变量起始值
        printf("%d, ",a[i] );
    printf("\n");
}
```

一次测试结果如下。

```
排序前的序列: 38,9,26,92,51,39,45,17,94,
排序后的序列: 9,17,26,38,39,45,51,92,94,
```

5.2.3 二分查找

查找一般都是按照某一关键属性进行的，例如在一个数组中查找学生成绩，这个成绩就称为关键属性。从查找的角度看，这些关键属性可能是已经有序（即按照大小已经排列好）的，也可能是无序的。针对这样两种不同的数组，可以采用不同的查找策略。对于无序序列，最直接的查找方法是穷举查找，即按照存储顺序逐一检验，直到找到一个或全部符合要求的数据，或者得到找不到的结论为止。这种查找的效率很低。

如果序列已经有序，则可以采用效率较高的查找算法。二分查找就是一种在有序序列中进行查找的算法。

1. 二分查找的基本思路

如果数组已经有序，则可以采用效率比较高的二分查找算法。二分查找算法的基本思路如下：由于序列已经有序，所以可以先测试这个序列中间位置的元素值，若相等，就直接找到；若不等，也可以从被查找值比这个中间值大还是小来确定被查找元素可能在左、右哪个区间，并进一步在这个区间中进行二分查找。如此不断进行，直到找到符合的元素，或得到找不到的结论为止。图 5.4 为序列{3,5,7,9,11,13,15,17,19,21,23,25,27,29,31}中查找 23 的过程。

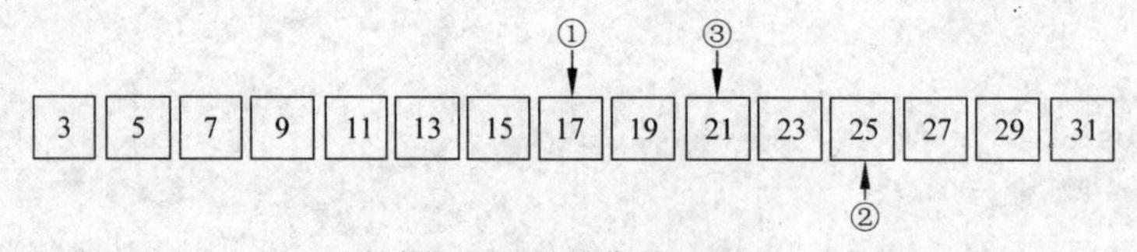

图 5.4　二分查找示例

① 序列{3,5,7,9,11,13,15,17,19,21,23,25,27,29,31}的最小元素位置为 0，最大元素位置为 14，则中间元素位置为(0 + 14) / 2 = 7，值为 17。

② 由于 23 > 17，所以 23 一定在右子序列{19,21,23,25,27,29,31}中。其中间元素位置为(8 + 14) / 2 = 11，对应元素值为 25。

③ 由于 23 < 25，所以 23 一定在左子序列{19,21,23}中。其中间元素位置为(8 + 10) / 2 = 9，对应元素值为 21。

④ 由于 23 > 21，所以 23 一定在右子区间{23}中。其中间元素位置为(10 + 10) / 2 = 10，对应元素值为 23，找到。

设序列区间下界位置为 low，上界位置为 high，中间元素位置为 mid，则可以得到以下规律。

若被查找元素值位于左子序列，则要修改区间上界 high = mid – 1，low 不变，或者说新的查找区间为[low,mid – 1]；

若被查找元素值位于右子序列，则要修改区间下界 low = mid + 1,high 不变，或者说新的查找区间为[mid + 1,high]。

2. 二分查找的实现

这样的关系可以用迭代算法实现，也可以用递归实现。

代码 5-9 使用迭代算法的二分查找函数。

```
int binSch(int a[],int size, int k){
    int low = 0, high = size - 1,mid;
    whie (low  <= high ) {
        mid = (low + high )/ 2;                      //求中点
        if ( k == a[mid])                            //查找成功,返回对应下标
            return mid
        else if (k < a[mid])
            high = mid - 1;                          //修改区间上界
        else
            low = mid + 1;                           //修改区间下界
    }
    return -1;                                       //查找失败,返回-1
}
```

代码 5-10 使用递归算法的二分查找函数。

```
int binSch(int a[],int low,int high,int k){
     if ( low  <= high) {
         int mid = ( low + high ) / 2;               //求中点
         if ( k  ==  a[mid])
             return mid;                             //查找成功,返回对应下标
         else if (k < a[mid])
             return binSch(a, low,mid - 1,k);        //在左子序列继续查找
         else
             return binSch(a, mid + 1,high,k);       //在右子序列继续查找
     }
     return -1;                                      //查找失败,返回-1
}
```

3. 二分查找测试

查找程序可以采用等价分类法进行测试，将测试数据——关键字分为两类，即可以搜索到的关键字和搜索不到的关键字。由于测试比较简单，请读者自己完成。

5.3 二 维 数 组

5.3.1 二维数组的概念

在 C 语言中，数组是一组类型相同的数据的顺序表。如果把一个数组当成一个数据，那么类型相同的数组作为数组元素也可以组成一个数组。所谓“类型相同的数组”是指其元素类型相同，并且大小也相同。例如一个有 5 个人的学习小组的成绩，每人都有物理、

数学成绩和外语 3 门课程，每一门课程用一个数组存储，就要定义 3 个数组：

```
double physScore[5];
double mathScore[5];
double englScore[5];
```

这 3 个数组的元素类型和大小都相同，若再将它们各看成一个数组元素，就可以组织成一个新的数组 studGroupScore，定义为

```
double studGroupScore[3][5];
```

这里用了两个数组说明符[3]和[5]，分别说明了该数组的两个维度的大小，故称为二维数组。相对而言，只用一个数组声明符声明的数组称为一维数组。这两个数组声明符可以从以下两个不同的层面理解。

（1）把所有的 C 数组都看成一维数组。这样，一个二维数组就被看成由类型相同的一维数组为元素组成的一维数组。即把[3]理解为数组 studGroupScore 的大小，把[5]理解为组成 studGroupScore 数组的、元素为 double 类型的数组的大小。以此类推，一个三维数组可以看成由类型相同的二维数组组成的一维数组。

（2）从组成元素是 double 类型数据的层面上看，则可以把 studGroupScore 数组看成 3 行 5 列的二维结构，称之为二维数组。在声明中，数组声明符[5]用来定义行大小，[3]用来定义列大小，总的数组大小为 3×5。

二维数组的一般定义格式为：

```
类型 数组名 [ 数组大小1 ] [ 数组大小2 ];
```

二维数组在内存中是按行顺序存储的。例如：

$$\begin{bmatrix} 87.6,98.7,76.5,65.4,56.7 \\ 77.7,99.9,55.5,44.4,66.6 \\ 67.8,78.9,56.7,45.6,56.7 \end{bmatrix}$$

二维数组元素要使用数组名加两个下标的形式表示。例如 studGroupScore[2][3]表示数组中第 3 行、第 4 列的元素。

5.3.2 二维数组的初始化

二维数组的初始化可以有多种形式。

1．二维数组的完全初始化

二维数组可以用下面两种形式进行完全初始化。

（1）初始值顺序表形式。格式为：

```
类型 数组名 [ 数组大小1 ] [ 数组大小2 ] = {初始值表};
```

例如：

```
double studGroupScore[3][5] =
        {87.6,98.7,76.5,65.4,56.7,77.7,99.9,55.5,44.4,66.6,67.8,78.9,56.7,45.6,56.7};
```

（2）初始值分组（行）列表形式。格式为：

```
类型 数组名 [ 数组大小1 ] [ 数组大小2 ] = {{初始值表0},{{初始值表.1},…};
```

例如：

```
double studGroupScore[3][5] =
{{87.6,98.7,76.5,65.4,56.7},{77.7,99.9,55.5,44.4,66.6},{67.8,78.9,56.7,45.6,56.7}};
```

显然，分组列表的形式可读性好一些。

注意：二维数组完全初始化时可以省略第1维的大小。例如

```
double studGroupScore[ ][5] =
{{87.6,98.7,76.5,65.4,56.7},{77.7,99.9,55.5,44.4,66.6},{67.8,78.9,56.7,45.6,56.7}};
```

也可以写成以下更清晰的形式。

```
double studGroupScore[ ][5] = {{87.6,98.7,76.5,65.4,56.7},
                               {77.7,99.9,55.5,44.4,66.6},
                               {67.8,78.9,56.7,45.6,56.7}};
```

因为当把二维数组看作是由一维数组组成的一维数组时，编译器由初始值的数量就可以计算出作为元素的一维数组的个数。但是不可以省略第2维的大小，例如

```
double studGroupScore[ ][ ] = {{87.6,98.7,76.5,65.4,56.7},
                               {77.7,99.9,55.5,44.4,66.6},
                               {67.8,78.9,56.7,45.6,56.7}};              //错误

double studGroupScore[3][ ] = {{87.6,98.7,76.5,65.4,56.7},
                               {77.7,99.9,55.5,44.4,66.6},
                               {67.8,78.9,56.7,45.6,56.7}};              //错误

double studGroupScore[3][ ] ={{87.6,98.7,76.5,65.4,56.7},{77.7,99.9},{67.8 }};   //错误
```

因为当把二维数组看作是由一维数组组成的一维数组时，第 2 维是作为元素类型的必不可少的一部分，否则这个以一维数组作元素的数组的类型是不确定的。

2．二维数组的部分初始化

在二维数组的定义中可以省略一些行初始值或某行后面的一些初始值。例如

```
double studGroupScore[ ][5] = { {87.6,98.7,76.5,65.4,56.7},
                                {},
                                {77.7,99.9,55.5}};
```

初始化结果如下：

$$\begin{bmatrix} 87.6,98.7,76.5,65.4,56.7 \\ 0.0, 0.0, 0.0, 0.0, 0.0 \\ 77.7,99.9,55.5,0.0, 0.0 \end{bmatrix}$$

注意：在按照顺序方式进行初始化时不可省略中间部分的初始值，只能省略最后一些初始值，并且不可以省略列大小。例如

```
double studGroupScore[][] = {76.5,65.4,56.7,77.7,44.4,66.6,67.8,56.7,45.6,56.7}; //错误
```

```
double studGroupScore[][5] = {76.5,65.4,56.7,77.7,44.4,66.6,67.8,56.7,45.6,56.7};//错误
```

5.3.3 访问二维数组元素

访问二维数组就是访问二维数组的元素。二维数组的元素由两个下标定位，因此当访问一个二维数组中的所有元素时需要二重重复结构。

例 5.2 在一个二维数组中存储了 5 位同学的物理、数学和英语 3 门课程的成绩。假定每个人的物理成绩各不相同，请编写一个知道某个人的物理成绩可以查到该同学的英语成绩的程序。

代码 5-11 根据题意得出的本例的主函数框架。

```
int main(void){
    定义一个二维数组;
    输入物理成绩;
    查找与物理成绩属于同一人的英语成绩.
    输出该生的英语成绩;
    return 0;
}
```

代码 5-12 由代码 5-11 细化出的主函数。

```
#include <stdio.h>
#include <math.h>
int main (void) {
    double ghysScore;
    double studGroupScore[ ][5] = {{87.6,98.7,76.5,65.4,56.7},
                                   {77.7,99.9,55.5,44.4,66.6},
                                   {67.8,78.9,56.7,45.6,56.7}};
    printf("请输入已知物理成绩:");
    scanf("%lf", &ghysScore);
    for(int j = 0; j < 5; j  ++ )
        if(fabs(studGroupScore[0][j] - ghysScore) < 0.05){
            printf("对应的英语成绩是:%.1lf.\n", studGroupScore[2][j]);
            return 0;
        }
    printf("对不起,本小组没有人有这样的物理成绩.\n");
    return 0;
}
```

采用等价分类法，分别输入能找到的物理成绩和找不到的物理成绩进行测试，情况如下。

```
请输入已知物理成绩:65.4↵
对应的英语成绩是:45.600000。
```

```
请输入已知物理成绩:88.8↵
对不起，本小组没有人有这样的物理成绩。
```

5.4 字 符 串

5.4.1 字符串字面量

1. 字符串字面量及其结束符

字符串字面量是由字符序列组成的数据对象。在 C 语言程序代码中，把用一对双撇号括起来的零或多个字符称为字符串字面量。例如：

```
"hello"                                    //一个字符串字面量
"Programming in C"                         //含有空格的字符串字面量
"I say:\'Goodbye!\'"                       //含有转义序列的字符串字面量
```

注意区分下列表示的意义。

- 'A'：一个字符常数，ASCII 码值为65。
- "A"：一个字符串字面量，ASCII 码值为65\0。
- ''（两单撇紧靠）：没有意义，是个错误。
- ' '（两单撇之间空一格）：表示一个空格字符。
- ""（两双撇紧靠）：表示一个空字符串字面量。
- " "（两双撇之间空一格）：表示由一个空格组成的字符串字面量。

2. 字符串字面量大小与字符串字面量长度

字符串字面量中的有效字符个数称为该字符串字面量的长度，字符串字面量所占用的存储空间的大小称为字符串字面量的大小。二者的基本区别在于字符串字面量的大小比字符串字面量的长度多了一个空字符'\0'。

在计算字符串字面量长度时，非常重要的一点是要注意辨认转义字符。例如，在字符串字面量"abc\\0xyz"中有一个转义字符'\\'（反斜杠）。这样，后面的字符串字面量"0xyz"照样计算，所以，该字符串字面量的长度为 8（而不是将第 2 个反斜杠与其后的 0 结合为一个转义字符'\0'，若是那样，第 1 个反斜杠将无法处理，因为一个转义字符总是由反斜杠加其他字符组成的，单独的一个反斜杠不能作为任何合法的字符）。

若将字符串字面量"abc\\0xyz"改为"abc\\\0xyz"，则其中有两个转义字符'\\'（反斜杠）和'\0'（字符串字面量结束符），这时，该字符串字面量的长度应该为 4（而不是 8）。

若将字符串字面量"abc\\\0xyz"改为"abc\\\061xyz"，则其中有两个转义字符'\\'（反斜杠）

和'\061'（ASCII 码值等于 061 的字符，即数字字符'1'），这时，该字符串字面量的长度应该为 8（而不是 5 或 10）。所以，当遇到转义字符'\0'时还要看其后面是否有数字，若有，则应将后面的数字（1～2 位）与前面的'\0'相结合作为一个字符计入整个字符串字面量的长度。

注意：不同版本的 C 对于字符串字面量的长度有一个限度，如 C89 要求不低于 509，但具体由编译器决定。

5.4.2　字符数组与 C 字符串变量

1. C 语言字符串变量的概念

C 语言不把字符串字面量作为一种数据类型，而是用字符数组来实现字符串字面量，并要求用空字符（'\0'）作为结束符。例如，上面的 3 个字符串字面量会由编译器自动在其最后添加一个 null 字符，存放到图 5.5 所示的字符数组中。

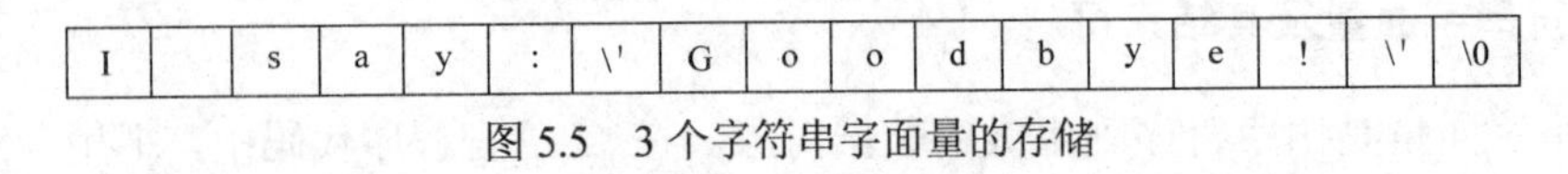

I		s	a	y	:	\'	G	o	o	d	b	y	e	!	\'	\0

图 5.5　3 个字符串字面量的存储

C 语言把字符串变量看作是特殊的字符数组——以字符串结束符'\0'为最后一个元素的字符数组。或者说，一个字符数组只有以'\0'为最后一个元素才称为字符串变量。所以字符串变量的定义是基于字符数组的。按照初始化的方式，字符串变量的定义和初始化可以有以下两类形式。

2. C 字符串变量的初始化

1）用字符进行初始化

例如：

```
char str1[6] ={ 'C', 'h', 'i', 'n', 'a', '\0'}; //给出数组大小
char str1[ ] ={'C', 'h', 'i', 'n', 'a', '\0'};  //不给出数组大小
```

采用这种形式，若初始化列表的最后没有给出字符串结束符'\0'，则声明所定义的就不是字符串变量，而是定义了字符数组，例如：

```
char str1[6] ={ 'C', 'h', 'i', 'n', 'a'};          //给出数组大小
char str1[ ] ={'C', 'h', 'i', 'n', 'a'};           //不给出数组大小
```

2）直接用字符串字面量进行初始化

例如：

```
char str1[6] = {"China"};                    //给出数组大小,字符串字面量用花括号括起
char str1[6] = "China";                      //给出数组大小,字符串字面量不用花括号括起
char str1[ ] = {"China"};                    //不给出数组大小,字符串字面量用花括号括起
char str1[ ] = "China";                      //不给出数组大小,字符串字面量不用花括号括起
```

注意：如果一个字符数组的长度不足于存储字符串的结束标志'\0'，这个数组就无法当作字符串变量使用。例如：

```
char str[5] = "China";
```

就不能将 str 定义为字符串变量。

5.4.3 字符串的输入与输出

在定义了一个字符串变量以后，可以采用表 5.1 中的 3 类库函数进行输入与输出操作。使用这 3 类库函数，必须在程序中使用文件包含语句#include <stdio.h>。

表 5.1 字符串输入输出库函数

I/O 函数类型	输入	输出
格式化输入输出函数	scanf ()	printf ()
非格式化输入输出函数	gets_s()/gets ()	puts ()
基于文件的输入输出函数	fgets ()	fputs ()

1. 用 scanf()和 printf()输入与输出字符串

1）使用格式化输入函数 scanf()可以把多个字符读到字符串变量中

例如：

```
scanf ("%s",str);
```

说明：

（1）str 是一个数组名，而数组名本身就是地址，所以在 scanf()函数中不再需要取地址运算符&。

（2）scanf()函数不会以整行形式读入，而是跳过前导空白字符，然后一个一个地从缓冲区中读取字符到 str 中，直到遇到空白字符停止，而后在读入的字符串末尾存储一个空字符。例如对于下面的程序段：

```
char  str1[9], str2[9], str3[9];
scanf ("%s %s %s ", str1,str2, str3);
```

若从键盘上输入

```
Computer & C↵
```

则这 3 个数组中的存储情况如图 5.6 所示。

str1	c	o	m	p	u	t	e	r	\0
str2	&	\0	~	~	~	~	~	~	~
str3	c	\0	~	~	~	~	~	~	~

"~" 表示不确定

图 5.6 字符输入流中的空格将输入流分割的结果

2）使用%s 格式的格式化函数 printf()进行字符串变量输出

例如：

```
printf("%s", str);
```

该函数执行时将从第 1 个字符开始逐个输出字符串变量 str 中的字符，直到遇到字符串结束标志'\0'为止，但不输出标志'\0'。

如果结束标志'\0'丢失，printf()函数会继续向后输出内存中的字符，直到找到'\0'。

2. 使用函数 gets()、gets_s()和 puts()实现非格式化输入与输出

gets()函数和 puts()函数是 stdio.h 标准库中的两个非格式化输入输出函数，它们有以下特点。

（1）puts()只用一个需要显示的字符串作为参数，即一次只能输出一个字符串，不能企图用 puts(str1,str2)的形式一次输出两个字符串。写完一个字符串以后，会在其后添加一个额外的换行符，使输出位置前进到下一个输出行的开始处。

（2）gets()函数与 scanf()函数的不同在于，它把空白也当作合法字符一起读入，直到遇到一个换行符为止。所以 gets()函数不会在开始读字符之前跳过空白字符，并且用它可以输入一个完整的字符串。

代码 5-13 用 gets()和 puts()函数进行输入与输出的示例。

```
#include <stdio.h>
#define N 20
int main (void) {
    char str[N];
    puts ("请输入一个字符串：");
    gets (str);
    puts (str);
    return 0;
}
```

执行结果如下。

```
请输入一个字符串：
Computer & C↵
Computer & C
```

（3）gets()和 puts()函数都是具有返回值的函数，puts()函数执行成功，返回一个非负值（一般为 0），否则返回 EOF(−1)；gets()函数执行成功，将返回一个字符数组首地址，否则返回 NULL，并且它们都是先执行后返回。

代码 5-14 gets()和 puts()的执行与返回示例。

```
#include <stdio.h>
#define N 20
int main (void) {
    char str[N];
    puts("请输入一个字符串：");                              //语句A
    printf ("gets的返回值为：%p %p \n",gets (str) , str );    //语句B
    printf ("puts的返回值为：%d\n",puts (str));               //语句C
    return 0;
}
```

执行结果如下。

```
请输入一个字符串:                              语句 A 的输出
computer & C. ↵                               键盘输入到缓冲区
gets 的返回值为: 0012FF6C 0012FF6C              语句 B 中的 gets()从缓冲区读取到 str 中后返回值
computer & C.                                 语句 C 中的 puts()输出
Puts 的返回值为: 0                              语句 C 中的 puts()返回值
```

第 3 行输出两个 0012FF6C（十六进制），一个是函数 gets()的返回值，表明执行成功，返回的是字符数组地址；另一个是字符数组 str 首元素的内存地址，二者是一回事。

（4）gets()函数可以无限读取，不会进行越界检查，以回车结束读取，只有程序员在确保 buffer 的空间足够大的情况下才可以保证进行读操作时不发生溢出，从而会带来一定的安全风险，所以在 C99 中已经被标记为过时函数。在 C11 标准 gets()中被删除，推荐使用 gets_s()。

gets_s()的原型为：

```
char *gets_s(char *buffer,size_t sizeInCharacters);
```

它的两个参数 buffer 和 sizeInCharacters 分别指定一个字符数组和输入的最大字符数，只要 sizeInCharacters 不超过 buffer 的长度−1 就是安全的。

3. 使用函数 fgets()和 fputs()实现字符串的输入与输出

fgets()和 fputs()是两个基于流的输入与输出函数，流用文件名指定。即要为 fgets()设定一个源文件名，要为 fputs()设定一个目的文件名。为了能用键盘输入和屏幕输出，定义了两个标准名字 stdin 和 stdout。

（1）用 fgets()从键盘输入字符串变量时的格式如下。

```
fgets(字符串变量,字符数,stdin);
```

它被执行时，每次最多读取 n−1 个字符到字符串变量 s 中；如果在未读够 n−1 个字符之时已读到一个换行符，则结束本次的读操作，读入的字符串中最后包含读到的换行符。由于可以指定读入的字符数，就可以避免 gets()函数那样的弊端。

（2）fputs()需要两个参数，它的格式如下。

```
fputs(字符串变量,stdout);
```

代码 5-15 用 fgets()和 fputs ()函数进行字符串输入与输出的示例。

```
#include <stdio.h>
#define N 20
int main (void) {
    char str[N];
    printf ("请输入一个字符串:");
    fgets (str,N,stdin);
```

```
    fputs (str,stdout);
    putchar('\n');
    return 0;
}
```

执行结果如下。

```
请输入一个字符串:I am a student. ↵
I am a stude
```

由于fgets()可以限制输入的字符数量，所以是一种安全的字符串输入函数。

5.4.4 字符串操作的库函数

1. 字符串操作的库函数及其应用

字符串变量不能直接用系统定义的操作符进行赋值、比较等操作，所有这些操作都要通过程序段完成。表5.2所示是其中应用较多的几个字符串操作库函数，这些库函数的声明都包含在头文件string.h中。使用这些函数应当使用文件包含命令#include <string.h > 将这个头文件包含在当前程序中。

表5.2 应用较多的几个字符串操作库函数

函数的一般形式	功能说明	返回值
strlen (字符串)	求字符串长度	有效字符个数
strcpy (字符串1,字符串2)	将字符串2复制到字符串1中	字符串1的起始地址
strcmp (字符串1,字符串2)	比较两个字符串	字符串1 == 字符串2，返回0
		字符串1 > 字符串2，返回正整数
		字符串1 < 字符串2，返回负整数
strchr (字符串,字符)	在字符串中找字符	找到，返回字符第1次出现位置
		找不到，返回空地址
strcat (字符串1,字符串2)	将字符串2连接到字符串1中的有效字符后	返回字符串1的首地址

下面分别介绍上述库函数的用法。

代码5-16 字符串函数的简单应用示例。

```
#include <stdio.h>
#include <string.h>                                          //字符串处理函数头文件
#define N1 80
#define N2 80

int main (void) {
    char c;
    char str1[N1] = "abcdefg", str2[N2] = "hijklm";          //定义并初始化两个字符串
    printf ("\nstr1 = %s, str2 = %s\n", str1, str2);         //输出两个字符串的初始值
    printf ("\nstrcat 的返回值: %p\n", strcat (str1,str2));  //将 str2 连接到 str1
    printf ("\n 连接后的 str1 = %s\n", str1);
    printf ("\n 输入要查找的字符\n");                        //在 str1 中查找字符
```

```
    scanf ("%c",&c);
    printf ("\nstrchr的返回值: %p\n",strchr (str1,c));
    printf ("\nstrlen的返回值: %d\n",strlen (str1));              //求字符串str1的长度
    return 0;
}
```

运行结果如下：

```
str1 - abcdefg, str2 = hijklm
strcat的返回值: 0012FF68
连接后的str1=abcdefghijklm
输入要查找的字符
d↵
strchr的返回值:0012FF6B
strlen的返回值:13
```

说明：

（1）连接后的str1为“abcdefghijklm”，将原来的str2连接到了str1的后面。

（2）连接后strcat函数的返回为0012FF68，而找到的字符d的位置为0012FF6B，这两个地址值之差为3，即str1中字符d与第1个字符a的位置之差为3B（每个字符占一个字节的空间），因为内存是按字节编址的。

（3）连接后的str1中的有效字符数为13，即其长度为13。

代码5-17 输入5个字符串，输出其中最小的字符串。

```
#include <stdio.h>
#include <string.h>
#define N 10

int main (void) {
    char str[N],min[N];

    printf ("先输入第1个字符串:");
    gets (min);                                    //先输入一个字符串到min中
    for (int i = 2; i <= 5; i  ++ ) {              //输入后面第2~5个字符串
        printf ("输入第%d个字符串:",i);
        gets (str);
        if (strcmp (min, str) > 0)                 //总把最小的字符串放到min中
            strcpy (min, str);
    }
    printf ("\n 最小的字符串是:%s\n",min);
    return 0;
}
```

运行情况如下：

```
先输入第1个字符串: China↵
输入第2个字符串: U.S.A↵
输入第3个字符串: Canada↵
输入第4个字符串: Korea↵
```

```
输入第 5 个字符串：Japan↵
最小的字符串是：Canada
```

说明：

（1）C 语言中的字符比较多数是以字符的 ASCII 码值进行。比较的方法是首先对两个字符串中的第 1 个字符进行比较，如果相等，再比较下一对字符……直到比较完或找到一对不相等的字符为止。若有不相等的字符对出现，则字符的 ASCII 码值大的字符串就是大的字符串。如果找不到不同的字符，就称两个字符串相等。

（2）字符串变量之间不能进行赋值操作，只能采用复制的方法把一个字符串字面量保存到另一个字符串变量空间（即字符数组）中。但是，要求这个字符数组必须能容纳要复制的字符串。

2. 字符串操作代码分析

字符串函数库中的标准函数都是设计得非常精辟的一些函数，分析这些代码对于提高程序设计能力非常有用，下面举例分析这些函数的代码。为了便于分析，对函数代码做了一些简单修改，并对函数名做了简单改变。

代码 5-18 计算字符串长度函数。

```
int strlenth (char s[]) {
    int i = 0,len = 0;
    while (s[i ++ ])
        len ++ ;
    return len;
}
```

说明：该函数从 *s*[0]开始向后搜索，每搜索一个元素，len 增加 1，直到遇到'\0 '为止。'\0'的 ASCII 码值为 0，重复过程结束。这时，len 中保存的就是 *s* 中有效字符的个数。

代码 5-19 字符串复制函数。

```
void strcopy (char dest[], char src[]) {
    int i = 0,j = 0;
    while ( (dest[i ++ ] = src[j ++ ])  != '\0');
}
```

说明：dest 和 src 是两个形参字符数组名。表达式 dest ([*i* ++] = src[*j* ++])的作用如图 5.7 所示。方法是让 *i* 和 *j* 同步增加 1，每次将 src[*j*]赋值到 dest[*i*]中。当把最先遇到的'\0 '赋值到 dest[*i*]中时，表达式 (dest[*i* ++] = src[*j* ++]) != '\0'就为“假”，退出循环结构，赋值结束。

前面说过，字符串变量是不能进行赋值操作的。但是字符数组的元素（字符）是可以进行赋值操作的。这个函数通过将一个一个字符从源字符串变量赋值到字符数组的相应位置，实现字符串变量的复制。

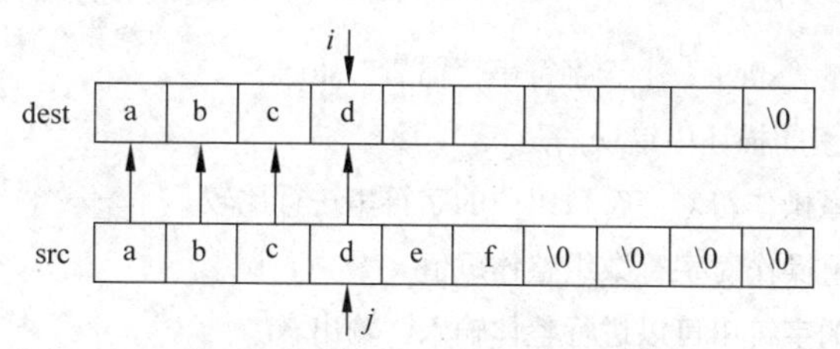

图 5.7　字符串复制函数的原理

3. 用下标引用字符串常量中的一个字符

C 语言也允许用下标来引用字符串常量中的一个字符。例如

```
char ch;
ch = "I am a student."[8];
printf ("%c",ch);
```

将输出字符 t。这在某些情况下会比较方便。

习　题　5

概念辨析

（1）在C语言程序中引用数组元素时，下标的形式可以有（　　）。

A. 浮点类型表达式　　B. 字符常量

C. 任何类型的表达式　　D. 整数常量或整数表达式

（2）下面关于数组的叙述中错误的有（　　）。

A. 数组所有元素具有相同类型

B. 数组元素下标从1开始

C. 数组所有元素占有连续的内存

D. 数组元素的最大下标值就是定义数组时给定的组大小

（3）在表示一个多维数组的元素时，每个下标（　　）。

A. 用逗号分隔　　B. 用方括号括起再用逗号分隔

C. 用逗号分隔再用方括号括起　　D. 分别用方括号括起

（4）在一个数组中，每个元素（　　）。

A. 的类型都相同　　B. 可以是任何类型

C. 在内存中的存储位置都是随机的　　D. 用数组名加上一个下标数字表示

（5）在C语言中，二维数组元素在内存中的存放顺序是（　　）。

A. 以列主顺序　　B. 以行主顺序　　C. 按值升序　　D. 按值降序

（6）下面的叙述中正确的是（　　）。

A．字符个数多的字符串比字符个数少的字符串大

B．两个字符串长度相同时才可以比较

C．字符串字面量“Hello”与字符串字面量“HELLO”相等

D．字符串字面量“stack”小于字符串字面量“stock”

（7）下面关于字符数组的描述中错误的是（　　）。

A．不可以用关系操作符对字符数组中的字符串进行比较

B．可以使用赋值操作对字符数组整体赋值

C．字符数组中的字符串可以进行整体输入、输出

D．字符数组可以存放字符串

（8）对于声明

```
char s1[ ] = "abcdefg";
char s2[ ] = {'a', 'b', 'c', 'd', 'e', 'f', 'g'};
```

以下叙述中正确的是（　　）。

A．数组s1和s2完全相同　　B．数组s1和s2长度相等

C．s1与s2中都存放字符a、b、c、d、e、f、g　　D．数组s1比数组s2长

（9）判断两个字符串变量s1与s2相等应采用（　　）。

A．if (s1 == s2)　　B．if (s1 = s2)

C．if (strcmp (s1,s2))　　D．if (strcmp (s1,s2))

代码分析

1. 下列说明语句中哪些是正确的？哪些是错误的？并指明原因。

（1）int b[' 0 '];

（2）const int x = 512; char a[x];

（3）char a[512];

（4）double f[2,3];

（5）#define MAX 512

//…

char a[MAX*2];

（6）int a[5],b[5];

scanf ("%d",&a);

b = a;

（7）char a[sizeof (aVar) + 2];

（8）float e[][5] ={1,2,3,4,5,6};

（9）int a[][5];

（10）int a[2][] ={1,2,3,4,5,6};

2. 拟在数组a中存储10个int类型数据，正确的定义是（　　）。

A. int *a*[5 + 5] = { {1,2,3,4,5}, {6,7,8,9,0}};

B. int *a*[2][5] = { {1,2,3,4,5}, {6,7,8,9,0}};

C. int *a*[ ][5] = { {1,2,3,4,5},[6,7,8,9,0]};

D. int *a*[ ][5] = { {0,1,2,3}, {}};

E. int *a*[ ][ ] = { {1,2,3,4,5}, {6,7,8,9,0}};

F. int *a*[2][5] = {};

3. 对于说明语句

```
int a[][3] ={ {1,2,3}, {4,5,6}},b[2][3],i,j;
```

指出下面的语句中哪些是正确的？哪些是错误的？为什么？

（1）

```
b = a;
```

（2）

```
for(int i = 1; i  <= 2; ++ i)
for(int j = 1; j  <= 3; ++ j)
b[i][j] =a[i][j];
```

（3）

```
for (int i = 1; i < 6; ++ i)b[0][i] = a[0][i];
```

（4）

```
for (int i = 0; i  <= 2; ++ i)
for (int j = 0; j  <= 2; ++ j)
scanf ("%d",b[i][j]);
```

4. 阅读下面的程序，指出它们的功能，并选择执行结果。

```
#include <stdio.h >
int main (void) {
  int x[3], k;
  for (int i = 0; i < 3; ++ i)
    x[i] = 0;
  k = 2;
  for (int i = 0; i < k; ++ i)
    for (int j = 0; j < k; ++ j)
       x[j] = x[ j ] + 1;
  printf ("%d\n",x[1]);
  return 0;
}
```

A. 2　　B. 1　　C. 0　　D. 3

5. 指出下面程序的功能。

```
#include <stdio.h>
int add (int m,int n,int arr[]);
int main (void) {
  int total,a[3][4] = {5,3,6,8,-2,-4,-7,9,1,0,7,2};
  total = add (3,4,a[0]);
  printf ("total = %d",total);
  return  0;
}

int add (int m,int n,int arr[]) {
  int sum = 0;
  for(int i = 0; i < m; i = i + m - 1)
       for(int j = 0; j < n; j ++ )
            sum + = arr[i * n + j];
for(int j = 0; j < n; j = j + n - 1)
```

```
    for(int i = 1; i < m-1; ++ i)
        sum + =arr[i * n + j];
  return  sum;
}
```

6. 下面是一个计算矩阵中次对角线上各元素之和的C程序，程序中缺少了两个地方，请补全。

```
#include <stdio.h>
int main (void) {
  int s = 0;
  int x[ ][3] = {0,1,2,3,4,5,6,7,8};
  for(int i = 0; i < 3; ++ i)
      for(int j = 0; ____A____; ++ j)
          if ( ____B____ == 2)
              s  + = x[i][j];
  printf ("s = %d",s);
  return 0;
}
```

探索验证

1. 请编写一个程序，测试定义一个数组大小时是否可以使用下面的表达式：

（1）常浮点表达式。

（2）常long int表达式。

（3）负的常long int表达式。

（4）字符常量表达式。

（5）含有浮点变量的表达式。

（6）含有字符变量的表达式。

（7）含有整数变量的表达式。

（8）含有初始化为负数的整数变量的表达式。

2. 下面程序执行时将会出现什么问题？为什么？

```
#include <stdio.h>
int main(void){
  int n;
  int a[n];
  printf("\nn = %d:",n = 3);
  for(int i = 0; i <  n; i ++ ){
      printf("\na[%d] = %d,",i,a[i] = i);
  }
  printf("\nn = %d:",n = 5);
  for(int i = 0; i <  n; i ++ ){
      printf("\na[%d] = %d,",i,a[i] = i);
  }
  return 0;
}
```

3. 定义一个字符数组（最后不写'\0'），用printf()输出这个数组的内容，记录输出结果，并分析解释。

4. 测试一个未初始化并且未经过赋值的数组元素的值，由此可以得出什么结论？

5. 在C语言中有字符串变量的概念吗？

思维训练

写出下面各题的解题思路。

1. 黑夜过桥。抗日战争时期，军队护送一批群众转移，晚上来到一条河边。他们在附近找到了一架简易桥，但该桥一次只允许两人在桥上，并且必须带手电筒才能过去，而他们只有一把手电筒，手电筒还必须拿在人的手中来回传递。为了甩掉后面追赶的敌人，如何才能让一行男女老幼体力不同的人用最短的时间过桥？

2. 裁缝的订单。一位裁缝接到一批订单，为了便于顾客试衣，他要到每位顾客附近租一间房子制衣。每件衣服的制作难度不同，花费的时间不同，对于第 i 个订单，需要T_i（$1 \leqslant T_i \leqslant 20$）天才能完成。裁缝在一天中不做两件衣服。裁缝每次租房的租金各不相同，在处理第 i 个订单时，每天所付的房租为F_i（$10 \leqslant F_i \leqslant 50$）。试为该裁缝设计一个所需付费最少的方案。

开发练习

1. 数组的一般应用问题。

（1）将1～100的100个自然数随机地放到一个数组中，再把从中获取重复次数最多的数显示出来。如果有重复次数最多的数，则显示其中的最大者。

（2）大奖赛评分程序。通常进行大奖赛评分时要去掉一个最高分，去掉一个最低分，然后进行平均。若某大奖赛的评委成员共9人，请为该大奖赛设计一个评分程序。

（3）编写一个程序实现下列功能：

- 找出ASCII码值最大的一个单词。
- 按字典序输出各单词。

（4）用递归算法实现求一个数组中的最大元素。

（5）水仙花数。水仙花是一种很迷人的花，水仙花数是一类很迷人的数。一个水仙花数指一个 s 位数（$s \geqslant 3$），它的每一位上的数字的 n 次幂之和等于它本身。例如$1^3 + 5^3 + 3^3 = 153$，$1^4 + 6^4 + 3^4 + 4^4 = 1634$。

三位的水仙花数共有4个，即153、370、371、407；

四位的水仙花数共有3个，即1634、8208、9474；

五位的水仙花数共有3个，即54748、92727、93084；

六位的水仙花数只有1个，即548834；

七位的水仙花数共有4个，即1741725、4210818、9800817、9926315；

八位的水仙花数共有3个，即24678050、24678051、88593477；

……

试编写一个求正整数区间$[n, m]$（$m > n$）中所有水仙花数的C语言程序。

提示：可以使用以下库函数。

- 用<stdlib.h > 中的“char *ultoa(unsigned long value, char *string, int radix);”将无符号长整数 value

转化为字符串变量 string，并返回指向该字符串的指针。其中 radix 为基数——进制，10 表示十进制，16 表示十六进制。

- 用<string.h> 中的库函数“unsigned int strlen (char *str);”计算字符串字面变量 str 的长度。

（6）开关灯游戏。为参加游戏的 n 个人布置 n 盏灯，并分别为灯和游戏者从1到 n 编号，然后按照下面的规则游戏：游戏开始时将 n 盏灯都打开，然后从第1人开始到第 n 人，按照下面的规则进行游戏，即第 i 人只对 i 能整除的第 i 盏灯进行一次操作——原来开着的，将其关掉；原来关着的，将其打开。问最后哪些灯是打开的？

提示：用一个数组存储每盏灯的状态，并用–1表示灯关着，用1表示灯开着。打开与关闭的操作就是为对应的数组元素乘–1。

2. 排序问题。

插入排序（设为升序排序）。如图5.8所示，插入排序的基本思想是把原来的序列分为已排好序和未排好序两个部分，开始时，以原来的第1个元素作为已排好序部分，将其余元素作为未排好序部分；然后顺序地将未排好序部分的各元素按大小插到已排序部分的合适位置，直到将全部元素都插完为止。插入排序只需一个辅助元素空间，但每插入一次就要将大部分数据移动一次，所需的排序时间较长。

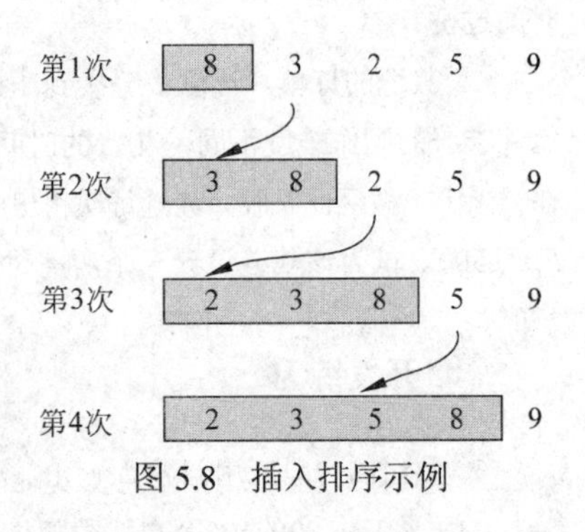

图 5.8　插入排序示例

3. 查找问题。

（1）摇摆排序。摇摆排序是从两头进行气泡排序，即一次自上而下，一次自下而上，交替进行，每进行一次，未排序元素就减少一个。试设计一个用摇摆排序算法进行扑克整理的函数。

（2）当一个数据序列已经有序时，采用优选检索可以提高检索效率。优选检索的基本思想如下：假如有序序列中的第1个元素或最后一个元素是要检索的数据，则输出该元素，否则就对0.618处的元素进行测试。若该处的元素是被检索数据，就输出该元素；否则根据被检索元素是大于还是小于该元素确定新的二分检索区间，重新进行二分检索。该过程是递归的。请设计用优选检索方法查找一张扑克牌的C程序。

（3）三分查找算法：将一个升序序数列分为3份，在进行查找时首先检查1/3处的元素与要查找的值 x 的关系是相等、小于还是大于。若相等，则输出结果；若小于，说明被查找元素在前1/3区间；若大于，则再用2/3处的元素值域 x 比较。要么找到，要么可以进一步确定被查找元素在哪个1/3区间。然后再按照三分查找法继续在所确定的区间内查找。

第6单元　可定制数据类型

为了方便程序设计，C 语言提供了 3 种可定制数据类型。所谓可定制是指 C 标准只是提供了 3 种不同形式的类型框架，具体类型要由程序员自己定义。这样，程序员就可以在每一种类型框架中定义出程序中适合的各种具体类型。这些具体的类型要有两个名字，一个是系统提供的可定制类型的框架名，另一个是程序员自己给出的类型标识符。

这 3 种可定制数据类型如下。

（1）构造（体）类型：用关键字 struct 标识，是一种可以组织多个类型不一定相同的聚合数据类型，具体由哪些数据聚合由程序员定义。

（2）共用（体）类型：用关键字 union 标识，是一种有限可变数据类型，既可以让几种数据共用一个存储空间，并可以根据需要在应用中变换数据类型，具体可以在哪些类型中变换由程序员定义。

（3）枚举类型：用关键字 enum 标识，是为只有有限个可能值的变量提供的一种专用类型，具体的可能值的集合由程序员定义。

6.1　构造体类型

6.1.1　构造体类型的特征与定制

1. 构造体类型的特征

1）构造体类型的公共特征

构造体（struct）是一种具有以下公共特征的聚合数据类型：

（1）用一组类型可以不同的数据作为成员。

（2）这一组数据在内存中占有一片连续的空间。

2）构造体类型的个性化参数

构造体类型的个性化参数有以下两点：

（1）成员（分量）的数量、类型和名字。

（2）构造体类型的名字。

2. 构造体类型定制的基本方法

构造体常用于描述某类对象的属性，不同的对象类型其数据成员是不同的。例如，教师类型、职工类型、汽车类型、商品类型等都有不相同的数据成员。所以，struct 类型只是一种总的类型，具体到某一类对象，还需要进行定制。定制某种类型构造体的基本方法是在关键词 struct 后面再加一个具体类的标识符。例如一个学生类，可以写为 struct student。

而后给出其组成元素的类型和名称。

代码 6-1 struct student 构造体类型的定制。

```
struct student{
    unsigned long int  stuID;
    char               stuName[15];
    char               stuSex;
    int                stuAge;
    float              stuScore;
};
```

说明：

（1）struct 类型的定制是一种定义性声明，最后要以分号结束。

（2）经过定义就有了一个聚合性数据类型，这个类型由一个关键字 struct 和一个标识符组成，二者缺一不可。本例中的类型名为 struct student。

6.1.2 用 typedef 定义类型的别名

1. 用 typedef 定义构造体类型的别名

一个构造体的类型名由两部分组成，有点太长。用关键字 typedef 使用一个名字定义构造体的类型，可以使类型名变得简单。通常把用 typedef 定义的类型名称为类型别名。

代码 6-2 使用 typedef 定义的构造体类型 Student。

```
typedef struct{
    unsigned long int  stuID;
    char               stuName[15];
    char               stuSex;
    int                stuAge;
    float              stuScore;
}Student;
```

这里定义的类型名 Student 与前面定制的 struct student 具有同样的功能，但只有一个单词了。

2. typedef 可以为任何类型定义别名

关键字 typedef 可以用于任何数据类型名。其格式为：

```
typedef 类型名 类型别名;
```

例如：

```
typedef int INTEGER;                    //定义 INTEGER 为 int 的别名
Integer a = 5, b = 3;                   //INTEGER 等价于 int
```

再如：

```
typedef char Name[30];                  //定义 Name 为 char[30]的别名
```

```
Name student;                              //等价于 char student[30]
```

注意：

（1）typedef 与 auto、register、static 和 extern 在语法位置上相同，因此它们具有互斥性，不可同时出现在一个声明中。

（2）关键字 typedef 没有存储分配功能，不可用于定义变量。例如：

```
typedef int DAY day;                       //错误
```

（3）别名采用大写或首字母大写是一种良好的程序设计风格。

6.1.3 构造体变量

1. 构造体变量的定义

定制了一个构造体类型，系统并不、也无法为之分配存储空间，那仅仅是向编译器注册了一种新的类型名。有了这个类型名，就可以像 int、char、float 和 double 等类型关键词那样用来定义一些构造体类型的变量——将类型实例化为对象。例如：

```
struct student stdnt1, stdnt2, stdnt3;
```

声明了 3 个 struct student 变量，或者说这个声明生成了 3 个 struct student 类对象。但是不能写成

```
struct student, stdnt1, stdnt2, stdnt3;          //错误，多一个逗号
```

也不能写成

```
student stdnt1, stdnt2, stdnt3;                  //错误，缺少关键字 struct
```

C 语言还允许在定制一个构造体类型的同时声明一个或若干个构造体变量。

代码 6-3 在声明 struct student 类型的同时定义 3 个变量。

```
struct student {
    unsigned int  stuID;
    char          stuName[15];
    char          stuSex;
    int           stuAge;
    float         stuScore;
} stdnt1, stdnt2, student3;
```

声明构造体变量后，在程序运行时系统将按照该构造体变量各成员所需内存的总和为其分配一片连续的存储单元。

2. 构造体变量的初始化

一个构造体变量被定义后就有了确定的或不定的值。这些构造体变量不是简单变量，它们的值也不是一个简单的整数、浮点数或字符等，而是由许多个基本数据组成的复合值。例如，stdnt1、stdnt2 和 stdnt3 的值可以有如图 6.1 所示的值。

stdnt1	50201	" ZhangXi "	'M'	18	90.5
stdnt2	50202	" WangLi "	'F'	19	88.3
stdnt3	50203	" LiHong "	'M'	17	79.9

图 6.1　构造体变量的值

那么，如何对构造体变量进行初始化呢？

1）在声明构造体变量的同时初始化

在定义变量时进行初始化是把初始值依次写在一对花括号内——称为初始化表达式，并将这个初始化表达式用赋值运算符对对应的变量进行初始化操作。

代码 6-4　struct student 类型变量的初始化。

```
struct student {
    unsigned int  stuID;
    char          stuName[15];
    char          stuSex;
    int           stuAge;
    float         stuScore;
} stdnt1 = { 50201,"ZhangXi",18,'M', 90.5}, stdnt2 = { 50202,"WangLi",19,'F',88.3};
```

或

```
struct student {
    unsigned int  stuID;
    char          stuName[15];
    char          stuSex;
    int           stuAge;
    float         stuScore;
} ;
struct student stdnt1 = {50201,"ZhangXi",18,'M', 90.5},
               stdnt2 = {50202,"WangLi",19,'F', 88.3};
```

2）指定初始化

C99 允许对一个构造体变量中的某几个指定的分量进行初始化。

代码 6-5　struct student 类型变量的部分初始化。

```
struct student stdnt3 = {
    .studName  = "LiHong",
    .stuID     = 50203,
    .stulScore = 79.9
};
```

其他分量都被设置为 0（对数值数据）或空（对字符或字符串）。在这里，圆点称为直接分量操作符或直接成员选择操作符。

3. 同类型构造体变量之间的赋值操作

C 语言允许两个同类型的构造体变量之间相互赋值，即可以将一个构造体变量的值（各成员值）作为一个整体赋给另一个具有相同类型的构造体变量。

代码 6-6 同类型构造体变量之间赋值。

```
struct student student1 ={50201,"WangLi",'M',18,89.5};
struct student student2;
student2 = student1;
```

在执行"student2 = student1;"这个赋值语句时，将 student1 变量中各个成员的值依次赋给 student2 中的相应各成员。

但是，不同类型的构造体类型的变量之间不可以赋值。

代码 6-7 不同的构造体类型的变量之间赋值导致错误。

```
#include <stdio.h>
//#include <stdlib.h>
int main (void) {
    struct {                    //定义 1
        int a;
    }x;
    struct {                    //定义 2
        int a;
    }y,z;
    x.a = 3;
    y = x;                      //Error：构造体 x 与构造体 y 不兼容
    printf ("%d\n",z.a);
    return 0;
}
```

在这里，尽管两个构造体的定义完全相同，但它们是分别定义的，是两个不同类型，所以它们的变量之间不可互相赋值。

4. 构造体变量不能进行同类型赋值之外的整体操作

（1）除了赋值操作，C 语言没有提供其他用于构造体变量整体操作的操作符，例如不可使用 == 和 != 进行两个构造体变量的判等操作。

（2）不可使用 printf()和 scanf()对构造体变量进行整体输入或输出操作，因为系统不可能为用户定制的形形色色的构造体类型提供相应的格式字符。例如

```
printf ("%d\n",student1); scanf ("%d",&student1);     //错误
```

是不行的。因为在用 printf 和 scanf 函数时必须指出输出格式（用格式转换符），而构造体变量包括若干个不同类型的数据项，像上面那样用一个%d 格式符来输出 student1 的各个数据项显然是不行的，并且用

```
printf ("%s,%d,%c,%d/%d/%d,%1d,%5.2f\n",student1);
```

来输出 student1 中的各项也不可行。因为在用 printf 函数输出时一个格式符对应一个变量，有明确的起止范围；而一个构造体变量在内存中占连续的一片存储单元，哪一个格式符对应哪一个分量往往难以确定其界限。

6.1.4 构造体变量的分量及其操作

1．构造体变量分量（成员）的指定

一个构造体变量的分量可以通过下列两种方式指定：

（1）用直接成员选择（直接成员选定）操作符（.）指定，例如

```
student1 . stuID
```

指定了构造体变量 student1 的分量 stuID。

（2）用指向构造体变量的指针，由间接成员选择（间接成员选定）操作符（-> ）指定，例如

```
struct student * pStudent1 = tudent1;
pStudent1 - >  stuID                    //与上述 student1 . stuID 等价
```

2．对构造体变量分量的左值性操作

直接成员选择（直接成员选定）操作符（.）和间接成员选择（间接成员选定）操作符（->）可以产生左值，除非结果是个数组。所以构造体变量可以作为左值，可以对其实施对任何左值所进行的操作。

代码 6-8 构造体变量作为左值示例。

```
typedef struct t_name {
    char last_name[25];
    char first_name[15];
    char middle-init [2];
} NAME
 …
NAME my_name, your_name;
…
your_name = my_name;
…
```

在上例中，结构变量 my_name 的全部内容被复制到结构变量 your_name 中，其作用和下述语句是相同的：

```
memcpy(your_name, my_name, sizeof(your_name);
```

3．构造体变量值的输入与输出

一个构造体变量值的输入与输出必须通过各分量的输入与输出实现。

代码 6-9 构造体变量值的输出示例。

```
#include <stdio.h >
struct student {
    unsigned long int  stuID;
    char               stuName[20];
```

```
    int                 stuAge;
    char                stuSex;
    float               stuScore;
} ;

int main(void){
    struct student stu1 = {201106071L,"zhangsan",19,'m',88.99f}; //定义构造体变量并初始化
    printf(" 该学生的有关信息如下：\n");
    printf("%ld,%s,%d,%c,%f\n",stu1.stuID,stu1.stuName,stu1.stuAge,stu1.stuSex,stu1.st
uScore);
    return 0;
}
```

程序运行结果如下。

```
该学生的有关信息如下：
201106071,zhangsan,19,m,88,989998
```

6.1.5 构造体数组

数组是组织同类型数据的类型，同一构造体类型的数据也可以组织成数组，这种数组称为构造体数组。使用构造体数组解决了存储和管理一组学生信息的问题。

1. 构造体数组的定义

定义构造体数组的方法与定义构造体变量的方法类似，只是要多用一个方括号，说明它是一个数组，并指明数组的大小。例如：

```
struct student stu[3];
```

注意：与数组一样，构造体数组也在内存中占有一片连续的存储空间。

2. 构造体数组的初始化

构造体数组的初始化基本上与简单变量数组的初始化相同。

代码 6-10 构造体数组初始化示例。

```
struct student stu[3]  = { {201350201,"ZhangXi",18,'M',90.5},
                           {201350202,"WhangLi",19,'F',88.3},
                           {201350203,"LiHong",17,'M',79.9}};
```

在这里将每个元素的数据分别用花括号括了起来，可以增强程序的可读性。

声明了构造体数组，系统将会根据初始化时提供的数据组的个数自动确定 stu 数组的大小。

3. 访问构造体数组元素

一个构造体数组元素（构造体下标变量）相当于一个构造体变量，可以将一个构造体数组元素赋值给同一构造体类型的数组中的另一个元素，或赋给同一类型的变量。例如：

```
struct student stu[3],student1;
student1 = stu[0];
stu[0] = stu[1];
stu[1] = student1;
```

4. 访问构造体数组元素分量

访问构造体数组元素成员的方法与访问构造体变量成员的方法相同。例如，stu[*i*].num是访问下标为 *i* 的 stu 数组元素中的 num 成员。如果数组已初始化，且 $i = 2$，则相当于stu[2].num。

由于不能把构造体变量作为一个整体直接用 printf()函数输出，所以也不能把构造体数组的元素作为整体直接用 printf()函数输出。输入一个构造体数组元素的值也可以使用 gets()函数。应该以构造体数组元素的某个成员为对象进行输入与输出。

代码 6-11　输入 3 个学生的信息并将它们输出；再输入一个学生的学号，输出该学生的成绩。

```
#include <stdlib.h>
#include <stdio.h>
#define StuNumber 10                                              //小组最多学生数

struct student {
    unsigned long int  stuID;
    char               stuName[15];
    char               stuSex;
    int                stuAge;
    float              stuScore;
};

int main (void) {
    int                count = 0;                                 //循环变量
    unsigned long int  sID;
  struct student  stu[StuNumber];                                 //声明一个构造体数组

    //输入数据
    printf("******输入小组学生信息******\n");
    do {
        printf ("输入学生学号：");
        scanf( "%ld",&stu[count].stuID);
        getchar();
        printf ("输入学生姓名：");
        gets (stu[count].stuName);
        printf ("输入学生年龄：");
        scanf ("%d",&stu[count].stuAge);
        getchar();
        printf ("输入学生性别：");
        scanf("%c",&stu[count].stuSex);
        printf ("输入学生成绩：");
```

```
        scanf ("%f",&stu[count].stuScore);
        getchar();
        count  ++ ;
        printf ("\n还有学生信息要输入吗 (y/n) ?");
    }while(getchar() == 'y' && count < StuNumber-1);
    printf("\n******输入小组学生信息结束******\n\n");

    //输出全部数据
    printf("******输出小组全部学生信息******\n");
    printf ("序号\t 学生学号\t 学生姓名\t 性别\t 年龄\t 成绩\n");
    for (i = 0; i <  count; i ++ )
        printf ("%d\t%-12ld\t%-10s\t%c\t%d\t%5.2f\n",i,stu[i].stuID,stu[i].stuName,
               stu[i].stuSex,stu[i].stuAge,stu[i].stuScore);

    //输入一个学号，输出该生成绩
    printf("\n******************************\n");
    printf("输入一位学生的学号:");
    scanf("%ld",&sID);
    for(int i = 0; i <  count; i ++ ){
        if(stu[i].stuID == sID){
            printf("该学生的成绩为:%5.2f\n",stu[i].stuScore);
            break;
        }
    }
    return 0;
}
```

运行情况如下：

```
******输入小组学生信息******
输入学生学号: 20130501↵
输入学生姓名: zhangsan↵
输入学生年龄: 19↵
输入学生性别: w↵
输入学生成绩: 88.99↵

还有学生信息要输入吗(y/n)?y↵
输入学生学号: 20130502↵
输入学生姓名: lisi↵
输入学生年龄: 18↵
输入学生性别: f↵
输入学生成绩: 77.88↵

还有学生信息要输入吗(y/n)?y↵
输入学生学号: 20130503↵
输入学生姓名: wangwu↵
输入学生年龄: 17↵
输入学生性别: w↵
输入学生成绩: 66.77↵
```

```
还有学生信息要输入吗(y/n)?n↲

******输入小组学生信息结束******

******输出小组全部学生信息******
序号 学生学号  学生姓名  性别 年龄 成绩
0    20130501 zhangsan w    19   88.99
1    20130502 lisi     f    18   77.88
2    20130503 wangwu   w    17   66.77

**************************************
输入一位学生的学号:20130502
该学生的成绩为:77.88
```

说明：

（1）程序中定义了 stu 数组，它是 struct student 类型的。在每个循环中输入一个构造体数组元素的数据。

（2）要注意如何使数据与标题行上下对齐。例如在 printf 函数中，%-15s 的作用是通知编译系统按字符串格式输出，占 15 列，向左对齐（“-”号的作用是“左对齐”）。

学生成绩的输出采用格式字段%5.2f。数字 5.2 表示域宽 5 位（包括整数部分、小数点和小数部分），其中小数位保持两位。

6.1.6 复合字面量

1. 复合字面量及其特点

复合字面量是 C99 引入的用于表示聚合类型的无名实体，它有 4 个特点。

（1）聚合：它可以是任何类型，但构造体、共用体、数组和枚举类型等聚合类型最为适合。

（2）实体：它是一种实体（对象），占有相应的内存空间。

（3）字面量：该内存空间用一个字面值列表进行初始化——称该复合字面值的初始化值列表。

（4）无名：它只有类型、存储空间和初始值，没有名字。

2. 复合字面量的定义

合字面值的定义格式如下：

```
类型名称 {初始化值列表,}
```

在这里，最后一个逗号是可选的。下面举几个例子进行说明。

代码 6-12 符合字面量应用示例。

```
//使 ps 指向可修改的字符串
char *ps = (char [])("abcdefg");
```

```
//用一个构造体类型的复合字面值作为函数参数
ptintStudent((struct student){2014001,"张三",18});

//用带有指示符的复合字面值作为函数参数
ptintStudent((struct student){ .stuNum = 2014001,
                               .name = "张三",
                               .age = 18});
```

代码 6-13 输出数组类型复合字面值中的各元素。

```
#include <stdio.h >
int main (void) {
    int n;
    for(n = 0; n  <= 5; n  ++ )
        printf("%d,",(int[]){1,2,3,4,5,6,}[n]);
    return 0;
}
```

运行结果如下：

```
1,2,3,4,5,6
```

6.2 共用体类型

6.2.1 共用体类型的定制及其变量的定义

共用体（union）数据类型是指将不同数据项共享同一段内存单元的一种构造数据类型，或称为有限可变类型。

代码 6-14 一个共用体的例子。

```
union exam {
    int       a;
    double    b;
    char      c;
}x;
```

说明：

（1）这里定义的共用体类型为 union exam。前一个 union 是共用体的公共类型名，后一个是所定义共用体的个体名，两个一起才组成一个具体共用体的类型名。

（2）在这个类型为共用体的变量 *x* 中，*a*、*b*、*c* 3 个变量共享一个存储空间，即这 3 个变量不同时使用，使用时占用的同一存储位置，就好像一张单人床要可供大人、小孩和老人轮流睡觉一样。所以称为有限可变类型是因为它所存储的类型是可以更换的，但可换的类型是有限的，是哪些类型由程序员定义。

（3）共用体与构造体形式相似，其数据类型的定制和变量的定义形式也与构造体相似，即可以采用以下 3 种格式。

(a)

```
union 共用体类型名
{成员表列};
```

(b)

```
union 共用体类型名
{成员表列}变量表列;
```

(c)

```
union
{成员表列}变量表列;
```

格式（a）仅定制了一种共用体类型。

格式（b）定制了一个共用体类型，同时还定义了该类型的一系列变量。

格式（c）定制了一个无名共用体类型，同时还定义了该类型的一系列变量。

（4）用 typedef 也可以为共用体定义一个别名。其格式如下：

```
typedef union {成员表列} 别名;
```

代码 6-15 用 typedef 为共用体定义一个别名的例子。

```
typedef union {
    int       a;
    double    b;
    char      c;
}ABC;
```

这样就定义了一个名为 ABC 的共用体类型。它与后面的代码 6-16 所定义的 union exam 等效。

（5）共用体可以作为另一个共用体的成员，也可以作为一个构造体的成员，一个构造体也可以作为共用体的成员，具体将在后面举例说明。

6.2.2 共用体类型与构造体类型的比较

1. 共用体与构造体的不同之处

共用体与构造体在形式上相似，但实质有很大的不同，下面在同样成员的情况下对二者进行比较。假设它们都有以下 3 个成员：

- 4B 的 int 类型成员 a。
- 8B 的 double 类型成员 b。
- 1B 的 char 类型成员 c。

（1）存储结构不同。图 6.2 为它们的存储结构比较。系统为一个构造体变量分配的存储空间包括了为每个成员分配的存储空间并加上成员对齐的开销，如对于有上述 3 个成员的构造体至少应分配 13B 的空间。而系统为共用体变量分配存储空间是按最大的一个成员占用的存储空间为基础进行分配，如对于有上述 3 个成员的共用体至少应分配 8B 的存储空间，以使所有成员能共享这个空间。

（2）构造体中的每个成员都有自己的存储空间，所以成员可以同时存储；而共用体中的所有成员共用一个存储空间，在同一时间只能存储一个成员。

（3）构造体变量可以在定义时进行初始化，但共用体不可。

代码 6-16 一段非法的代码。

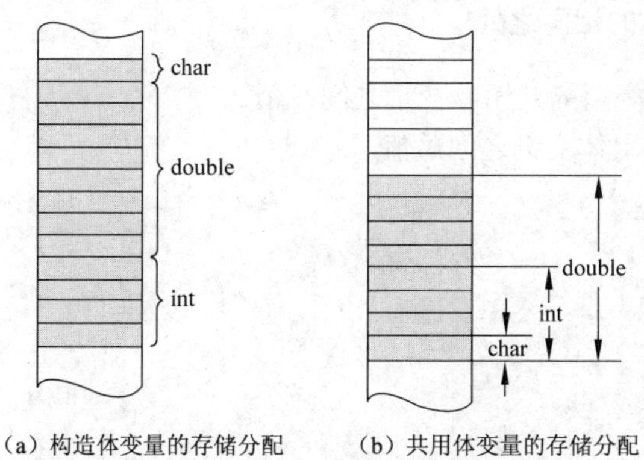

（a）构造体变量的存储分配　　（b）共用体变量的存储分配

图 6.2　构造体变量与共用体变量的存储分配

```
union m {
    int      i;
    char     c;
    double   d;
}x = {3,'s',3.141593};                //不能对共用体变量初始化
```

也不能直接用共用体变量名进行输入与输出，例如：

```
scanf ("%f",&x);                      //错误
printf ("%f",x);                      //错误
```

（4）构造体变量中的所有成员可以同时存储，也可以用指针或变量单独引用每个成员。同一时间只能存储共用体的一个成员，也只能用指针或变量单独引用所存储的成员，并且所引用的是最后一次存入的成员的值。例如，执行

```
x.i = 3;
x.c = 'w';
x.d = 2.7234;
```

后，引用的只能是成员 d 的值。

也可以通过指针变量引用共用体变量中的成员，例如：

```
unionexam*pt,x;
pt = &x;
pt- > i = 3; printf ("%d\t",pt- > i);
pt- > c = 'A'; printf ("%c\t",pt- > c);
pt- > d = 4.5; printf ("%f\n",pt- > d);
```

在这里，pt 是指向 union exam 类型数据的指针变量，先使它指向共用体变量 *x*。此时 pt-> d 相当于 x.d，这和构造体变量中的用法相似。

不能企图通过下面的 printf 函数得到 x.i 和 x.c 的值 3 和 w，只能得到 x.d 的值为 2.723。

```
printf ("%d,%c,%f",x.i,x.c,x.d);
```

2. 共用体与构造体的相同之处

（1）可以在两个同类型的共用体变量之间赋值。

代码 6-17 演示共用体变量之间赋值。

```
#include <stdio.h>

int main (void) {
    union exam {
        int a;
    }x,y;
    x.a = 3;
    y = x;
    printf ("%d\n",y.a);
    return 0;
}
```

运行结果如下：

```
3
```

但是，不允许不同类型的共用体变量之间赋值。

代码 6-18 不同类型的共用体变量之间赋值导致错误。

```
#include <stdio.h>
int main (void) {
    union {
        int a;
    }x;
    union {
        int a;
    }y;
    x.a = 3;
    y = x;          //[Error] incompatible types when assigning to type
                    //'union  < anonymous > ' from type 'union  < anonymous > '
    printf ("%d\n",y.a);
    return 0;
}
```

（2）允许把共用体变量作为函数参数。

6.2.3 共用体变量的应用举例

1. 数据处理

例 6.1 在一个学校的人员数据管理中，对教师应登记其“单位”，对“学生”应登记其“班级”，它们都在同一栏中，可以定义的数据结构如下。

代码 6-19 一个简单的学校人员管理数据结构。

```
struct {
```

```
    long num;
    char name[20] ;
    char sex;
    char job;                                  //职业
    union {
        int  class;                            //班级
        char group[20];                        //单位名
    } category;
}person[10];
```

如果 job 项输入为 *s*（学生），则使程序接收一个整数给 class（班号），如果 job 的值为 *t*（教师），则接收一个字符串给 group［20］。下面是一段应用程序。

代码 6-20　代码 6-19 的一段应用代码。

```
scanf ("%c",& person[0].job);
if (person[0].job == 's')
    scanf ("%d",& person[0].category.class);
else if (person[0].job == 't')
    scanf ("%s",person[0].category.group);
```

请读者自己把它写成一个完整的程序。

2. 发现数据底层存储形式

代码 6-21　利用共用体的特点区分整型变量中的高字节和低字节。

```
#include <stdio.h>
union change {
    char c[2];
    short int i;
}un;

int main (void) {
    un.i = 24897;
    printf ("i = %o \n", un.i);
    printf ("%ld (低字节): %o,%c\n", &un.c[0],un.c[0],un.c[0]);
    printf ("%ld (高字节): %o,%c\n", &un.c[1],un.c[1],un.c[1]);
    return 0;
}
```

运行结果如下：

```
i = 60501
4339616 (低字节): 101,A
4339617 (高字节): 141,a
```

在这里，60 501 是 *i* 的八进制数，101 和 141 分别为 *i* 的低字节和高字节中的八进制数值。图 6.3 为它们在内存中的存储形式。

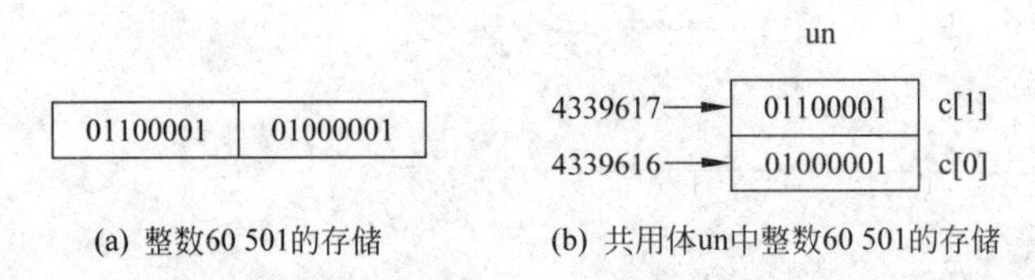

(a) 整数60 501的存储　(b) 共用体un中整数60 501的存储

图 6.3　利用共用体输出各字节

6.3 枚举类型

6.3.1　枚举类型及其定义

在现实世界中，像逻辑、颜色、星期、月份、性别、职称、学位、行政职务等这样一些事物具有一个共同的特点，就是它们的值是一个较小的有限数据集合，而不像浮点数那样具有无限个值，也不像整数和字符那样是一个极大的集合。例如逻辑{true, false}、颜色{red,yellow,blue,white,black}、星期{sun,mon,tue,wed,thu,fri,sat}等。为了描述这类只能在一个较小集合中取值的数据类型，C 提供了一种特定的用户定制数据类型——枚举类型（enumeration type）。

枚举类型的定义格式如下：

```
enum 枚举类型名 {枚举元素列表};
```

说明：

（1）enum 为枚举类型关键字，枚举类型名是一个符合 C 标识符规则的枚举类型名字，枚举元素列表为一组枚举元素标识符，所以枚举元素也称枚举常量。例如声明语句

```
enum Color {red,yellow,blue,white,black};
```

定义了一个以 red、yellow、blue、white 和 black 为枚举元素的枚举类型 Color。用它声明的变量只能在其定义的枚举元素中取值。

（2）枚举元素也称枚举常量，顾名思义它们不是变量，而是一些常数。编译器给它们的默认值是从 0 开始的一组整数。对于上述定义的 Color 类型来说，这组值依次被默认为 0、1、2、3、4，即 red、yellow、blue、white 和 black 只是这组整型数据的代表符号。

（3）根据需要，枚举元素所代表的值可以在定义枚举类型时显式地初始化为一系列整数。例如对于星期，可以如下定义：

```
enum Day {sun = 7,mon = 1, tue = 2, wed = 3,thu = 4, fri = 5, sat = 6};
```

在默认情况下，枚举元素的值是递增的。因此，当要将几个顺序书写的元素初始化为连续递增的整数时，只需要给出第 1 个元素的数值即可。所以上述定义可以改写为：

```
enum Day {sun = 7,mon = 1, tue, wed,thu, fri, sat};
```

6.3.2 枚举变量及其声明

定义枚举类型的目的是要用它生成枚举变量参加需要的操作。生成枚举变量的方法与生成构造体变量类似，可以用 3 种方式进行，即先定义类型后生成变量、在定义类型的同时生成变量和直接生成变量。例如要生成变量 carColor，可以用下面一种方式。

（1）先定义类型后生成变量，例如：

```
enum Color {red,yellow,blue,white,black};
enum Color carColor = red;
```

（2）在定义类型的同时生成变量，例如：

```
enum Color {red,yellow,blue,white,black}carColor;
```

（3）直接生成变量，例如：

```
enum {red,yellow,blue,white,black}carColor;
```

注意：

（1）枚举变量的生成表明系统将为其分配存储空间，大小为存储一个整型数所需的空间。

（2）在生成一个枚举变量的同时还可以将之初始化。例如：

```
enum Color {red,yellow,blue,white,black}carColor = white;
```

6.3.3 对枚举变量和枚举元素的操作

表 6.1 对枚举变量和枚举元素所能进行的操作进行了比较。

表 6.1 枚举变量和枚举元素的操作比较

操作内容	枚举变量	枚举元素	例　　子
赋值	可以	不可	carColor = red;　　//① 直接使用枚举元素赋值 carColor = (enum Color)2;　//② 指定枚举元素序号
比较	可以	可以	if (carColor == white)printf ("My car."); if (carColor < yellow) printf ("Wife's car.");
输出	可以	可以	printf ("%d,%d", carColor,red);

说明：

（1）枚举元素在编译时被全部求值，因此不会占用对象的存储空间。一经定义，所有的枚举元素都被视为常数。在程序中，任何要改变枚举元素值的操作都是非法的。

（2）枚举元素只是一个符号，本身并无任何物理含义。枚举常量用来代表什么完全由程序设计者自己假定。为了增加可读性，一般定名时使其易于理解。例如

```
enum weekday {sunday,monday,tuesday,wednesday,thursday,friday,saturday};
```

也可以写为

```
enum weekday {sun, mon,tue,wed,thu,fri,sat};
```

究竟用 sunday 还是用 sun 代表人们心目中的“星期天”，完全自便，甚至可以用其他名字，例如 a、b、c、d 等。

（3）枚举是一种类型，不可以用枚举元素的整型值代替枚举常量参加操作（例如给枚举变量用枚举元素代表的整数赋值），因为这些整型值并非枚举元素。只有在将枚举元素代表的整型值转换为枚举类型后才可以当作枚举元素使用。

（4）枚举变量只能在枚举元素中取值。

6.3.4 用枚举为类提供整型符号常量名称

枚举常量的隐含数据类型是整数，或者说，C 语言会把枚举变量和枚举常量作为整数处理。在默认情况下，编译器将第 1 个枚举常量解释为 0，以后各枚举常量依次比前一个增 1。例如对于定义

```
enum {red,yellow,blue,white,black}carColor;
```

编译器将把 red 解释为 0，把 yellow 解释为 1，把 blue 解释为 2……

程序员为了某种需要，可以自由选择部分枚举常量的值，并使后面没有给选择值的枚举常量保持比前一个增 1 的规律。例如对于定义

```
enum {red,yellow = 10,blue,white,black}carColor;
```

编译器将把 red 解释为 0，把 yellow 解释为 10，把 blue 解释为 11……

利用这一特点，可以在程序中用枚举常量代表整数，提高程序的灵活性。例如：

```
enum {size1 = 10, size2 = 20};
int array1[size1];
int array2[size2];
```

习 题 6

概念辨析

（1）若*a*为数组名，S为构造体类型名，则下列描述中正确的是（　　）。

A. *a* 可以直接被初始化，S不可以　　B. *a* 不可以直接被初始化，S可以

C. *a* 和S都可以被直接初始化　　D. *a* 和S都不可以被直接初始化

（2）在定义一个构造体变量时，系统给其分配内存的原则是（　　）。

A. 按照第1个成员需要的内存空间分配　　B. 按照最后一个成员需要的内存空间分配

C. 按照最大成员需要的内存空间分配　　D. 按照所有成员需要的内存空间总和分配

（3）若有声明

```
struct Exam {int x; int y; int z; }example;
```

则下列叙述中不正确的有（　　）。

A. Exam是构造体类型关键字　　B. example是构造体类型名

C. Exam是构造体类型名　　D. example是构造体变量名

（4）对于声明

```
struct {int x1; char x2[8]; }S;
```

下列叙述中，正确的是（　　）。

A. S是构造体类型名　　B. S是构造体变量名

C. struct是构造体类型　　D. struct是构造体类型名

（5）对于定义

```
struct Str {int x; float y; char z[6]; }sample;
```

下列各项中正确的赋值语句是（　　）。

A. 其他3个选项都不正确　　B. sample.z = "abcd";

C. z ="abcd";　　D. strcpy (sample.z. "abcd");

（6）对于描述学生信息的构造体类型定义

```
struct student {
   int studNum;
   char studName[15];
   char sex;
   struct {int year; int month; int day; }birthday;
}stu;
```

若要将变量stud的生日设置为1978年5月6日，则下列语句中正确的是（　　）。

A. year = 1978; month = 5; day = 6;

B. birthday.year = 1978; birthday.month = 5; birthday.day = 6;

C. stu.birthday.year = 1978; stu.birthday.month = 5; stu.birthday.day = 6;

D. stu.stu.year = 1978; stu.month = 5; stu.day = 6;

（7）关于枚举变量，下面叙述中不正确的说法是（　　）。

A. 要将一个枚举类型中隐含的整型数赋值给枚举变量，必须将其先转换为相应的枚举类型

B. 两个同类型的枚举变量之间可以进行关系操作

C. 两个同类型的枚举变量之间可以进行算术操作

D. 对一个枚举变量可以进行++或– –操作

（8）下面关于枚举类型的说法中正确的是（　　）。

A. 可以为枚举元素赋值　　B. 枚举元素可以进行比较

C. 枚举元素的值可以在定义类型时指定　　D. 枚举元素可以作为常量使用

（9）下面关于枚举的说法中正确的是（　　）。

A. 枚举元素是整型常量　　B. 枚举元素是字符常量

C. 枚举元素是字符串常量　　D. 以上都不对

代码分析

1. 从下列各题的备选答案中选择最合适的答案。

（1）对于下面的声明

```
…
struct xyz{int a; char b}
…
struct xyz s1,s2;
…
```

在编译时，将会发生（　　）。

A. 编译时错　　B. 编译、链接、执行都通过

C. 编译和链接都通过，但不能执行　　D. 编译通过，但链接出错

（2）有构造体类型定义

```
struct s
{
    int a;
    int b;
}vs;
```

在下列候选答案中，正确的赋值操作是（　　）。

A. s.a = 5;　　B. s.vs.a = 5;

C. struct va; va.x = 5;　　D. struct s va = {5};

E. struct s vs.a = 5;　　F. vs.a = 5;

（3）若有以下构造体定义

```
struct student {
 char studNum[6];
 float studScore;
}stud1;
```

则stud1所占用的内存空间大小为（　　）。

A. 6B　　B. 4B　　C. 11B　　D. 10B

（4）对于下列定义

```
struct person {
    char name[9];
    int age;
}c[10] ={"Zhang",17, "Wang",19, "Li",20, "Zhao",18};
```

能打印出字母h的语句是（　　）。

A. printf ("%c" ,c[3].name[0]);　　B. printf ("%c",c[3].name[1]);

C. printf ("%c",c[2].name[0]);　　D. printf ("%c",c[2].name[1]);

（5）对于定义

```
typedef struct {int x; char y; double z; }STD;
```

下列叙述中能正确定义构造体数组并初始化的语句是（　　）。

A. STD tt[2] ={ {1, 'A',1.23}, {2, 'B',2.345}};　　B. STD tt[2] ={1, "A",1.23,2, "B",2.345};

C. STD tt[2] ={ {1, 'A'}, {2, 'B'}};　　D. STD tt[2] ={ {1, "A",1.23}, {2, "B",2.345}};

（6）若有以下构造体定义

```
struct student {
   char studNum[6];
   double studScore;
}stud1;
```

则stud1所占用的内存空间至少为（　　）。

A. 6B　　B. 4B　　C. 11B　　D. 10B

（7）对于定义

```
union {char a; int b; float c; }x1,x2;
```

以下叙述中错误的是（　　）。

A. 在定义变量x1和x2时不能对其成员进行初始化

B. 在变量x1中不能同时存放成员a、b、c的值

C. 成员变量x1.a和x1.c具有相同的首地址

D. 赋值语句“x1 = x2;”是合法的

（8）对于定义

```
union UT {int n; double g; char c[4]; }x;
struct ST {float x; union UT ut; }first;
```

变量first所占的内存字节数为（　　）。

A. 4　　B. 8　　C. 12　　D. 14

（9）下列代码的运行结果为（　　）。

```
#include <stdio.h >
int main (void) {
   enum e { elm2 = 1,elm3,elm1};
   char *ss[] ={"AA", "BB","CC" , "DD"};
   printf ("\n%s%s%s%\n",ss[elm1],ss[elm2],ss[elm3]);
   return 0;
}
```

A. AABBCC　　B. DDCCBB　　C. CCBBAA　　D. DDBBCC

（10）设有定义

```
enum whose {my,your = 10,his,her = his + 10};
```

则语句

```
printf ("%d,%d,%d,%d",my,your,his,her);
```

的输出为（　　）。

A. 0,1,2,3　　　B. 0,10,0,10　　　C. 0,10,11,21　　　D. 1,10,11,21

（11）若有下面的定义

```
enum {A = 21,b = 23,C = 25}abc;
```

则循环语句

```
for (char abc = A; abc < C; abc  ++ )printf ("*");
```

将（　　）。

A. 成死循环　　　B. 循环两次　　　C. 循环4次　　　D. 语法出错

2. 下列说明语句中哪些是正确的？哪些是错误的？并说明原因。

（1）

```
struct student {
     char studNum[6];
     int studScore;
};
Student stud1,stud2;
```

（2）

```
struct student {
     char studNum[6];
     int studScore;
};
struct student stud1,stud2;
```

（3）

```
struct student {
     char studNum[6] ="12345";
     int studScore = 88;
}stud1,stud2;
```

（4）

```
struct student {
     char studNum[6];
     int studScore;
}Student stud1,stud2;
```

（5）

```
typedef struct student {
     char studNum[6];
     int studScore;
}stud1,stud2;
```

（6）

```
struct student {
     char studNum[6];
     int studScore;
}stud1,stud2;
```

3. 下列程序中有若干个错误，请改正。

（1）

```
#include <stdio.h>
struct student {
     char studName[15];
     char studSex;
     struct {int year; month; day; }studBirthday;
}stud {"zhang1",'m', {1978,5,6}};
int main (void) {
     printf ("%c,%c,%d",stud.studName,stud.studSex,stud.studBirthday);
     return 0;
}
```

（2）

```
#include <stdio.h>
union {int a; struct {int u; float v; }b; };
int main (void) {
    union uu m;
    m.a = 200; m.u = 500; m.v = 150;
    printf ("%d\t%f\n",m.a, m.b.v);
    return 0;
}
```

4. 阅读程序，给出程序的执行结果。

（1）

```
#include <stdio.h>
struct s {int x; int y; }cnum[2] ={1,3,2,7};
int main (void) {printf ("%d\n",cnum[0].y*cnum[1].x); return 0; }
```

（2）

```
#include <stdio.h>
struct sampl { char name[10]; int number; };
struct sampl test[3] ={ {"ZhangSan",10}, {"LiSi",20}, {"WangWu",30}};
int main (void) {printf ("%c%d\n",test[1].name[0],test[0].name); return 0; }
```

（3）

```
#include <stdio.h>
int main (void) {
    struct str {int a,b; char c[6]; };
    printf ("%d\n",sizeof (struct str));
    return 0;
}
```

（4）

```
#include <stdio.h>
int main (void) {
    union {unsigned char c; unsigned int i[4]; }z;
    z.i[0] = 0x39; z.i[0] = 0x36;
    printf ("%c\n",z.c);
}
```

提示：字符0的十六进制ASCII码为30。

（5）

```
#include <stdio.h>
typedef union {
    long x[2];
    int y[4];
    char z[8];
```

```
}MYTYPE;
MYTYPE them;
int main (void) {
    printf ("%d\n",sizeof (them));
    return 0;
}
```

（6）

```
#include <stdio.h>
union {char m[2]; int k; }mk;
int main (void) {
    mk.m[0] = 0; mk.m[1] = 1;
    printf ("%d\n",mk.k);
    return 0;
}
```

5. 指出下列声明中各枚举常量的整数值。

（1）enum { NUL,SOH, STX,EFX};

（2）enum { VT = 11, FF, CR};

（3）enum {SO = 14, SI, DLE, CAN = 24, EM};

（4）enum {ENQ = 45, ACK, BEL LF = 37, ETB, ESC};

探索验证

1. C语言规定，构造体类型是一个非空集合（nonempty set）。如何理解这个规定？能否写一个什么成员都没有的构造体类型？试编写程序验证，并解释结果。

2. C语言规定，构造体变量的长度不小于各成员所占用的内存之和。如何理解这个规定？试编写程序验证之。

3. C语言规定，共用体变量的长度不小于其最大成员的长度。如何理解这个规定？试编写程序验证之。

开发练习

设计下面各题的C程序，并设计相应的测试用例。

1. 记录来电。对于每个来电通话应记录对方名称、电话号码、归属地、来电日期和时间、通话时间。

2. 设计一个构造体数组，用于存储 *n* 个学生的信息，每个学生的数据包括学号（num）、姓名（name[20]）、性别（sex）、年龄（age）、三门课成绩（score[3]），要求程序具有以下功能。

程序运行时首先显示一个菜单，菜单内容如下：

- 输入学生信息。
- 检索学生信息。
- 从学号、姓名、年龄和某门课程成绩中选择一项进行学生信息排序。

选择了某项功能后可以再返回菜单。

3. 设计一个可以显示花色（黑桃S、红心H、梅花C、方块D）及其编号（A、2、3、4、5、6、7、8、9、T、J、Q、K）的扑克牌程序，可以对这副扑克牌进行洗牌、整牌、发牌等操作。

4. 编写一个模拟手机通信录的C语言程序，该程序具有以下功能。

（1）新建联系人信息，包括姓名、年龄、性别、住址、工作单位、手机号码。

（2）查询：根据提供的一项信息（如姓名）查询该友的另外信息（如手机号码）。

5. 某校建立一个人员登记表，内容参见表6.2。

表 6.2　某校人员登记表

号　码	姓　名	性　别	职　业	级别（年级/职称/职务）
50201	Wang Li	m	学生	3
10058	Zhang He	m	教师	教授
20067	Li Feng	f	职员	科级

请为之建立一个可以存储20个人信息的数组。

6. 编写一个C程序，使之能根据用户输入的今天是星期几（数字或英文名称均可）输出明天是星期几的英文名称。

7. 职工数据包括职工号、职工名、性别、年龄、工龄、工资、地址。

（1）为其定义一个构造体变量。

（2）对上述定义的变量从键盘输入所需的具体数据，然后用printf函数显示出来。

（3）定义一个职工数据的构造体数组，从键盘输入每个构造体元素所需的数据，然后逐个输出这些元素的数据（为了简化，可假设数组只有3个元素）。

8. 设计一个用于人事管理的构造体。

（1）每个人的数据包括职工号、姓名、性别、出生日期；

（2）性别和出生日期用位段表示。

第7单元　指　　针

指针是取值为计算机内存地址的复合数据类型，它可以指向一类数据对象，从而提供了不使用名字访问数据对象的另一种手段。通常，用它可以使数据传递变得简洁，并可以用它将任何一类数据实体链接起来构造复杂数据结构。

7.1　指针类型与指针变量

7.1.1　指针及其声明

1. 指针＝基类型+地址

C 程序中的每一个数据对象（简单变量、数组、构造体变量和函数等）都保存在内存的一个可标识的区域中，形成一个 C 程序的存储区间。这种存储区间有两个基本特征：一个是类型，它表明这个存储单元的大小和数据实体的存储与计算特征；另一个是地址。指针（point）变量（简称指针）就是有这样两个特征的数据类型，它的取值为某种数据类型的地址，通常说它指向某种数据类型的数据实体。为了区别指针类型与它所指向的数据实体的类型，将指针所指向的数据类型称为指针的基类型。

2. 指针变量的声明

声明一个指针变量就是声明一个指针名以及它所指向的数据类型。为了表明这个名字是一个指针变量，在指针变量标识符和类型中间要增添一个字符*。例如：

```
int *pi;                    //声明一个指向 int 类型的指针变量 pi
double *pd;                 //声明一个指向 double 类型的指针变量 pd
char *pc;                   //声明一个指向 char 类型的指针变量 pc
```

说明：

（1）这里声明的指针变量名是 pi、pd 和 pc。

（2）符号*用于表明所声明的标识符是一个指针变量，称为指针声明符。它位于类型关键字和指针变量标识符之间。细看其位置有 3 种写法，很有特点。

- 将*紧靠指针变量标识符，如上面的写法，让人很容易把 pi 等理解为是指针，而且在一个声明中声明多个同类型指针时很清楚。例如：

```
int *pa,*pb,*pc;
```

- 将*紧靠类型关键字，例如：

```
int* pi;
```

让人很容易理解所声明的类型是指针类型。但是若在一个声明中声明多个指针，往往会将后面的指针变量名前的*丢掉，那样声明出的标识符就不是指针，而是普通变量了。例如：

```
int* pa,pb,pc;                    //声明了一个指向 int 类型的指针 pi，两个 int 类型变量 pb 和 pc
```

- 将*放在类型关键字和指针变量标识符之间，谁也不靠。

在程序中究竟采用哪种方式应按照自己公司的规定或自己的习惯，但要一致并且避免错误。

3. 指针变量的初始化

指针变量初始化的基本方法是给它一个同类型的内存地址。通常使用&操作符取得一个变量的地址，例如：

```
int a;
int *pa = &a;
```

一个没有初始化的指针称为悬空指针，它是指向不确定的指针，使用这种指针访问内存区将导致未定义行为，有可能导致难以预料的后果，甚至使程序崩溃，所以它也被称为失控指针或野指针（wild pointer）。防止出现这种情况的方法是要程序员养成将指针变量初始化的习惯。如果没有可给其初始化的具体地址，则可将其赋值为 NULL（即 0），使其成为一个空指针。这样就可以使用 if(ptr)或 if(!ptr)来检查这些指针 ptr 是否悬空。

4. 多级指针

指针变量也需要存放在内存的某个区域，它也有地址和类型，也可以用一个指针变量存放，这个指针称为指向指针的指针。在图 7.1 中，px 是指向变量 x 的指针，称为一级指针；ppx 是指向 px 的指针，称为二级指针。

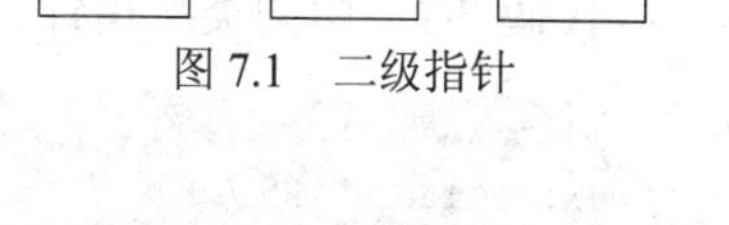

图 7.1　二级指针

在声明语句中，一级指针使用符号*来标识，二级指针使用符号**来标识。例如：

```
double d = 3.141593;
double *pd = &d;                  //声明一级指针
double **ppd = &pd;               //声明二级指针
```

显然，ppd 与&pd 相当；*ppd 与 pd 与&d 相当；**ppd 与*pd 与 d 相当。

7.1.2　同类型指针间的赋值与判等操作

1. 同类型指针间赋值

指针赋值操作实际上是改变其所指向的实体，指针的赋值操作只能在同类型指针之间进行。按照指针值的来源，可以将指针赋值分为以下两种情形。

（1）用&操作符从已定义变量获取同类型指针值，例如：

```
double  d1,d2;
double *pd1 = &d1;
pd1 = &d2;
```

其执行情况如图 7.2 所示，每一次赋值都会改变指针 pd1 的指向。

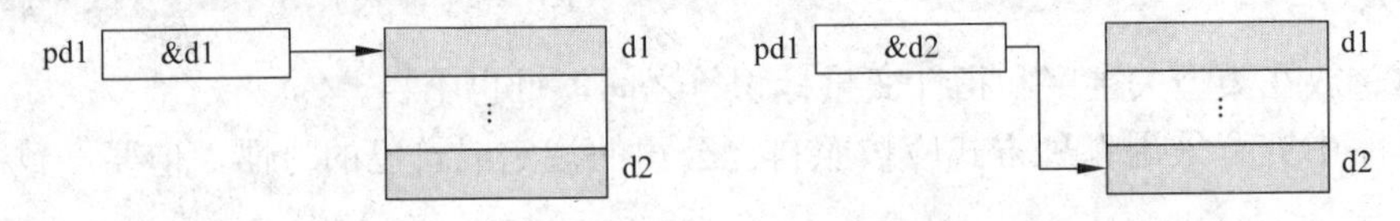

(a) pd1初始化为&d1后　　(b) 执行pd1=&d2后

图 7.2　用&操作符从已定义变量获取同类型指针值

（2）同类型指针间赋值。例如：

```
int a,b;
int *pa = &a;
int *pb = &b;
pa = pb;                                    //两同类型指针间的赋值
```

如图 7.3 所示，用一个指针给另一个同类型指针赋值会使两个指针指向同一个变量。

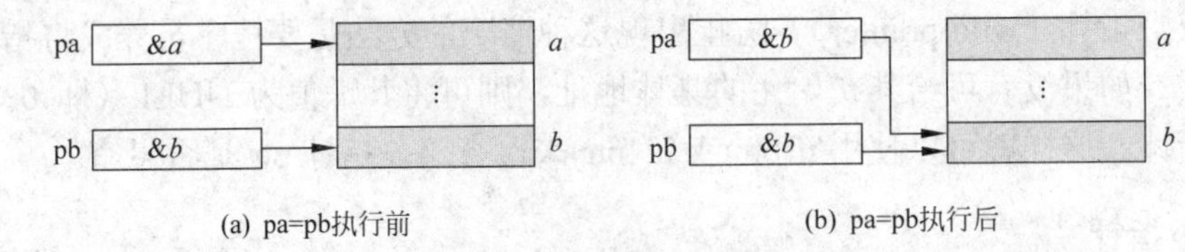

(a) pa=pb执行前　　(b) pa=pb执行后

图 7.3　同类型指针间的赋值

2. 同类型指针的判等操作

同类型的指针可以进行判等（== 或 !=）操作，以判断它们是否指向同一空间。

代码 7-1　两同类型指针判等示例。

```
#include <stdio.h>
int a(int x,int y){                         //函数 a
    return x + y;
}
int b(int x,int y){                         //与函数 a 同类型的函数 b
    return x - y;
}
int main(void){
    int (*pa)(int,int) = a;                 //声明指向函数的指针并初始化指向函数 a
    int (*pb)(int,int) = b;                 //声明指向函数的指针并初始化指向函数 b
    if (pa == pb)                           //进行相等比较
        printf("pa = pa\n");
    else
        printf("pa != pa\n");
```

```
    return 0;
}
```

运行结果如下：

```
pa !=pa
```

3. 两指针不可相加、相乘、相除

两指针不可相加，因为两指针相加、相乘、相除没有合理的语义解释。

4. 指针的其他操作

指针之间的相减、一个指针与一个整数的加减以及指针之间的关系操作只有指针指向同一数组时才有意义，否则将导致未定义行为。这些内容将在7.2.2节讨论。

7.1.3 指针的递引用

前面对于变量的访问是通过变量名进行的，在介绍了指针后就可以用指针访问这个值。请看下列程序段：

```
double d1,d2;
double *pd1 = &d1;
 *pd1 = 3.1415926;                        //向递引用d1赋值
d2 = *pd1;                                //递引用d1赋值
```

这段程序中的*pd1称为pd1的递引用或解引用(dereference)，即pd1所指向的变量d1。上述引用是通过指针pd1来反向引用d1，不是直接引用d1，故称其为变量d1的递（解）引用。符号*称为递（解）引用运算符，它与取地址运算符具有相同的优先级别与结合性，并互为逆运算。

注意：下面两个语句中运算符“*”的含义是不相同的。

```
double d = 0;
double *pd = &d;                          //*与double结合为“指向double的指针”类型
*pd = 3.1415926;                          //*为递引用运算符
```

对于语句

```
double d;
double *pd = &d;
```

用户应弄清下面内容的含义。

- *d*：变量。
- pd：指向*d*的指针变量。
- &*d*：与pd等价。
- *pd：pd指向的变量，与*d*等价。
- *(&*d*)：与*pd（即*d*）等价。
- &(*pd)：与&d（即pd）等价。

7.1.4 void 指针

指针必须属于一个特定的类型，并且不同类型的指针之间不可以直接赋值，否则就会导致程序异常。为了便于处理某些特殊问题，C 语言允许定义一种指向 void 类型的指针，并将这类指针称为通用指针。通用指针可以被赋予任何其他类型的指针值。

代码 7-2 void 类型指针应用示例。

```
int i = 0;
int *pInt = &i;
double d = 1.23;
double *pDouble = &d;
void *pVoid = NULL;
pVoid = &i;                                    //用 pVoid 指向 i
pVoid = &d;                                    //用 pVoid 指向 d
```

注意：不能对 void 指针进行*操作。

7.1.5 用 const 限定指针

const 还可以用在指针声明中，这时会有以下 3 种情况。

（1）一个名字：指针名。

（2）两种对象：指针和指针的递引用。

（3）3 个修饰：指针名前的数据类型、const 和指针操作符*。

理解技巧：在指针声明中，一个 const 保护的是其右边的递引用（*）或指针（指针名）。具体保护哪个，要看 const 右边最近的是什么，若"*"最近，则保护递引用；若指针名最近，则保护指针。

考虑各种排列，可以形成表 7.1 中的 4 种情形。

表 7.1 在指针定义中 const 的使用方法

名　称	示　例	助记技巧	const 保护内容
常量指针（指向常量的指针）	const int * pa int const * pa	const 修饰"*"	保护指针的递引用，即指针指向的变量值，但指针值可变
指针常量（作为常量的指针）	int * const pb	const 修饰指针名	保护指针变量值（地址），而指针的递引用可变
常量指针常量（指向常量的指针常量）	const int * const pc int const * const pc	两个 const 分别修饰"*"和指针名	指针及其递引用都受保护
不成立	const * int pa	"*"不可写在类型关键字前面	

代码 7-3 用 const 修饰递引用产生影响的示例。

```
int a = 0,b = 1;
const int c = 6;
const int *pi1;                          //声明一个指向 int 类型的常量指针 pi
pi1 = &a;                                //OK，修改指向，指向非常量
*pi1 = 10;                               //错误，不能用递引用方式修改所指向的对象
```

```
a = 10;                                //OK，所指向的对象值可以修改
pi1 = &b;                              //OK，修改指向，指向非常量
*pi1 = 20;                             //错误，不能用递引用方式修改所指向的对象
Pi1 = &c;                              //OK，修改指向，指向常量
*pi1 = 30;                             //错误，不能用递引用方式修改所指向的对象
int* pi2 = &c;                         //错误，不能把一个常量对象地址赋给一个无约束指针
void* pv = &c;                         //错误，不能使用void*指针保存const对象的地址
const void* pv = &c;                   //OK，使用const void*类型保存常量对象地址
```

代码 7-4 用 const 修饰指针产生影响的示例。

```
const int a = 1;
const int b = 2;
int i = 3;
int j = 4;

int *pi1 = &b;                         //错误，将常量地址送非常量指针
const int * pi2 = &i;                  //OK，将变量的地址送常量指针
const int * pi3 = &a;                  //OK，将常量的地址送常量指针
int * const pi4 = &i;                  //OK，pi4的类型为int* const
int * const pi5 = &a;                  //错误，将常量地址送非指针常量
                                       //pi5类型为int *const,&a的类型为const int*
pi2 = &j;                              //错误，pi2指针是常量,不可变
*pi4 = a;                              //OK，*pi没有限定是常量,可变
*pi4 ++ = 5;                           //错误，指针常量不能改变其指针值
```

代码 7-5 用 const 修饰指针及其递引用的影响示例。

```
const int a = 1;
const int b = 2;
int i = 3;
int j = 4;
const int* const pi1 = &i;             //OK，&i类型为int* const,含有int*,可赋值
const int *pi2 = &j;
const int *const pi3 = pi1;            //OK，pi1类型为int*
pi1 = &b;                              //错误，pi1不可变
pi1 = &j;                              //错误，pi1不可变
*pi1 = b;                              //错误，*pi1不可变
*pi1 = j;                              //错误，*pi1不可变
pi1 ++ ;                               //错误，pi1不可变
 ++ i;                                 //OK，=号右边的变量与所修饰的变量无关
a --;                                  //错误，a为const
```

习题 7.1

概念辨析

从下列各题的备选答案中选择合适的答案。

（1）“指针 = 基类型 + 地址”表明（　　）。

A. 只有地址相等，而基类型不同的指针不是同一个指针

B. 两个不同基类型的指针不可以进行算术减运算

C. 要弄清指针的概念，地址比基类型更重要，所以先要考虑地址

D. 要弄清指针的概念，基类型比地址更重要，因为后面才是重点

（2）以下关于基类型的叙述中正确的是（　　）。

A. 在基类型为某种类型（如int）的指针变量中只能存放该类型（如int类型）的数据

B. 变量的基类型就是形成该变量类型的基本类型

C. C程序中的每个变量都有自己的基类型

D. 指针变量所能指向的变量的类型就是该指针变量的基类型

（3）表达式 *ptr的意思是（　　）。

A. 指向ptr的指针　　B. 递引用ptr

C. 引用ptr所指向变量的值　　D. 一个数乘以ptr的值

（4）假定变量 *m* 被定义为“int m = 7;”，则定义变量 *p* 的正确语句为（　　）。

A. int *p = &m;　　B. int p = &m;　　C. int & p = *m;　　D. int *p = m;

代码分析

1. 指出下面各程序段中的错误。

（1）

```
char *p, *q, *x, *y;
x = p /2 + q/2;
y = p + (q - p)/2;
```

（2）

```
int *pi;
float *pf;
if (pi - pf) = 0
 *pf = *pi;
```

2. 阅读代码，选择答案。

（1）对于定义

```
int a, *p;
```

下列赋值表达式中正确的是（　　）。

A. *p = *a　　B. p = *a　　C. p = &a　　D. *p = &a

（2）对于定义

```
int a, *p = &a;
```

下列表达式中错误的是（　　）。

A. *&a　　B. &*a　　C. *&p　　D. &*p

（3）对于定义

```
int a, *p, *p1 = &a, *p2 = &a;
```

下列表达式中错误的是（　　）。

A. a = *p1 + *p2　　B. p = p1　　C. p = p1 + p2　　D. a = p1 – p2

（4）对于定义

```
int a, *p = &a, *q = NULL;
```

下列表达式中正确的是（　　）。

A. *q = 999　　B. *p = 999　　C. *a = 999　　D. &a = 999

（5）对于定义

```
int *p, *q, a = 2, b;
```

下列赋值语句组中正确的是（　　）。

A. p = &a; *q = *p;　　B. p = &a; q = &b; #p = *q;

C. *p = a; *q = b;　　D. p = &a, q = &b; *q = *p;

（6）对于说明

```
double x = 3.141563,*pointer = &x;
```

下列均表示地址的表达式是（　　）。

A. &x, &*pointer, &pointer　　B. *&x, *(&pointer), &pointer

C. &(&(*pointer)), &(*pointer), *pointer　　D. &(*&pointer), &*&pointer, *&*pointer

3. 阅读程序，选择执行结果。

（1）（　　）

```
#include <stdio.h>
int main (void) {
  int a = 7,b = 8, *p, *q, *r;
  p = &a; q = &b;
  r = p; p = q; q = r;
  printf ("%d,%d,%d,%d\n",*p,*q,a,b);
  return 0;
}
```

A. 7,8,7,8　　B. 8,7,8,7　　C. 7,8,8,7　　D. 8,7,7,8

（2）（　　）

```
#include <stdio.h>
int main (void) {
  int a = 25, *p = &a;
  printf ("%d\n", ++ *p);
  return 0;
}
```

A. 26　　B. 25　　C. 24　　D. 23

（3）（　　）

```
#include <stdio.h>
int main (void) {
  int a = 2, b = 3, *p = &a, *q = &b;
```

```
    b = a,p = &b;
    b = p == q;
    printf ("%d %d\n",a, b);
    return 0;
}
```

A. 2 1　　B. 2 2　　C. 0 3　　D. 0 1

（4）(　　)

```
#include <stdio.h>
int main (void) {
    int a, b , x = 5, y = 2, *p = &x, *q = &y;
    a = p == q;
    b =- *p / (*q);
    printf ("%d %d\n",a, b);
    return 0;
}
```

A. 0 – 2　　B. 1 – 2　　C. 1 – 2.5　　D. 0 – 2.5

（5）const int *p说明不能修改（　　）。

A. *p*指针　　B. *p*指向的变量

C. *p*指向的数据类型　　D. 上述三者都不对

（6）对于声明“int b;”，下列与之等同的是（　　）。

A. const int* a = &b;　　B. const* int a = &b;

C. const int* const a = &b;　　D. int const* const a = &b;

4. 要想使指针变量pt1指向 *a* 和 *b* 中的大者，pt2指向小者，请问以下程序能否实现此目的?

```
#include <stdio.h>

int swap (int *p1, int *p2)   {
    int *p;
    p = p1; p1 = p2; p2 = p;
}

int main (void) {
    int a,b;
    int *pt1, *pt2;

    scanf("%d, %d", &a, &b);
    pt1 = &a; pt2 = &b;
    if (a < b)
        swap (pt1, pt2);
    printf("%d, %d\n", *pt1, *pt2);

    return 0;
}
```

请分析此程序的执行情况，指出pt1和pt2的指向并修改程序使之能实现题目要求。

5. 找出下面各程序段中的错误并说明原因。

（1）

```
int ii = 0;
const int i = 0;
const int *p1i = &i;
int * const p2i = &ii;
const int * const p3i = &i;
p1i = &ii;
*p2i = 100;
```

（2）

```
const int a = 10;
int i = 1;
const int *&ri = &i;
ri = &a;
ri = &i;
const int *pi1 = &a;
const int *pi2 = &i;
ri = pi1;
ri = pi2;
*ri = i;
*ri = a;
```

（3）

```
const int a = 10;
int i = 5;
int *const &ri = pi;
int *const &ri = &a;
 (*ri)  ++ ;
i  ++ ;
ri = &i;
```

（4）

```
typedef char * pStr;
char string[4] = "bbc";
chnst char *p1 = "string";
const pStr p2 = string”;
p1  ++ ;
p2  ++ ;
```

6. 对于声明

```
int a = 248; b = 4; int const c = 21; const int *d = &a;
int *const e = &b; int const *f const =&a;
```

下列表达式中哪些会被编译器禁止？为什么？

*c = 32; d = &b; *d = 43; e = 34; e = &a; f = 0x321f;

探索验证

1. 当操作符*、&、++ 作用在同一个变量上时，由于排列情形不同，形成不同的含义。编写C程序，探索以下内容。

（1）哪些情形是符合C语言语义的，哪些不符合？

（2）分别说明符合C语言语义的几种情形各表示了什么意义。

2. 请写出 char *p 与“零值”比较的if语句。

3. 如何用格式化输出函数printf()输出一个指针的值？

4. 分析下面一段代码：

```
const int i = 0;
int * p = (int*)&i;
p = 100;
```

它说明const的常量值是否一定不可以被修改。

5. 分析下面的代码有什么实用价值。

```
const float EPSINON = 0.00001f ;
if ((x >=-EPSINON) && (x  <= EPSINON))
...
```

6. 在C语言程序中，有些地方必须使用常量表达式，例如定义数组大小以及case后面的标记。试设计一个程序，测试const变量能不能用到这些地方。

开发练习

设计下列各题的C程序，并设计相应的测试用例。

1. 从键盘为两个变量输入值，用指针实现两个变量值的交换。

2. 从键盘输入3个整数，要求设3个指针变量p1、p2、p3，使p1指向3个数的最大者，p2指向次大者，p3指向最小者，然后按由大到小的顺序输出3个数。

7.2 数组与指针

7.2.1 数组名具有退化的左值性

代码 7-6 用于观察数组名左值性的代码。

```
#include <stdio.h>
int main(void){
    int a[3] = {1,2,3};
    printf("The value of array name a is:%p\n",a);
    printf("The value of expression &a is:%p\n",&a);
    printf("Address of first element of a[0] is:%p\n",&a[0]);
    return 0;
}
```

执行结果如下：

```
The value of array name a is:0022FF78
The value of expression &a is:0022FF78
Address of first element of a[0] is:0022FF78
```

说明：

（1）可以对数组名进行取地址计算，说明数组名是一个左值。

（2）数组名（*a*）的值与对数组名取地址（&*a*）的值相同，说明数组名是一个指针。

（3）数组名（*a*）的值、对数组名取地址（&*a*）以及对第一个元素取地址（&*a*[0]），都得到同一个地址，说明数组名是指向数组起始地址的指针。

（4）下面的例子还说明数组名具有退化的左值性，说明数组名是一个指向数组起始地址的指针常量。

代码 7-7 用于观察数组名左值性退化的代码。即对于下面的操作是不允许的。

```
int a[3] = {1,2,3};
int b;
```

```
b = a;                                  //错误，数组名退化不可修改
int *p = a;                             //OK，数组名退化为右值
```

7.2.2　下标表达式的指针性质

数组下标操作符（[ ]）用于下标表达式中，以指定数组元素索引——确定数组元素在内存的引用位置，基本格式如下。

```
E1 [E2]
```

说明：

（1）在数组的概念上，E1 称为主表达式（也称后缀表达式，postfix-expression），其求值的结果是指向数组起始位置的指针；E2 是一个整数（包括枚举类型和字符类型）表达式，其求值的结果是一个整数偏移量。

（2）C 语言编译器会将表达式 E1[E2]解释为*((E1) + (E2))。为了保证表达式*((E1) + (E2))成立，必须保证表达式(E1) + (E2)是一个指针。因此，可以有以下几个推断。

- E1 和 E2 不能都是指针，否则(E1) + (E2)就是一个错误表达式，因为两个指针相加没有语义解释。
- E1 和 E2 不能都是整数，否则(E1) + (E2)就不会是指针。
- 指针与一个浮点数相加也没有语义解释，所以 E1 和 E2 中不会有一个是浮点类型。

这样只能有一种情形：E1 和 E2 中必须有且只能有一个是指针，另一个是代表偏移量的整数。根据这一点可以得出一个结论：E1[E2]的实际形式是数组名[下标表达式]，实际上被解释为数组名 + 下标表达式，即完全可以用数组名与小整数相加访问数组元素。

代码 7-8　用数组名指针访问数组元素示例。

```
#include < stdio.h >
int main (void) {
    int a[5] = {5,4,3,2,1};
    printf ("*(a + 0): % ld,&a[0]: % ld \n", *(a + 0),a[0] );
    printf ("* (a + 1): % ld,&a[1]: % ld \n",* (a + 1), a[1]);
    printf ("* (a + 2): % ld,&a[2]: % ld \n",* (a + 2) ,a[2]);
    return 0;
}
```

运行结果如下：

```
*(a + 0):5, a[0]:5
*(a + 1):4, a[1]:4
*(a + 2):3, a[2]:3
```

也就是说，对于数组 *a* 有以下对应关系：

```
    a + 1  ~  &a[1]        或      *(a + 1)  ~  a[1]
    a + 2  ~  &a[2]                *(a + 2)  ~  a[2]
      ⋮                                 ⋮
    a + n  ~  &a[n]                *(a + n)  ~  a[n]
```

（3）(E1) + (E2)中的指针不一定非要是数组名，也可以是任何指向数组元素的指针。

代码 7-9 用指向数组元素的指针变量访问数组元素示例。

```
#include <stdio.h>
int main (void) {
    int a[5] = {5,4,3,2,1};
    int *pa = a;            //用数组名初始化数组指针变量
    printf ("* (pa + 0): % d,&a[0]: %d\n", * (pa + 0) ,a[0] );
    printf ("* (p a + 1): % d,&a[1]: %d\n", * (pa + 1), a[1]);
    printf ("* (p a + 2): % d,&a[2]: %d\n",* (pa + 2) ,a[2]);
    return 0;
}
```

运行结果如下：

```
*(pa + 0):5, a[0]:5
*(pa + 1):4, a[1]:4
*(pa + 2):3, a[2]:3
```

这时，pa 不再是不可修改的左值了，其灵活性也比数组名要高。

（4）从语法上来说，[ ]只需要一个表达式是指针类型，另一个表达式是整型。因此两个表达式对调没有关系。

代码 7-10 操作符（[ ]）的两个表达式对调的演示。

```
#include <stdio.h>
int main(void){
    int a[3] ={0,1,2};
    printf("%d\n",a[2]);
    printf("%d\n",2[a]);
    return 0;
}
```

编译运行结果表明对调前后结果相同。

```
2
2
```

（5）数组越界是 C 语言的一个未定义行为，即偏移量只能在[0, $N-1$]（为数组大小）范围内。因为偏移量小于零，或大于 $N-1$ 都将导致无定义行为。从这一点出发可得出结论：除指向数组的指针外，其他任何指针与整数相减都会导致未定义行为。反过来，可以与整数相加的指针只能是指向数组的指针。

再进一步说，可以对指向数组元素的指针（如代码 7-9 中的 pa）实施 ++ 操作，使其指向在数组元素之间移动。与之对应，也可以对指向数组元素的指针实施– –操作或实施减去一个小整数的操作，但要注意不能越界，并且不可对数组名实施++、– –操作，因为数组名是不可修改的左值。用户也不可对数组名实施减去一个小整数的操作，因为数组名是指向数组起始元素的常指针，即使减 1，也会越界。

（6）可以对指向同一数组的两个指针进行关系操作，以确定它们的指向元素之间的顺序上的前后关系。

7.2.3 指针与字符串

1. 字符串的指针引用方式

如前所述，在C语言中字符串以数组的形式存储，并且数组与指针具有等价性。显然，指向字符类型的指针与字符数组也有等价性。例如代码段

```
char     c1[] = "abc";
char     *c2 = "abc";
```

执行后都可以使用格式化输出函数输出。例如：

```
printf ("%s",c1);
printf ("%s",c2);
```

不过，字符串的字符数组形式与字符串的字符指针形式有着很大的区别。

代码 7-11 观察下面程序的执行结果。

```
#include <stdio.h>
int main(void) {
    char c1[] = {'a','b','c','\0'};
    char c2[] = "efg";
    char *c3 = "ijk";
    printf ("c1:%p,%p,%s\n",&c1,c1,c1);
    printf ("c2:%p,%p,%s\n",&c2,c2,c2);
    printf ("c3:%p,%p,%s\n",&c3,c3,c3);
    return 0;
}
```

程序的运行结果如下：

```
c1:1245052,1245052,abc
c2:1245048,1245048,efg
c3:1245044,4333644,ijk
```

讨论：

（1）观察关于c1和c2的输出，可以看出以下几点。

- 它们的名字有二重含义：用指针转换符（%p）输出的是一个地址，用字符串转换符（%s）输出的是一个字符串。这说明字符串存储在以其名字开始的数组中。
- 它们的地址具有二重性：名字本身是一个地址，即这片存储空间的开始位置；对这个名字进行取地址计算，得到的还是这个地址，表明这个字符串名还是一个指向字符串起始位置的指针。二者一致，表明字符串名是一个常指针。

（2）观察关于c3的输出，可以看出以下几点。

- c3 的地址与其内容都是地址，这说明 c3 是一个指针变量。该指针变量地址是1245044，这个地址与c1和c2靠近。

- c3 的内容是地址 4333644，远离 c1、c2 和 c3，是另外一个存储空间。

图 7.4 解释了这种情况：c1、c2 和 c3，以及 c1 和 c2 的字符串存储在栈区，而 c3 的字符串存储在常量区。

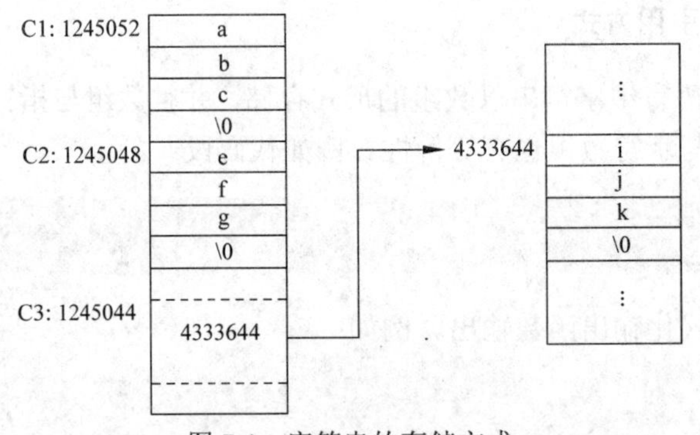

图 7.4　字符串的存储方式

注意：通过递引用来修改字符指针变量所指向的字符串量是未定义行为，有可能引起程序异常。例如

```
char *str = "I am a student.";
*str = 'Y';                                          //未定义行为
```

2. 字符串数组

为了方便处理，可以将几个相关字符串存储在一个数组中。从字符的角度看，字符串数组实际上是一个二维字符数组。由于二维数组要统一定义列宽，因此要求每个字符串的最大长度相同，即必须按要处理的字符串中的最大长度来定义所有的字符串空间，并且这些字符串被存放在一个连续的存储空间。图 7.5 为一个字符串数组的存储实例。显然，它也是一个二维字符数组。由于最长的字符串长度为 11，加上'\0'共 12 个字符长度，所以定义图中所示的 5 个字符串要使用以下说明语句：

```
char name[][12] ={"Li Bin","Zhang Bo","Ling Hao Ti","Sun Jiang","Wang Qi"};
```

字符串数组的另一种形式是采用字符指针数组。如图 7.6 所示，只要建立一个存储字符指针的一维数组即可。

L	i		B	i	n	\0	\0	\0	\0	\0	\0
Z	h	a	n	g		B	o	\0	\0	\0	\0
L	i	n	g		H	a	o		T	i	\0
S	u	n		J	i	a	n	g	\0	\0	\0
W	a	n	g		Q	i	\0	\0	\0	\0	\0

图 7.5　一个字符串数组的存储实例

这时可以采用下面的定义语句：

```
char* name[] = {"Li Bin","Zhang Bo","Ling Hao Ti","Sun Jiang","Wang Qi"};
```

由于指针数组不像二维数组那样需要按统一长度开辟存储空间，比较节省存储空间。

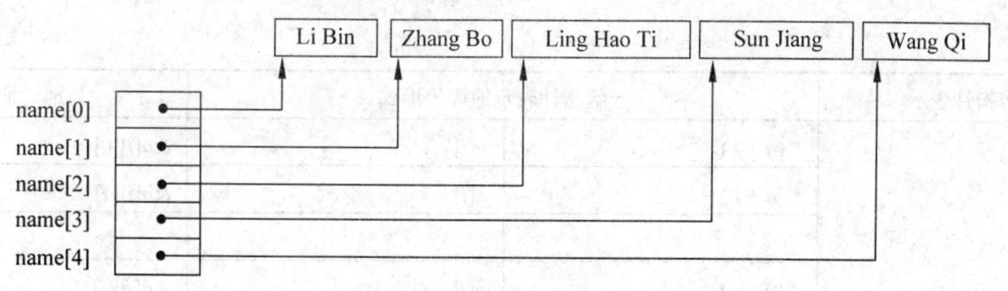

图 7.6　字符串指针数组

7.2.4　二维数组与指针

1. 二维数组名的意义

C 语言把二维数组解释为由多行一维数组组成的广义向量，二维数组的数组名也就被解释为一个指向广义向量起始行的指针；对于最终元素来说，它是一个二级指针。例如声明

```
double a[3][5];
```

可以解释为数组 a 是一个特殊的一维数组，它由 3 个元素 $a[0]$、$a[1]$和 $a[2]$构成，每个元素又代表一个包含 5 个元素的一维数组，其关系如图 7.7 所示。

a	$a[0]$ --------→	$a[0][0]$	$a[0][1]$	$a[0][2]$	$a[0][3]$	$a[0][4]$
	$a[1]$ --------→	$a[1][0]$	$a[1][1]$	$a[1][2]$	$a[1][3]$	$a[1][4]$
	$a[2]$ --------→	$a[2][0]$	$a[2][1]$	$a[2][2]$	$a[2][3]$	$a[2][4]$

图 7.7　二维数组各分量之间的关系

二维数组中任一数组元素 $a[i][j]$的地址可以表示为：

$a[i][j]$的地址 $= a[i] + j$ * sizeof (a 的基类型)

$a[i]$地址 $= a + i$ * sizeof ($a[i]$)

2. 二维数组中的地址等价关系

在二维数组中存在表 7.2 所示的地址等价关系。

表 7.2　二维数组中的几种地址等价关系

二级指针表示	一级指针表示的等价形式		地　址
a	$*a$	$a[0]$	$\&a[0][0]$
	$*a+1$	$a[0]+1$	$\&a[0][1]$
	⋮	⋮	⋮
	$*a+j$	$a[0]+j$	$\&a[0][j]$
$a+1$	$*(a+1)$	$a[1]$	$\&a[1][0]$
	$*(a+1)+1$	$a[1]+1$	$\&a[1][1]$
	⋮	⋮	⋮
	$*(a+1)+j$	$a[1]+j$	$\&a[1][j]$
⋮	⋮	⋮	⋮

续表

二级指针表示	一级指针表示的等价形式		地　址
$a+i$	$*(a+i)$	$a[i]$	$\&a[i][0]$
	$*(a+i)+1$	$a[i]+1$	$\&a[i][1]$
	⋮	⋮	⋮
	$*(a+i)+j$	$a[i]+j$	$\&a[i][j]$

3. 二维数组中递引用的等价关系

在二维数组中存在以下递引用等价关系。

```
 a[0]        * a
 a[1]        * (a + 1)
  ⋮           ⋮
 a[i]        * (a + i)
   ⋮           ⋮
a[i][0]      * a[i]              ** (a + i)
a[i][1]      * (a[i] + 1)        * (* (a + i) + 1)
  ⋮             ⋮                      ⋮
a[i][j]      * (a[i] + j)        * (* (a + i) + j)
```

4. 数组元素指针的推广

如果把一个多维数组看作一个广义的一维数组，那么数组名是指向这个广义一维数组的第一个元素的指针。对一维数组来说，它指向第一个数据；对二维数组来说，它指向第一行数据；对三维数组来说，它指向第一页数据，如图 7.8 所示。数组名指针每增 1，地址下移广义数组中一个元素的位置。

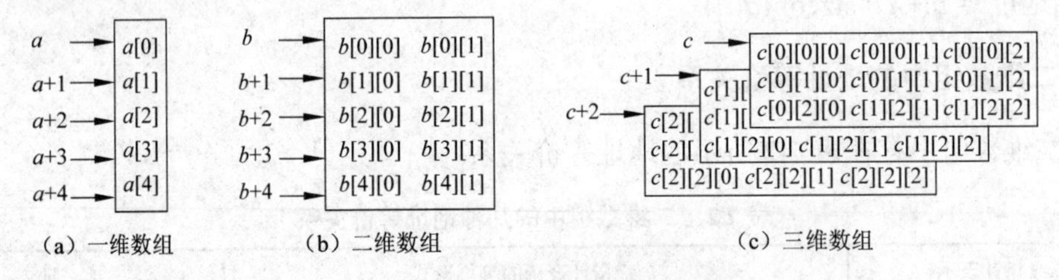

图 7.8　数组名指针的移动规律

从图 7.8 中还可以看出，对于二维数组来说，数组 b 与行 $b[0]$以及元素 $b[0][0]$具有同一个地址，但它们却不是同类型的指针，因为它们的基类型不相同——指向的数据类型不相同。

- $\&b$：指向 b 的指针。
- b：指向 $b[0]$的指针。
- $*b$：指向 $b[0][0]$的指针。

同样，指向数组 c 的指针（页 $c[0]$的地址）与指向页 $c[0]$的指针（行 $c[0][0]$的地址）以及指向行 $c[0][0]$的指针（元素 $c[0][0][0]$的地址）具有相同的地址值，但它们也不是同一类型。

习题 7.2

代码分析

1. 阅读程序，指出程序的执行结果。

（1）

```
#include <stdio.h>

int main(void){
    int a[10] = {0,1,2,3,4,5,6,7,8,9},*p = a;
    printf("%d,%d\n",*p+2,*(p+2));
    return 0;
}
```

（2）

```
#include <stdio.h>

int main(void){
    int i;
    int a[10],*p = a;

    for(i = 0; i < 10; i++)*p ++ = 2 * i;
    for(i = 0; i < 10; i++)printf("%d  ",a[i]); printf("\n");
    return 0;
}
```

（3）

```
#include <stdio.h>

int main(void){
    int a[5] = {0,1,2,3,4},*p;
    p = &a[3];
    printf("%d\n ",*--p);
    return 0;
}
```

（4）

```
#include <stdio.h>

int main(void){
    int a[5] = {1,3,5,7,9},*p,**k;
    p = a; k = &p;
    printf("%d, ",*(p++));
    printf("%d, ",**k);
    return 0;
}
```

(5)

```
#include <stdio.h>

int main(void){
     static int a[] = {1,3,5};
     int s,i,*p = NULL;
      s = 1;
     p = a;
     for(i = 0; i < 3; i++)s* = *(p+i);
          printf("%d\n",s);
     return 0;
}
```

(6)

```
#include <stdio.h>

int main(void){
     static int a[] = {1,2,3,4,5};
     int *p = NULL;
     p = a;
     printf("%d, ",*p);
     printf("%d, ",*(++p));
     printf("%d, ",*++p);
     printf("%d, ",*(p--));
     printf("%d, ",++(*p));
     return 0;
}
```

(7)

```
#include <stdio.h>
#include <string.h >

int main(void){
     char a[] = "abcdefgh";
     char *pc = &a[8];
     while(--pc > a)putchar(*pc);
     putchar('\n');
     return 0;
}
```

(8)

```
#include <stdio.h>
#define N 3
#define M 4

int main(void){
     int a[N][M] = {1,3,5,7,9,11,13,15,17,19,21,23};
```

```
    int (*p)[M] = a,i,j,k = 0;
    for(i = 0; i < M-1; i++)
         for(i = 0; i < M-1; i++)
              for(j = 0; j < N-1; j++)
                   printf("%d",k+(*(*p+1)+j));
    return 0;
}
```

（9）

```
#include <stdio.h>
int main(void){
    char *c[] = {"ENTER","NEW","POINT","FIRST"};
    char **pc[] = {c+3,c+2,c+1,c};
    char ***ppc = pc;

    printf("%s\n",**++ppc);
    printf("%s\n",*--*++ppc+3);
    printf("%s\n",*ppc[-2]+3);
    printf("%s\n",ppc[-1][-1]+1);
    return 0;
}
```

（10）

```
#include <stdio.h>
#include <stdlib.h>
int main (void) {
     int *p1,*p2,s;
     p1 = p2 =(int *)malloc(sizeof(int));
     *p1 = 5; *p2 = 3;
     s = *p1 + *p2;
     printf("%d\n",s);
     return 0;
}
```

2. 执行下面的程序，分析运行结果，说明语句1中什么作为左值。如何理解这一现象？

```
#include <stdio.h>
#include <string.h>

char * use_ptr(char * s1, char * s2){
  return strlen(s1) > strlen(s2) ? s1 : s2;
}

int main(void){
  char s1[] = "Hello";
  char s2[] = "world!";
  use_ptr(s1, s2)[0] = '*';  //语句 1
  printf("s1 = %s\ns2 = %s", s1, s2);
  return 0;
```

```
}
```

3. 下列程序是否能实现题目要求？为什么？

（1）想输出 *a* 数组中的10个元素，用以下程序行不行？为什么？

```
#include <stdio.h>
int main (void){
    int a[10] = {1,2,3,4,5,6,7,8,9,10},i;
    for (i = 0; i < 10; i++,a++)
       printf("%d", *a);
    return 0;
}
```

若上述程序不能实现题目要求，应如何修改？

（2）想输出数组的10个元素，用以下程序行不行？请与上题对比分析，得到必要的结论。

```
#include <stdio.h>

print_arr (int a[],n){
   int i;
   for (i = 0; i < n; i++; a++)
     printf("%d",*a);
   }

   int main(void){
      int arr[10] = {1,2,3,4,5,6,7,8,9,10};
      printf arr (arr, 10);
      return 0;
}
```

4. 选择答案。

（1）下列表达式中违背副作用叠加规则的是（　　）。

A. $a[\,i\,++] \mathrel{+}= 2$　　　　B. $a[i\,++] = a[i\,++] + 2$

C. $i\,++,\ a[i] = a[i] + 2$　　　　D. $i\,++,\ a[i\,] \mathrel{+}= 2$

（2）下列程序段中含有违背副作用叠加规则表达式的是（　　）。

A.

```
int i = 0,N = 5,a[N];
while (i < N)
     a[i++] = i ++;
```

B.

```
int i = 0,N = 5,a[N];
while (i < N)
     a[i] = i, i++;
```

C.

```
int N = 5,a[N];
for (int i = 0;i < N,i++)
     a[i] = i;
```

探索验证

1. 阅读下面的程序代码：

```
#include <stdio.h >
struct Test{
   int a[10] ;
} ;
struct Test fum(struct Test*);
int main(void){
    struct Test T;
    int *p = &fun(&T).a;                    //语句1
    int (*q)[10] = &fun(&T).a;              //语句2
    printf("%d",sizeof(fun(&T).a));         //语句3
    return 0;
}

struct Test fum(struct Test*){
    return *T;
}
```

回答下列问题。

（1）函数fun(&T)的返回值是左值还是右值？

（2）语句1在C89和C99中都是合法的吗？

（3）语句2在C89和C99中都是合法的吗？

（4）语句3在C89和C99中都是合法的吗？

2. 对于声明“char * p1,*p2;”，不用增量和减量操作符改写下面的语句。

（1）* ++ p1 = * ++ p2;

（2）*p1 – – = *p2 – –;

3. 数组就是指针吗？试分析数组与指针的区别与联系。

4. 下面是试图比较char *p 与“零值”的if语句的3种不同形式，试分析它们的优劣。

```
if (p == 0)或 if (p != 0)
if (p == null)或 if (p != null)
if (p) 或 if (!p)
```

5. 分析下面一段代码：

```
const int i = 0;
int * p = (int*)&i;
p = 100;
```

它说明const的常量值是否一定不可以被修改。

开发练习

设计下面各题的C程序，并设计相应的测试用例。

1. 设计一个C语言函数，将一个$\boldsymbol{A}$（3×5）的矩阵按转置矩阵$\boldsymbol{B}$（5×3）输出。

2. 有一个3×5的矩阵，设计一个C语言函数，求其最大元素。

3. 编一个函数，用于将两个字符串字面量连接起来（不使用strcat库函数）。

4. 换位密码。换位就是将明文中字母的位置重新排列。最简单的换位就是逆序法，即将明文中的字母倒过来输出。例如

明文：computer system

密文：metsys retupmoc

这种方法太简单，非常容易被解密。下面介绍一种稍复杂的换位方法——列换位法。

使用列换位法首先要将明文排成一个矩阵，然后按列进行输出。为此要解决下面两个问题：

- 排成的矩阵的宽度——有多少列；
- 排成矩阵后各列按什么样的顺序输出。

为此要引入一个密钥K，它既可以定义矩阵的宽度，又可以定义各列的输出顺序。例如$K=$computer，则这个单词的长度（8）就是明文矩阵的宽度，而该密钥中的各字母按在字母序中出现的次序，就是输出的列的顺序。表7.3为按密钥对明文“WHAT CAN YOU LEARN FROM THIS BOOK”的排列。于是，输出的密文为

WORO NNSX ALMK HUOO TETX YFBX ARIX CAHX

表 7.3　按密钥排列的明文举例

密 钥	C	O	M	P	U	T	E	R
顺序号	1	4	3	5	8	7	2	6
明文	W	H	A	T	C	A	N	Y
	O	U	L	E	A	R	N	F
	R	O	M	T	H	I	S	B
	O	O	K	X	X	X	X	X

请设计换为加密的程序。

输入：密钥、任意字符串字面量。

输出：加密后的密文。

5. 一个数列有20个整数，现要求编一个函数，它能够对从指定位置开始的几个数按相反的顺序重新排列并在main函数中输出新的数列。例如原数列为：

1，2，3，4，5，6，7，8，9，10，11，12，13，14，15，16，17，18，19，20

若要求对从第5个数开始的10个数进行逆序处理，则得到的新数列为：

1，2，3，4，14，13，12，11，10，9，8，7，6，5，15，16，17，18，19，20

6. 有n个人围成一圈，顺序排号，从第1个人开始报数，从1报到5，凡是报到5的人退出圈，问最后留下的是原来第几号的人？要求：

（1）用函数实现报数退出；

（2）n 的值由main函数输入并通过实参传给该函数，最后结果由main函数输出。

（3）要求使用指针。

7. 有一个二维数组 a，大小为3×5。其元素如下：

$$a = \begin{pmatrix} 1 & 3 & 5 & 7 & 9 \\ 11 & 13 & 15 & 17 & 19 \\ 21 & 23 & 25 & 27 & 29 \end{pmatrix}$$

（1）请说明以下各表达式的含义：

a, *a*+2, &*a*[0], *a*[0]+3, *(*a*+1), *(*a*+2)+1,

*(*a*[1]+2), &*a*[0][2],*(*a*[0][2]),*(*(*a*+2)+1) *a*[1][3]

（2）如果输出 *a*+1和&*a*[1][0]，它们的值是否相等？为什么?它们各代表什么含义?

8. 有一个整型二维数组，大小为$m \times n$，要求找出其中最大值所在的行和列以及该最大值。请编一个函数max，要求：

（1）以数组名和数组大小作为该函数的形参；

（2）数组元素的值在main函数中输入，结果在函数max中输出。

9. 输入3行字符（每行60个字符以内），要求统计出其中共有多少个大写字母、小写字母、空格及标点符号。

7.3　函数与指针

7.3.1　指针作为函数参数

函数可以使用指针作为参数，图 7.9 为 3 种指针型参数的形实结合情况。本小节主要分析指针作为参数时的特点。

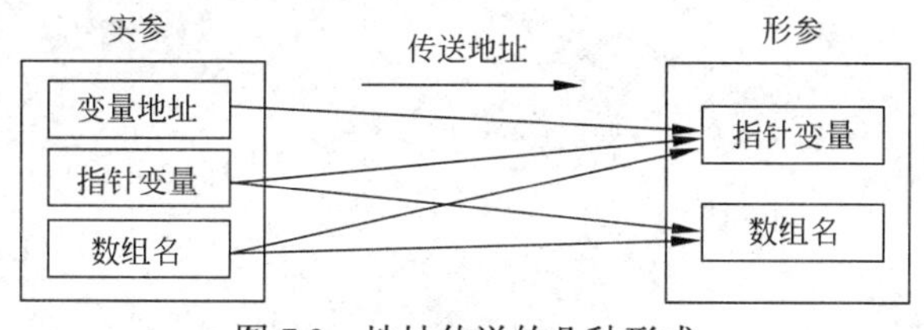

图 7.9　地址传送的几种形式

严格地说，传值调用是 C 语言函数的基本特点，不管什么样的参数，函数调用时都是将实际参数的值传递给函数的形式参数。但是，用指针类型作为参数时传递的是指针类型的值——地址，这样就为函数提供了可以直接操作调用者中变量的可能性。下面分 3 种情形进行讨论。

1．变量地址或指针作为实际参数

代码 7-12　变量地址作为实际参数示例。

```
//**  向交换函数传输变量地址      **
#include <stdio.h>
```

```
void swap (int *p1,int *p2);

int main (void) {
      int a = 3,b = 5;

      printf ("交换前: a = %d,b = %d\n",a,b);
      swap (&a,&b);                                    //简单变量地址传送
      printf ("交换后: a = %d,b = %d\n",a,b);
      return 0;
}

void swap (int *p1,int *p2)  {                         //用指针接收变量地址
      int temp;
      temp = *p1,*p1 = *p2,*p2 = temp;                 //交换指针的递引用
}
```

程序的执行结果如下。

```
交换前: a=3,b=5
交换后: a=5,b=3
```

说明：

（1）在本例中函数形参采用指针，实参采用同基类型变量地址，传送的是变量的地址。当然，也可以用指针作为实际参数进行地址传递。

代码 7-13 指针作为实际参数示例。

```
#include <stdio.h>
void swap (int *p1,int *p2);
int main (void) {
  int a = 3,b = 5;
  int *pa = &a,*pb = &b;                               //定义两个指针

  printf ("交换前: a = %d,b = %d\n",a,b);
  swap (pa,pb);                                        //用指针传输地址
  printf ("交换后: a = %d,b = %d\n",a,b);
  return 0;
}
```

其执行结果与代码 7-12 相同。

（2）在上述 swap 函数中用指针的递引用 *p1 和*p2 进行值交换，实际交换的是调用函数中的两个变量 *a* 和 *b* 之间的值。如果在 swap 中不是交换指针的递引用，而是直接交换指针的值，则只是交换了两个指针的指向，没有达到交换主函数中两个变量值的目的。

代码 7-14 交换指针值的 swap()函数示例。

```
void swap (int *p1,int *p2) {                          //用指针接收变量地址
      int *temp;
      temp = p1,p1 = p2,p2 = temp;
}
```

在用上述主函数调用时执行结果如下。

```
交换前: a=3,b=5
交换后: a=3,b=5
```

图 7.10 说明了这两种交换的不同。

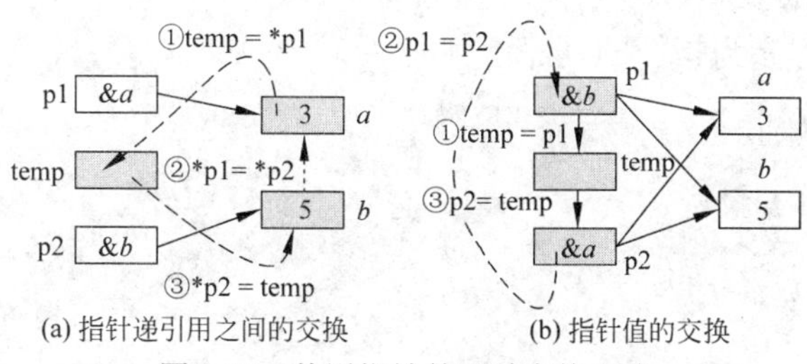

图 7.10　使用指针的两种交换方式

2. 数组名作为实际参数

传输数组地址有可能使主调函数和被调函数在同一个数组进行操作，避免了传送数组实体所造成的程序效率不高。下面介绍几种数组地址的传输方式。

1）数组名→数组名传输（数组名到数组名的数组地址传输方式）

代码 7-15　一个数组有 10 个元素，要求输出其中最大的元素值。

```
//**    形参使用数组名输出数组的最大元素值    **
#include <stdio.h>
#define N 10
void getArrMax (int [],int * ,int n);

int main (void) {
    int array[N] ={1,8,10,2,-5,0,7,15,4,-5};
    int max,*p = &max;
    getArrMax (array,p,N);
    printf ("max = %d",max);
    return 0;
}

void getArrMax (int arr[],int *pt,int n) {
    *pt = arr[0];
    for (int i = 1; i < n; ++ i)
        if (arr[i] > *pt)
            *pt = arr[i];
}
```

运行结果如下：

```
max = 15
```

说明：本例的主函数调用函数 main (void)时传送了下面 3 个参数。

（1）数组名：在函数 getArrMax()中使用下标方式引用主函数中的数组 array。

（2）指向变量 max 的指针：用于在函数 getArrMax()中引用主函数中的变量 max，通过与 array 中的每个元素比较，始终在 max 中放最大的元素。

（3）数组大小：用于控制重复结构的循环次数。

注意：形式参数写成 arr[]，表明 arr 是一个指针。

2）数组名→指针传输

代码 7-16 函数形参为指针的程序示例。

```
//**    形参改用指针输出数组的最大元素值    **
#include <stdio.h>
#define N 10
void getArrMax (int *,int * ,int n);

int main (void) {
    int array[N] ={1,8,10,2,-5,0,7,15,4,-5};
    int max,*p = &max;
    getArrMax (array,p,N);
    printf ("max = %d",max);
    return 0;
}

void getArrMax (int *arr,int *pt,int n) {
    *pt = arr[0];
    for (int i = 1; i < n; ++ i)
        if (arr[i] > *pt)
            *pt = arr[i];
}
```

其执行结果与代码 7-15 相同。

说明：在这个程序中，函数名参数用指针参数代替后，运行结果仍然与前面的程序相同，而在函数 getArrMax()中，指针也可以写成下标形式（例如 arr[*i*]），这说明 C 语言中数组与指针的一致性。当然，函数 getArrMax()也可以写成：

```
void getArrMax (int *arr,int *pt,int n) {
  *pt = *arr;
  for (int i = 1; i < n; ++ i)
    if (* (arr + i) > *pt)
      *pt = * (arr + i))
}
```

注意：上面介绍的都是一维数组作为参数的例子。如果用二维数组作为实参，还要求实参的行指针与形参的行指针类型相同，实参的列指针与形参的列指针类型相同。

3）函数的数组形参使用 static 修饰

C99 允许在一个函数的数组参数声明中使用关键字 static，例如：

```
int fun(int a[static 3],float f){
    …
}
```

这个 static 用于告诉编译器数组 *a* 至少有 3 个元素。其目的是提示编译器应当生成合适的指令来执行这个函数，例如预先取出各元素的值等。除此之外，这个提示对于程序的行为不会有任何影响。

若数组参数是多维的，则仅可将 static 用于第一维。

3. 字符串作为实际参数

用字符指针变量作为参数更多地用在字符串的操作上。

代码 7-17 采用指针计算字符串长度的函数。请对照代码 5-18。

```
int stringlen (const char *str) {
  int len = 0;
  while (*str ++ )
        len ++ ;
  return len;
}
```

说明：

（1）由于指向字符的指针与字符数组类型相同，所以本例中的*str ++ 与代码 5-18 中的 str[++ *i*]等价。但是采用指针使程序更加简洁，不需要定义数组。

（2）也许读者会问，这里会不会出现滥用指针的问题。答案是不会。因为在参数传递时实参是要计算长度的字符串名，即字符数组名，而该字符数组是已经被分配了空间的。在这个函数中字符指针的活动范围是从字符串的起始地址到字符串结束标志符，当某一次循环中遇到字符串结束标志符'\0'时，*str 的值为 0（'\0'的 ASCII 码值为 0），while 中的表达式为假，循环中止，因而不会出现越界问题。

（3）这个函数在参数表中使用了 const，它表明在本函数的执行过程中要将字符串锁定，即不允许对字符串做任何改变，因为函数的功能只是求字符串的长度。

代码 7-18 使用指针操作的字符串复制函数。请对照代码 5-19。

```
char *stringcopy (char *dest, const char *src) {
  char *temp = dest;                              //定义一个临时的字符串指针保存目标串首地址
  while (*dest ++ =*src ++ );
    return temp;                                  //返回原来保存的目标串首地址
}
```

说明：

（1）由于目标字符串要改变，而源字符串只是复制，所以仅用 const 修饰源字符串。

（2）temp 是一个指向字符的指针，用它来保存目标串的首地址。因为在复制的过程中，随着一连串的自增操作，dest 的值不再指向目标串的首地址。

代码 7-19 字符串相等比较函数。

```
int stringcomp (const char *s1, const char *s2) {
  for (; *s1 == *s2; s1 ++ ,s2 ++ )
    if (!*s1)                                     //对应字符相同且遇到空白
      return 0;                                   //两字符串相等，返回 0
```

```
    return *s1-*s2;                              //返回两字符串的ASCII 值差
}
```

说明：

（1）这个函数由一个 for 循环结构组成。循环的初始条件就是 s1 指向进行比较的一个字符串的首地址，s2 指向另一个字符串的首地址。这个条件已经在参数传递时实现了，所以在 for 结构中初始条件省略。

（2）该函数中 for 循环的条件是*s1 = = *s2，即两个指针的当前应用相等，即对应位置的字符相同再比较下一个字符。

（3）for 循环中的修正表达式为 s1 ++, s2 ++，从而保证两个指针分别指向各自字符串中的相同位置。

（4）表达式 if (!*s1) return 0 的意思是当 s1 指向字符'\0'时函数返回 0。实际上，由于这个条件表达式是在 for 结构中的，而 for 结构的重复条件是*s1 = =*s2，即两个字符指针当前指向的字符相等，所以当 s1 指向字符串结束符时，s2 也一定指向了字符串结束符，也就是两个字符串都结束，通过返回 0 表示两个字符串完全相同。

代码 7-20　从字符串中删除一个字符的通用函数 delchar()。

```
//** 从字符串中删除字符 **
#include <stdio.h>
#define N 80
void delchar (char *p,char x);

int main (void) {
    char c[N],*pt = c,x;
    printf ("enter a string:");
    gets (pt);
    printf ("enter the character deleted:");
    x = getchar ( );
    delchar (pt,x);
    printf ("The new string is:%s\n",c);
    return 0;
}
void delchar (char *p,char x) {
    for (char *q = p; *p != '\0'; p ++ )
        if (*p != x)
            *q ++ =*p;
    *q = '\0';
}
```

运行情况如下：

```
enter a string: I have 50 Yuan.↵
enter the character deleted:0↵
The new string is:I have 5 Yuan.
```

说明：在主函数中定义字符数组 *c* 并使 pt 指向 *c*；从键盘输入字符串和需要删去的字

符，然后调用 delchar()函数。形参指针变量 *p* 和被删字符 *x* 由 main 函数中的实参 pt 和 *x* 传递到函数 delchar()。在 delchar()中实现删除字符。

注意：在 delchar()中并未定义一个目标数组，而是直接从源数组 *c* 中删去指定的字符。刚开始执行此函数时，指针变量 *p* 和 *q* 都指向 *c* 数组中第一个字符。当*p 不等于 *x* 时，*p 赋给*q，然后 *p* 和 *q* 都自加 1，即同步下移，见图 7.11（a）中的 *p*′ 和 *q*′。当找到*p == *x* 时，不再执行*q ++ = *p 操作，即 *q* 不再自加 1，而 *p* 继续加 1，*p* 与 *q* 不再指向同一元素。如图 7.11（b）所示，*q*（即 *q*′）仍指向 *c*[8]，而 *p*（即 *p*′）指向 *c*[9]。再执行下一次循环时，由于 *p != *x* 为真，执行*q ++ =*p 操作，将 *c*[9]的值赋给 *c*[8]，使 *c*[8]中的原值 (字符 0)被空格取代。然后 *q* 和 *p* 都自加 1，以后将 *c*[10]的值赋给 c[9]，将 c[11]的值赋给 *c*[10] ……将 *c*[13]的值赋给 *c*[12]，将 *c*[14]的值赋给 *c*[13]。最后执行*q = '\0' 操作，即给 *c*[14]（即*q 的当前值）赋 '\0'。注意，*c* 数组中 *c*[15]的值并未改变，仍为 '\0'，即 *a* 数组中有两个 '\0'。可以看到，*c* 数组中各元素的值改变了，在 main 函数中输出了数组 *c* 中的字符串（遇第一个 '\0' 即停止）。

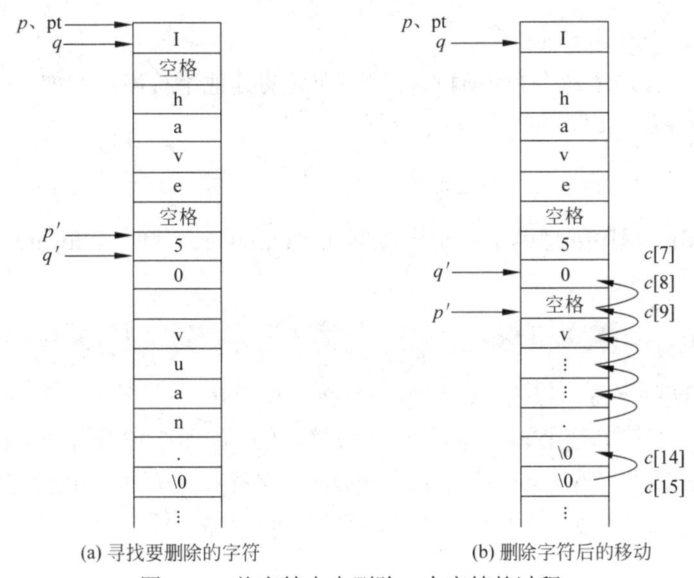

图 7.11　从字符串中删除一个字符的过程

讨论：

（1）程序中的 main 函数能否用“scanf ("%s", pt);”输入字符串“I have 50 Yuan.”。

（2）delchar 函数中的 for 循环能否改为

```
for (; *p != '\0'; )
if (*p != x)*q ++ =*p ++ ;
```

或

```
for (; *p != '\0'; p ++ ,q ++ )
   if (*p != x)*q = *p;
```

结论是不可以。原因请读者自己分析。

7.3.2 带参主函数

直到现在，本书用到的 main 函数都是不带参数的，因此将其参数部分都写为 void。其实 main 函数也可以有参数，有参数的 main 函数的原型如下：

```
int main (int argc,char *argv[]);
```

也就是说，带参数 main 函数的第一个形参 argc 是一个整型变量，第二个形参 argv 是一个指针数组，其每个元素都指向字符型数据（即一个字符串）。这两个参数的值是从哪里传递而来的呢?

main 函数是主函数，它不能被程序中的其他函数调用，显然不可能从其他函数向它传递所需的参数值，只能从程序以外传递而来。也就是在启动一个程序时从程序的命令行中给出。例如有一个名为 cfile.exe 的程序文件，通常只要在操作系统的命令状态下输入命令：

```
cfile
```

就可以开始执行这个程序。

C 语言还允许在这个命令行中输入要程序处理的其他字符串。例如，要让 cfile 程序处理一个字符串“hardware”，可以输入命令行：

```
cfile hardware
```

如果要让 cfile 程序处理两个字符串，例如“hardware”和“software”，则可以输入命令行：

```
cfile hardware software
```

那么，输入这些字符串以后，C 程序是怎么接收的呢？

实际上，这些字符串是由 main 的两个参数接收的。如图 7.12 所示，当输入上述命令时，操作系统将把“cfile”、“hardware”和“software”保存在内存中，并把它们的地址依次存放在数组 argv 中，同时把字符串的个数（即数组 argv 的大小）存放在变量 argc 中。

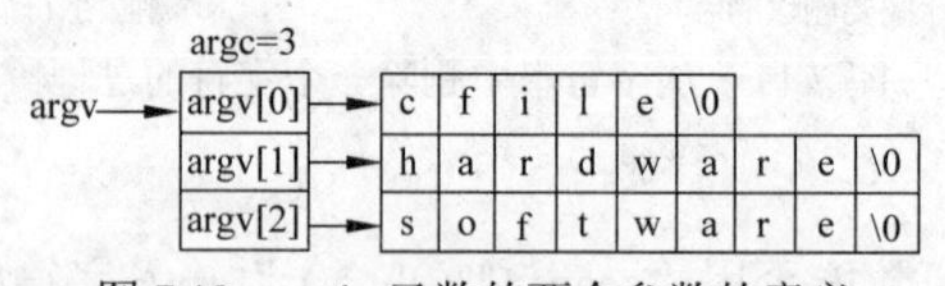

图 7.12 main 函数的两个参数的意义

代码 7-21 带参主函数示例。

```
//** 从字符串中删除字符 **
//** 文件名: ex062401.c  **

#include "stdio.h"
int main (int argc, char * argv[]){
    while (argc > 1){
        ++ argv;
        printf ("%s\n",*argv);
```

```
        --argc;
    }
    return 0;
}
```

如果从键盘输入的命令行为：

```
cfile hardware software↵
```

则输出为：

```
hardware
software
```

因为 argc 的初值为 3，每次循环减 1，故其循环两次。第一次先使 argv 指向 argv[1]，然后输出 argv[1]指向的字符串“hardware”，第二次开始时又使 argv 指向 argv[2]，然后输出“software”。

利用 main 函数中的参数可以使程序从系统中得到所需的数据，或者说增加了一条系统向程序传递数据的渠道，增加了处理问题的灵活性。

注意：argc 和 argv 只是两个形式参数，这两个名字不是不可改变的，只是习惯上一般用这两个名字。如果改用其他名字，其数据类型不能改变，即第一个形参为 int 型，第二个形参为指针数组。

7.3.3 返回指针值的函数

从语法上来说，函数可以返回指针值。返回指针值的函数简称为指针函数（pointer function）。但是，由于变量作用域等问题，在使用指针值作为返回值时一定要慎重。

代码 7-22 一个返回指针的函数。

```
#include <stdio.h>

int* getLarger( int *, int *);                          //返回指针的函数声明

int main (void) {
    int a = 8, *pa = &a,b = 5,*pb = &b;
    printf("The larger is %d",*getLarger(pa,pb));
    return 0;
}

int * getLarger(int *px, int *py) {                     //返回指针的函数定义
    return ((*px > *py)? px : py);
}
```

程序运行结果如下：

```
The larger is 8
```

说明：在调用函数 main()中定义了两个指针 pa 和 pb 分别指向 a 和 b。在函数 getLarger()

中也有两个指针 px 和 py，但它们是从 main()中传来的，所以它们实际上也是指向了 *a* 和 *b*。因此，函数 getLarger()返回的指针实际上是从外部传入的。

那么，如果函数返回的指针是自己内部定义的，会出现什么情况呢？

代码 7-23 返回声明在函数内部的局部指针的函数。

```
#include <stdio.h>

int* getLarger(int, int);

int main (void) {
    int a = 8, b = 5;
    printf("The larger is %d",*getLarger(a,b));
    return 0;
}

int * getLarger(int x, int y) {                        //返回指针的函数定义
   int z  = 0, *pz = &z;                               //函数中声明的指针
   z = ((x > y) ? x : y);
   return pz;                                          //返回局部指针
}
```

说明：这个程序可能有一个合适的返回，也可能出现错误。因为当函数返回时，内部定义的变量已经不复存在，使指向这个变量的指针成为野指针，导致运行错误，或者给出类似"function returns address of local variable"的警告，这是一种未定义行为。也许有的编译器采用优化编译技术可以给出合适的答案，但毕竟这样的编程是不提倡的。

7.3.4 函数类型与指向函数的指针

1. 函数类型及其指针声明

一个程序经过编译、链接和被启动之后，所需要的函数也会在需要时被装入到内存，分配在一片连续的存储空间中。这个函数存储区域的首地址就是函数的入口，当函数被调用时，首先从这里开始执行。为了便于调用，编译器会把函数名解释为其内存首地址，即一个函数的调用就是将流程转到该函数名代表的内存地址。所以，函数名就是一个指向函数的常指针。当然，为了某种方便，也可以用这个地址初始化一个指向该类型函数的指针变量。

声明一个指针变量时需要一个类型，而一个函数是什么类型呢？

如前所述，数据类型代表了取值的集合、操作的集合和存储方式。对于函数来说，其存储的是一组程序代码，其操作无非是调用和返回，操作的对象是一组参数。这些都可以用一对圆括号及其内部的形式参数类型列表表示，取值的集合可以用返回类型表示。所以，一个函数类型可以表示为返回类型和一对圆括号中的参数类型列表表示。返回类型相同并且参数列表也相同的函数就称为类型相同的函数。也就是说，函数是一种特殊的数据类型，其指针的声明格式如下：

类型标识符 (*函数指针变量名)(参数类型列表);

例如声明

```
int(*pf)(double,int,char);
```

表示 pf 指向一个函数类型，这类函数具有一个 double 类型参数、一个 int 类型参数和一个 char 参数，并返回一个 int 类型数据。

注意：

（1）这里*pf 在一对圆括号中，把*和 pf 看成一个整体，表明 pf 是一个指针。若没有这一对圆括号，即写成 int* pf(double,int,char)的形式，则会把*看作与其类型 int 成为一体，这样 pf 就成为一个函数名，它返回一个指向 int 类型的指针。

（2）在声明了一个指向函数的指针变量后，就可以用一个已经定义的函数的入口地址初始化它，使函数指针变量指向一个特定的函数。例如：

```
pf = fun1;
```

fun1 是函数 fun1()的函数名，即该函数的入口地址。

（3）函数指针变量的初始化表达式只写函数名，不能有函数操作符——一对圆括号，更不能有参数表。例如不应写成以下形式：

```
pf = fun1();                    //错
```

或

```
pf = fun1(a,b,c);               //错
```

2. 用指向函数的指针调用函数

声明并初始化一个指向函数的指针后，就可以用它调用所指向的函数。其形式有两种：

(*函数指针变量名) (实参表列)

如(*pf)(*a*,*b*)相当于 fun1(*a*,*b*)。或

函数指针变量名 (实参表列)

如 pf(*a*,*b*)也相当于 fun1(*a*,*b*)。

代码 7-24 用指向函数的指针变量调用 arradd()求二维数组中的所有元素之和。

```
//** 求二维数组中的所有元素之和 **

#include <stdio.h>
#define N 3
#define M 4

int main(){
    int arradd (int arr[],int n);
```

```
    static int a[N][M] = {1,3,5,7,9,11,13,15,17,19,21,23};
    int * p,total1,total2;
    int (*pt)();                              //定义一个指向函数的指针
    pt = arradd;                              //初始化指向函数的指针 pt

    p = a[0];
    total1 = arradd(p,N*M);
    total2 = (*pt)(p,N*M);
    printf ("total1 = %d\ntotal2 = %d\n",total1,total2);
    return 0;
}

arradd (int arr[],int n){
    int i, sum = 0;
    for (i = 0; i < n; i ++ )
        sum  += arr[i];
    return (sum);
}
```

运行结果如下：

```
total1 = 144
total2 = 144
```

说明：在该程序中分别用函数名和指向函数的指针变量来调用函数 arradd。从运行结果可以看到两种方法的结果是相同的。

注意：在用指针变量调用函数之前应先将函数入口地址赋给指针变量，以便建立指针变量与函数的对应关系。

3. 用指向函数的指针作为另一个函数的实际参数

可以用指向函数的指针变量作为被调用函数的实参，由于该指针变量是指向某一函数的，因此先后使指针变量指向不同的函数就可以在被调用函数中调用不同的函数。

代码 7-25 用函数指针作为函数参数的程序示例，该程序用函数实现下面的功能。

- 求数组的所有元素值之和；
- 求数组元素中的最大值；
- 求下标为奇数的数组元素之和；
- 求各元素的平均值。

```
#include <stdio.h>
#define N 12

int main(void){
    static double a[] = {1.5,3.8,5.6,7.8,91.6,1.61,13.3,15.0,17.5,19.9,21.7,23.0};
    double arr_add(double[],int),odd_add(double *,int),arr_ave(double *,int),
arr_max(double[],int);                                    //声明 4 个函数
    void process (double *p,int n, double (*fun)());     //声明 process 函数
```

```
    printf ("the sum of %d elements is:",N);
    process (a,N,arr_add);                          //用函数名 arr_add 作为函数实参

    printf ("the sum of odd elements is: ");
    process (a,N,odd_add);                          //用函数名 odd_add 作为函数实参

    printf ("the average of %d elements is:",N);
    process (a,N,arr_ave);                          //用函数名 arr_ave 作为函数实参

    printf ("the maximum of %d elements is:",N);
    process (a,N,arr_max);                          //用函数名 arr_max 作为函数实参

    return 0;
}

double arr_add (double arr[],int n) {               //定义求数组的所有元素值之和的函数
    int i;
    double sum = 0;
    for (i = 0; i < n; i ++ )
        sum = sum + arr[i];
    return (sum);
}

double odd_add (double *p, int n) {             //定义求数组元素中的最大值的函数
    int i;
    double sum = 0;
    for (i = 0; i < n; i = i + 2,p = p + 2)
        sum = sum + *p;
    return (sum);
}

double arr_ave (double *p,int n) {              //定义求下标为奇数的数组元素之和的函数
    int i;
    double sum = 0,ave;

    for (i = 0; i  < n; i ++ )
        sum = sum + p[i];
    ave = sum/n;
    return (ave);
}

double arr_max (double arr[],int n) {           //定义求各元素的平均值的函数
    int i;
    double max;
    max = arr[0];
    for (i = 1; i < n; i ++ )
        if (arr[i] > max)
            max = arr[i];
    return (max);
```

```
}

void process (double *p,int n,double (*fun)( )) {  //用process函数调用以上函数
    double result;
    result = (*fun)(p,n);
    printf ("%8.2lf\n",result);
}
```

运行结果如下：

```
the sum of 12 elements is: 222.31
the sum of odd elements is: 151.20
the average of 12 elements is: 18.53
the maximum of 12 elements is: 91.60
```

说明：

（1）程序中的函数 arra_dd()、odd_add()、arr_ave()、arr_max()分别用来求数组各元素值之和、奇数下标的元素之和、各元素的平均值以及元素中的最大值，它们的类型相同，便于用一个函数指针作为参数。

（2）process()的作用是调用以上函数中的一个并输出其返回值，调用时使用 3 个参数。

- 指针 *p*：用于接收要被处理的数组名（即数组的起始地址）；
- 整数 *n*：用于接收数组的大小；
- 指向功能函数的指针，以使其内部的调用表达式(*fun)(p,N)相当于要调用的函数。

（3）process()的形参 fun 是指向函数的指针变量，用来接收所调用函数的地址。它由主函数 main()调用，总共调用了 4 次，分别如图 7.13 中的①、②、③、④所示，每次调用传给 fun 的参数不同，将 fun 指向了实现不同功能的函数。

第一次调用 process()的情况如图 7.14 所示。实参为 *a*、*n*、arr_add。 arr_add 是函数名，代表 add()的入口地址，它把 arr_add()的入口地址传给形参 fun（参见图 7.13 中的①），使(*fun)(*p*, *n*)具体化为 arr_add(*p*, *n*)，调用的结果值赋给变量 result。

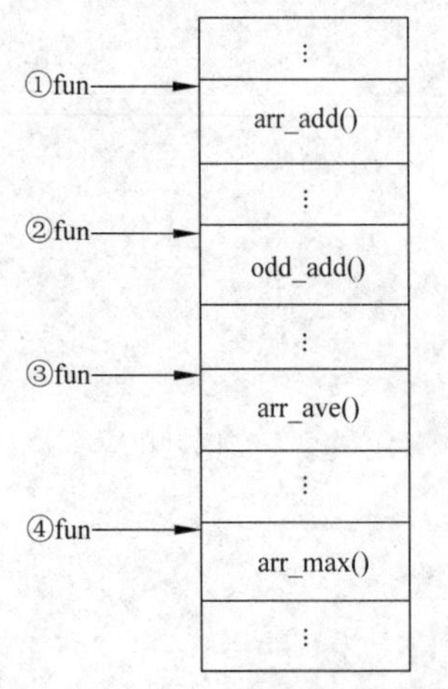

图 7.13　用一个指针变量调用不同的函数

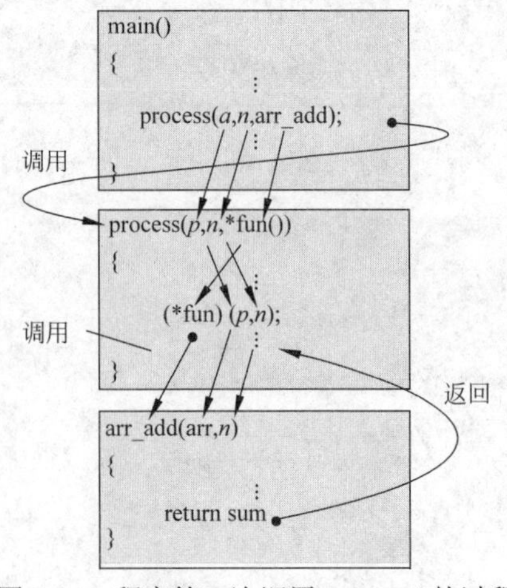

图 7.14　程序第一次调用 process()的过程

注意，形参与实参是在一定条件下而言的，并非一成不变。*p* 和 *n* 是 process()的形参，而它们又是调用 arr_add()的实参。这两个参数的值是从 main()传递给 process()，又从 process()传递给 arr_add()。因此 arr_add()的形参 arr 得到 main()中 *a* 数组的起始地址。或者说，arr 与 *a* 数组共占内存同一段的内存单元，*n* 为元素个数。

main()第二次调用 process()时，实参为 *a*、*n*、odd_add。odd_add 将该函数的入口地址传给 process()中的形参 fun。此时指针变量 fun 指向函数 odd_add()（见图 7.24 中的②），在 process()中的"*(fun)(*p*, *n*)"相当于"odd_add(*p*, *n*)"，即调用 odd_add 函数。

以后以此类推，4 次调用 process()，再用 process()调用不同的功能函数。

（4）在 main()中对各函数进行声明。因为在实参中用到了函数名，如果不先声明，系统无法确定这些名字是变量名还是函数名。

对 process 函数的其他几次调用的情况与此相似。请读者自己画出像图 7.14 这样的图并加以分析。

（5）用函数指针（函数地址）作为调用函数时的实参的好处在于能在调用一个函数过程中执行所指定的函数，这就增加了处理问题的灵活性。在处理不同函数时，process 函数本身并不改变，而只是改变了调用它时的实参。如果想将另一个指定的函数传给 process，只需改变一下实参值（函数的地址）即可。

实参也可以不用函数名而用指向函数的指针变量。

代码 7-26　代码 7-23 中 main()的改写。

```
#include <stdio.h>
#define N 12

int main(void){
     static double a[] = {1.5,3.8,5.6,7.8,91.6,1.61,13.3,15.0,17.5,19.9,21.7,23.0};
     double arradd(),oddadd(),arrave(),arrmax(),(*pt)();
     void process (double *p,int n,double(*fun)());

     pt = arradd;
     printf ("the sum of %d elements is:",N);
     process (a,N,pt);

     pt = oddadd;
     printf ("the sum of odd elements is:");
     process (a,N,pt);

     pt = arrave;
     printf ("the average of %d elements is: ",N);
     process (a,N,pt);

     pt = arrmax;
     printf ("the maximum of %d elements is:",N);
     process (a,N,pt);

     return 0;
}
```

讨论：有人可能会认为，实现不同的功能直接调用不同的函数即可，例如在main函数中直接调用 arradd(a,n)、oddodd(a,n)、arrave(a,n)、arrmax(a,n)即可，何必一定要用 process 函数和传递函数地址呢？的确，在本例中由于程序功能简单是可以不用process函数和传递函数地址的。举这个简单的例子无非想说明如何用函数地址作为参数来解决问题。在一些较复杂的问题中，用函数地址作为参数的好处就比较明显了。

代码 7-27 用梯形法求定积分的通用函数代码。若要计算 $\int_a^b \sin x\mathrm{d}x$，就将函数 sin($x$)作为参数；若要计算 $\int_c^d \cos x\mathrm{d}x$，就将函数 cos($x$)作为参数。

```
double integral ((* fun)( ), double a, double b){
     double s,h,y;
     int n,i;
     s = ((*fun)(a) + (*fun)(b))/2.0;
     n = 100;
     h = (b-a)/n;
     for (i = 0; i < n; i ++ )
         s = s + (*fun)(a + i*h);
     y = s*h;
     return(y);
}
```

可以用它求不同函数的定积分，显然不用这种方法而分别编写一个求某函数的定积分的函数是十分麻烦的。请读者自己完成求不同函数的定积分的程序，做完此工作后，读者对于这个问题将会有较深入的体会。

习题 7.3

概念辨析

1. 选择题。

（1）若数组名作为实参而指针变量作为形参，函数调用实参传给形参的是（　　）。

A. 数组的长度　　B. 数组第一个元素的值

C. 数组所有元素的值　　D. 数组第一个元素的地址

（2）C语言规定，在调用一个函数时，实际参数与形式参数之间的数据传递是（　　）。

A. 地址传递　　B. 值传递

C. 由实参传给形参，并由形参回传给实参　　D. 由用户指定传递方式

（3）对于C语言函数，以下说法中正确的是（　　）。

A. 实参和与之对应的形参各占用独立的存储单元

B. 实参和与之对应的形参共享一个存储单元

C. 只有实参和与之对应的形参同名时它们才共享一个存储单元

D. 在任何时候形参都不会被分配存储空间

（4）对于C语言函数，以下说法中不正确的是（　　）。

A. 实参可以是常量、变量或表达式　　B. 形参可以是常量、变量或表达式

C. 实参可以是任何类型　　　　　　　　　　D. 形参应与其对应的实参类型一致

（5）若使用一维数组名作为函数的实际参数，则以下说法中正确的是（　　）。

A. 必须在主调函数中说明此数组的大小　　　　B. 实参数组类型与形参数组类型可以不匹配

C. 在被调函数中不需要考虑形参数组的大小　　D. 实参数组名与形参数组名必须一致

（6）在C语言中，函数返回值的类型最终取决于（　　）。

A. return语句中表达式的类型

B. 函数定义中的形式参数的类型

C. 函数定义时在函数头中所说明的函数类型

D. 函数调用时主调函数所传递的实际参数类型

（7）在C语言中，（　　）。

A. 函数定义可以嵌套，但函数调用不能嵌套

B. 函数定义和函数调用都可以嵌套

C. 函数定义和函数调用都不可以嵌套

D. 函数定义不可以嵌套，但函数调用可以嵌套

（8）以下各项中正确的函数声明形式为（　　）。

A. double fun(int x,int y)　　　　　　B. double fun(int x ; int y)

C. double fun(int,int) ;　　　　　　　D. double fun(int x ,y) ;

2. 判断题。

（1）数组名（后面不带方括号）作为参数，传递的是数组第一个元素的地址。　　（　　）

（2）数组名就是被初始化过的指针变量。　　（　　）

（3）函数未调用时，系统不会为形参分配存储单元。　　（　　）

（4）实参与形参的数量要相等，且类型应对应一致。　　（　　）

代码分析

1. 阅读程序代码，选择输出结果。

（1）

```
#include <stdio.h>
#include <string.h>
int main (void) {
    char *p1 = "abc", *p2 = "ABC", str[10] = "xyz";
    strcpy (str + 2,p1);
    strcat (str,p2);
    puts (str);
    return 0;
}
```

该程序的输出结果为（　　）。

A. xyzabcABC　　B. xabcABC　　C. yzabcABC　　D. xyabcABC

（2）

```
#include <stdio.h>
```

```
void fun (int *a, int b[]) {
   b[0] = *a + 6;
}
int main(void) {
    int a, b[5];
    a = 0;
    b[0] = 3;
    fun (&a, b);
    printf ("%d",b[0]);
    return 0;
}
```

该程序的输出结果为（　　）。

A. 9　　B. 8　　C. 7　　D. 6

（3）

```
#include <stdio.h>
void fun (int *a, int *b) {
   int *k;
   k = a;
   a = b;
   b = k;
}
int main (void) {
   int a = 3, b = 6, * x = &a, * y = &b;
   fun (x, y);
   printf ("%d  %d", a,b);
   return 0;
}
```

该程序的输出结果为（　　）。

A. 6　3　　B. 3　6　　C. 编译出错　　D. 0　0

（4）有函数如下：

```
fun (char *a,char *b) {
   while ( (*a != '\0')&& (*b != '0')&& (*a == *b)) {
        a++;
        b++;
   }
   return (*a - *b);
}
```

该函数的功能是（　　）。

A. 计算 a 和 b 所指向字符串的长度之差

B. 将 b 所指向的字符串复制到 a 所指向的字符串中

C. 将 b 所指向的字符串连接到 a 所指向的字符串的后面

D. 比较 a 和 b 所指向的字符串大小

请为该函数添加类型关键字。

2. 阅读程序，找出错误。

（1）

```
void test1 () {
      char string[10];
      char* str1 = "0123456789";
      strcpy (string, str1);
}
```

（2）

```
DSN get_SRM_no () {
    static int SRM_no;
    for (int i = 0; i < MAX_SRM; ++ i) {
        SRM_no % =MAX_SRM;
        if (MY_SRM.state == IDLE)
            break;
    }
   if (i > = MAX_SRM)
       return (NULL_SRM);
   else
       return SRM_no;
}
```

3. 想使指针变量pt1指向 a 和 b 中的大者，pt2指向小者，请问以下程序能否实现此目的？

```
#include <stdio.h>

int swap (int *p1, int *p2){
     int *p;
     p = p1; p1 = p2; p2 = p;
}

int main (void){
     int a,b;
     int *pt1, *pt2;

     scanf("%d, %d", &a, &b);
     pt1 = &a; pt2 = &b;

     if (a < b) swap (pt1, pt2);
     printf("%d, %d\n", *pt1, *pt2);

     return 0;
}
```

请分析此程序的执行情况，指出pt1和pt2的指向并修改程序使之能实现题目要求。

4. 指出下面程序中的错误，并分析出错的原因。

```
#include <stdio.h>
```

```
void Print(char *[],int len);

int main(void){
    char *pArray[] = {"Fred","Barrey","Wilma","Betty"};
    int num = sizeof(pArray) / sizeof(char);

    printf("Total string numbers = %d\n",num);
    Print(pArray,num);
    return 0;
}

void Print(char *arr[],int len){
    int i;
    for(i = 0; i < len; i ++)
        printf("%s\n",arr[i]);
}
```

开发练习

设计下面各题的C程序，并设计相应的测试用例。

1. 设计一个函数，判断一个字符串是否回文，即顺读和倒读的结果都一样。若是，返回1；若否，返回0。

2. 已知两个升序序列，将它们合并成一个升序序列并输出。

3. 有 N 个人围成一个圈，从第1个人开始报数，报到 M 时，令报 M 的人离开，接着从下一个人开始，继续报数，再令报到 M 的离开。如此继续，直到最后只剩下一个人。用C程序计算最后剩下的人最初排在第几位。

4. 设计一个函数，其可以删除一个字符串中所有的指定字符。

5. 编写一个函数，要求输入年月日时分秒，输出该年月日时分秒的下一秒。如输入2008年12月31日23时59分59秒，则输出2009年1月1日0时0分0秒。

7.4 指向构造体的指针与链表

7.4.1 指向构造体类型变量的指针

一个构造体类型一经被定制，就可以用它定义指向该类型的指针。例如，一旦定制了一个名为 struct student 的构造体，就可以用它声明一个指向该构造体类型的指针，并可以用该类型的构造体变量地址去初始化或赋值给这个指针。这个指针就成为一个指向特定构造体变量的指针。

```
struct student std1;                    //声明一个 struct student 类型的变量
struct student * pStud;                 //声明一个指向 struct student 类型的指针
pStud = &std1;                          //pStud 成为一个指向 std1 的指针
```

前面介绍了使用分量（成员）运算符可以访问一个构造体变量的某个成员。同样，用箭头运算法（–>）也可以访问一个指针所指向的构造体的分量。例如，在已经有上述声明的前提下，下面 3 个语句是等效的。

```
std1.stuName;
pStud- > stuName;
(*pStud).stuName;
```

7.4.2 链表及其特点

1．链表结构

链表（linked list）由一系列结点（node）组成。每个结点由两部分组成，即信息数据和指针。信息数据往往是某种对象（如学生、通信录等）的相关数据。用指针表示相邻结点之间的顺序关系，而不像数组那样用顺序的地址表示元素间的顺序关系。最常用的链表结点是使用一个直接后继（next）指针，用来指示直接后继结点是哪个。这种链表称为单向链表（one-way linked list），简称单链表。图 7.15 所示为一个用于管理学生信息的单链表结构。可以看出，第 1 个结点需要用一个头（head）指针指示，最后一个结点的 next 指针要被设置成空指针，表示后面没有链接的结点。

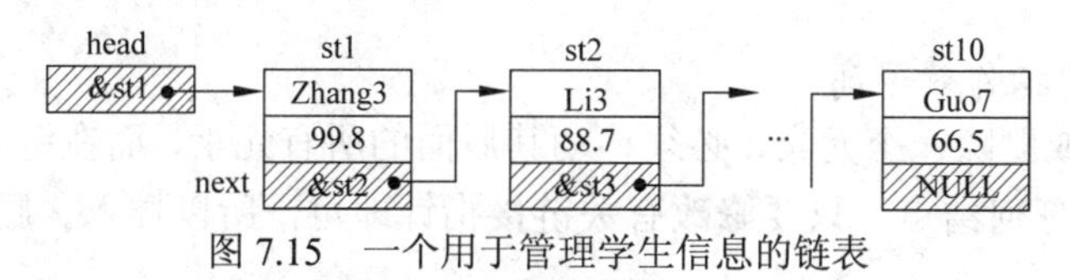

图 7.15　一个用于管理学生信息的链表

图 7.16 为图 7.15 的简化表示，它更清晰地表明了链表结点的两部分内容结构和链接关系。

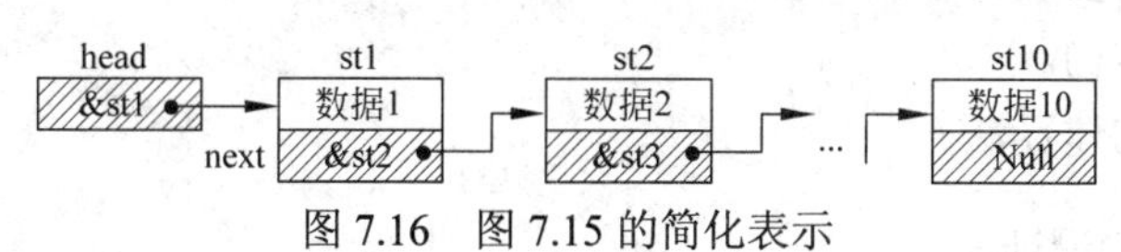

图 7.16　图 7.15 的简化表示

相对于单向链表的是双向链表。双向链表除了有一个指向直接后继结点的指针外，还有一个指向直接前驱结点的指针，以便从任意结点都可以向前或向后访问，而单向链表只能从一个结点开始向后访问。本书只介绍有关单向链表的操作算法。

2．链表操作

图 7.17 为在链表中插入一个结点的情形。显然，插入时只要修改前结点（如图中的 st1）的 next 指针，将其指向改为要插入结点（如图中由&st2 改为&st1），并将插入结点（如图中的 st1）的 next 指向原来的后续结点（如图中的&st2）即可。

图 7.18 为删除链表中一个结点的情形。在删除一个结点时，只需要将其前结点的 next 指针改为指向要删除结点的后继结点（如图中将 dead 的值由&st1 改为&st2）即可，无须移动任何结点。

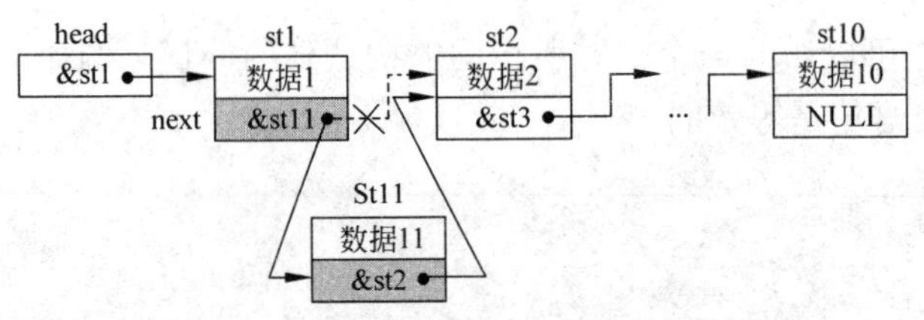

图 7.17　在链表中插入一个结点的情形

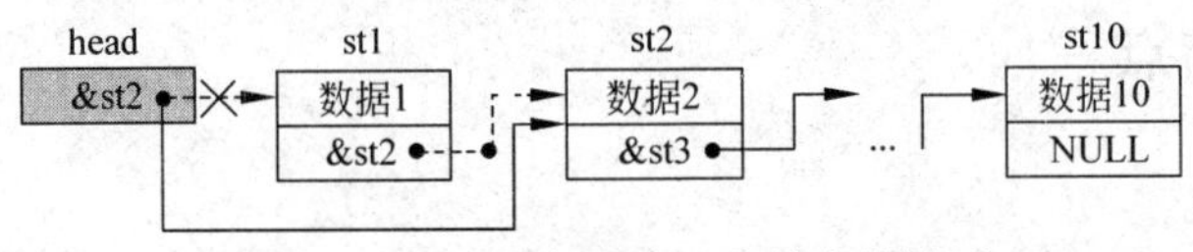

图 7.18　在链表中删除一个结点的情形

3. 链表的特点

使用链表可以带来以下两个方面的好处。

1）不需要一片连续的存储空间

数组要求一片连续的存储空间，特别是大型数组，对于内存分配的要求较高。而链表不要求一片连续的存储空间，只要能够存放一个结点数据，该空间即可被利用，对于内存分配的要求较低。

2）插入、删除操作效率高

在数组中插入或删除一个元素，必须移动其后面的所有元素，而在链表中插入或删除一个结点不需要移动任何结点，只要修改有关链接指针即可，所以插入、删除操作效率较高。

7.4.3　构建链表

构建一个链表需要设计下列内容：

（1）结点数据结构。

（2）一个链表构建算法。

1. 结点数据结构设计

要定义一个链表中的结点，首先需要在构造体中增加一个指向同类型的构造体的指针。

代码 7-28　用于学生管理的链表结点。

```
struct StudNode{
    char                   studName[20];
    float                  studScore;
    struct StudNode *      next;
};
```

注意：在链表的结点中使用的构造体类型要求使用有个体名性类型名称，不可使用 typedef 定义的别名，否则没有办法声明 next 的类型。

2. 用初始化方法构建静态链表

用初始化方法构建静态链表是一种非常简单的方法，其思路可以参照图 7.13，不过是按照从后向前的顺序进行初始化，同时形成链表。

代码 7-29 在初始化的同时形成用于学生管理的链表（以有 3 个学生为例）。

```
#include <stdio.h>
struct StudNode{
   char             studName[20];
   float            studScore;
   struct StudNode   * next;
}st10 = {"Guo7",67.5f,NULL},
 st2 = {"Li4",88.7f,&st10},
 st1 = {"Zhang3",99.8f,&st2},
 *head = &st1;
```

请读者考虑，为什么要逆序初始化呢？正序进行可以吗？

为了测试链表的组建是否成功，可以设计一个链表打印函数 printLink()，按照链接顺序将每个结点的数据打印出来。这个函数的基本思路是定义一个指针 *p*，让它的值从 head 开始沿着 next 的指引逐个将各个结点中的学生数据打印出来。

代码 7-30 一个完整的链表构建及打印程序（以有 3 个学生为例）。

```
#include <stdio.h>
struct StudNode{
     char              studName[20];
     float             studScore;
     struct StudNode    * next;
};
void dispLink(struct StudNode *p);

int main(void){
     struct StudNode    st10 = {"Guo7",66.5f,NULL},
                        st2 = {"Li4",88.7f,&st10},
                        st1 = {"Zhang3",99.8f,&st2},
     *head = &st1;
     dispLink(head);
     return 0;
}

void dispLink(struct StudNode *p){
     while(p!= NULL){
          printf("%s\t\t%2.1f\n",p -> studName,p -> studScore);
          p = p -> next;                              //沿着链接关系移动指针 p
     }
}
```

测试结果如下。

```
Zhang3          99.8
Li4             88.7
Guo7            66.5
```

注意：在代码 7-29 中，变量 st10、st2、st1、head 都是外部变量。

3. 信息与链接指针分离的静态链表结点

在多种情况下，人们更愿意把结点定义成由信息和链接指针两部分组合的形式。

代码 7-31 把结点定义成信息与链接指针分离的链表。

```
#include <stdio.h>
struct StudInfo{
     char                studName[20];
    float                studScore;
};
struct StudNode{
    struct StudInfo studData;
    struct StudNode * next;
};

void dispLink(struct StudNode *p);

int main(void){
   struct StudNode st10 = {{"Guo7",66.5f},NULL},
                   st2 = {{"Li4",88.7f},&st10},
                   st1 = {{"Zhang3",99.8f},&st2},
   *head = &st1;

   dispLink(head);
   return 0;
}

void dispLink(struct StudNode *p){
      while(p != NULL){
         printf("%s\t\t%2.1f\n",p -> studData.studName, p -> studData.studScore);
         p = p -> next;                                //沿着链接关系移动指针 p
      }
}
```

其测试结果与代码 7-30 相同。这样，结点的信息部分与链接指针均被组织成一个构造体，各自职责分明，容易修改。

习题 7.4

代码分析

1. 阅读程序代码，选择输出结果。

（1）已知函数原型为

```
struct tree *f(int x1,int x2,struct tree x3,struct tree *x4);
```

其中，tree 为已经定义的构造体。对于声明

```
struct tree pt,*p;
int i;
```

在下列候选答案中，正确的赋值操作为（　　）。

A. &pt = f(10,&i,pt,p);　　　　B. p = f(i++,(int *)p,pt,&pt);

C. p = f(i + 1,&(i + 2),*p,p);　　　　D. pt = f(i + 1,&i,p,p);

（2）对于定义

```
struct sa
{int x; float y; }data,*p = &data;
```

在下列候选答案中，数据 data 的 x 成员的正确引用为（　　）。

A. (*p).data　　B. (*p).x　　C. p -> data.x　　D. p.data.x

（3）对于定义

```
struct st{int n; struct st *next; }a[3] = {{5},{7},{9}}, *p = &a[0];
```

值为6的表达式为（　　）

A. p ++ -> n　　B. p -> n++　　C. ++ p -> n　　D. (*p).n++

2. 阅读程序，给出程序的输出结果。

（1）

```
#include <stdio.h>
struct s
{int x; int y; }cnum[2] = {1,3,2,7};

int main(void){
printf("%d\n", cnum[0].y*cnum[1].x);
    return 0;
}
```

（2）

```
#include <stdio.h>
#include <stdlib.h>

struct NODE
{int num; struct NODE *next; }

int main(void){
  struct NODE *p,*q,*r;
  p = (struct NODE *)malloc(sizeof(struct NODE));
  q = (struct NODE *)malloc(sizeof(struct NODE));
  r = (struct NODE *)malloc(sizeof(struct NODE));
  p -> num = 10; q -> num = 20; r -> num = 30;
  p -> next = q; q -> next = r;
  printf("%d\n",p -> num+q -> next -> num);
  return 0;
}
```

（3）

```
#include <stdio.h>
int main(void){
  enum em{em1 = 3,em2 = 1,em3};
  char *aa[ ] = {"AA","BB","CC","DD"};
  printf("\n%s%s%s\n",aa[em1],aa[em2],aa[em3]);
  return 0;
}
```

（4）

```
#include <stdio.h>
int main(void){
  enum team{my,your = 4,his,her = his + 10};
  printf("%d %d %d %d\n",my,your,his,her);
  return 0;
}
```

（5）

```
#include <stdio.h>
int main(void){
  union{unsigned char c; unsigned int i[4]; }z;
  z.i[0] = 0x39; z.i[0] = 0x36;
  printf("%c\n",z.c);
  return 0;
}
```

提示：字符0的十六进制ASCII码为30。

（6）

```
#include <stdio.h>
typedef union{
  long x[2];
  int y[4];
  har z[8];
}MYTYPE;
MYTYPE them;
int main(void){
  printf("%d\n",sizeof(them));
  return 0;
}
```

（7）

```
#include <stdio.h>
void func (int a[]) {
  static int j = 0;
  do
     a[j] += a[j + 1];
```

```
  while (++j < 2);
}
int main (void) {
  int s[10] = {1,2,3,4,5};
  for (int b = 1;b < 3;b ++)func (s);
  for (int b = 0;b < 5;b ++)printf ("%d",s[b]);
  return 0;
}
```

开发练习

1. 有*n*个学生，每个学生的数据包括学号（num）、姓名（name[20]）、性别（sex）、年龄（age）、三门课成绩（score[3]）。

（1）要求在main函数中输入这几个学生的数据，然后调用一个函数count，在该函数中计算出每个学生的总分和平均分，然后打印出各项数据（包括原有的和新求出的）。

提示：

① 在定义构造体类型时应预留出准备计算结果的成员项；

② 用构造体变量作为函数参数，将各数据传给count函数。

（2）改用指针方法处理，即用指针变量逐次指向数组中的各元素，然后向指针变量所指向的元素输入数据，并将指针变量作为函数参数将地址值传给count函数，在count函数中做统计，将数据返回main函数，在main函数输出。

2. 有4名学生，每个学生包括学号、姓名、成绩，要求用指针方法找出成绩最高者的姓名和成绩。

3. 建立一个链表，每个结点包含的成员为职工号、工资。

（1）用malloc函数开辟新结点。要求链表包含5个结点，从键盘输入结点中的有效数据。然后把这些结点的数据打印出来。要求用creat函数来建立函数，用list函数来输出数据。这5个职工的号码为0601、0603、0605、0607、0609。

（2）在（1）的基础上新增一个职工的数据。这个新结点不放在最后，而是按职工号顺序插入，新职工号为0606。写一个函数insert插入新结点。

（3）在（1）、（2）的基础上写一个函数delete，用来删除一个结点（按指定的职工号删除）。要求删除职工号为0606的结点。

4. 有一个unsigned long类型的整数（4个字节），想分别将前两个字节和后两个字节作为两个unsigned short类型输出（各占2个字节）。用一函数实现，并要将unsigned long型数作为参数，在函数中输出这两个unsigned short数据。

5. 将4个字符“拼”成一个long型数，这4个字符为“a”、“b”、“c”、“d”。写一函数，把由这4个字符连续组成的4个字节内容作为一个long int数输出。

6. 某校建立一个人员登记表，内容如表7.4所示。

表 7.4　某校人员登记表内容

号码	姓名	性别	职业	级别（年级/职称/职务）
50201	Wang Li	m	学生	3
10058	Zhang He	m	教师	教授
20067	Li Feng	f	职员	科级

请为之建立一个数据库。

7. 有一个信息系统需要设计一个菜单程序进行有关功能的调用。请用菜单程序设计用指向函数的指针实现这一调用功能。

7.5　动态存储分配

C 语言提供了 3 种内存分配与管理方式，即编译时静态分配、程序执行中自动分配和程序员根据需要动态分配。动态存储分配是通过声明在<stdlib.h > 头文件中的 4 个库函数实现的，这 4 个库函数分别如下。

- malloc()：申请需要的内存块，但不对内存块进行初始化。
- calloc()：为数组申请需要的内存块，并对内存块进行清零。
- realloc()：调整申请到的内存块大小。
- free()：释放申请到的内存块。

7.5.1　申请需要的存储空间

申请需要的存储空间可以使用 malloc()函数或 calloc()函数。

1. malloc()函数

malloc()函数的作用是在内存的动态存储区中申请一个连续的空间。如果申请失败，就返回 NULL；如果申请成功，就返回所申请到的内存空间的首地址。通常把这个地址送给一个指针，即让这个指针指向申请到的内存空间。这个内存空间的大小由 unsigned int *n* 指定。在这里，unsigned int 指明参数 *n* 必须是非负的整数，用来指定申请的存储空间的字节数。这是 malloc()形式参数的基本形式。

代码 7-32　为存储一个长度为 5 的字符串申请动态存储空间的代码。

```
#include <stdio.h>
#include <stdlib.h >

int main(void){
   char * str;
   str = malloc(5 + 1);                          //多一个字节空间用于存储字符串结束标志'\0'
   printf("%s.\n",str);
   return 0;
}
```

这段代码执行时内存分配的情况如图 7.19 所示。

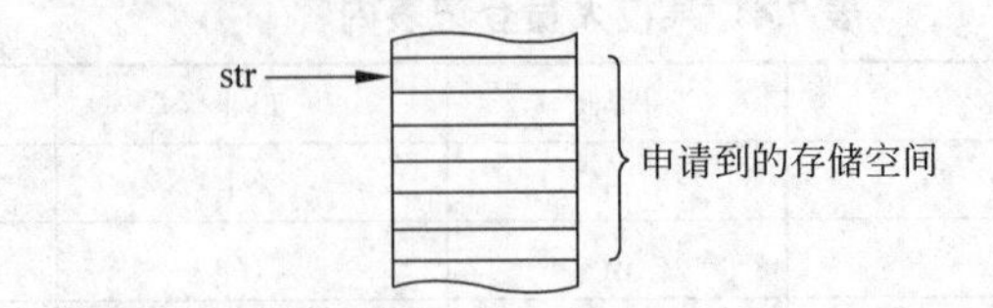

图 7.19　为长度为 5 的字符串申请的动态存储空间

程序的执行结果如下：

```
屯屯屯    .
```

之所以出现这个结果，是由于函数 malloc()没有初始化（清零）的功能，所以输出结果是内存中原来保存的一些具有任意性的数据。

由于指针有地址和基类型两个属性，有些程序员喜欢对 malloc()返回的地址再进行一次强制类型转换，写成：

```
char * str;
str = (char *) malloc(5 + 1);                    //多一个字节空间用于存储字符串结束标志'\0'
```

注意：由于内存空间是有限的，所以不能保证每次申请连续的动态存储空间都能成功。因此，更一般的动态内存申请代码应当有对申请是否成功的判断。

```
char * str;
if((str =(char *) malloc(5 + 1)) == NULL)           //申请不成功就退出
    exit(EXIT_FAILURE);                             //退出程序
...
```

多数 C 语言编译器默认采用 8 位字符编码，每个字符占用一个字节，所以为字符串申请动态存储空间时可以直接指定字节数。如果要为其他类型的数据申请动态存储空间，若知道该类型的单位存储空间大小为 size，就可以用 $n \times$ size 来申请存储空间。但是，在许多情况下程序员不是非常清楚，或者为了更保险，需要用 $n \times$ sizeof(类型) 的方式给定存储空间的大小。

代码 7-33　用函数 malloc()为数组 double *a*[10]申请动态存储空间的代码。

```
#include <stdlib.h>
...
double * a;
if((double *)malloc(10 * sizeof(double))) == NULL)
    exit(EXIT_FAILURE);
...
```

2．calloc()函数

虽然 malloc()函数可以为数组申请动态存储空间，但是它没有初始化功能。同时作为一种选择，C 语言标准库中还提供了 calloc()函数用于为数组申请动态存储空间。所以，calloc()有两个参数，unsigned int *n* 用于指出数组元素的个数，unsigned int size 用于指出数组元素的类型大小。

代码 7-34　用函数 calloc()为数组 double *a*[10]申请动态存储空间的代码。

```
#include <stdio.h>
#include <stdlib.h >
int main(void){
  double *a;
  if((a = (double *)calloc(10, sizeof(double))) == NULL)     //申请不成功就退出
```

```
    exit(EXIT_FAILURE);                                    //退出程序执行
  for(int i = 0; i < 10 ; i ++ )                           //退出程序
    printf("%lf,",*(a + i));
  printf("\n");
  return 0;
}
```

执行结果如下：

```
0.000000, 0.000000, 0.000000, 0.000000, 0.000000, 0.000000, 0.000000, 0.000000, 0.000000,
0.000000,
```

注意：calloc()具有清零的功能，而 malloc()函数不初始化。

7.5.2 释放一个指针指向的存储空间

free()函数可以释放一个指针所指向的内存块，以便程序后续再被重新分配。在释放时，用指针作为参数即可。例如：

```
p = malloc(…);
…
free(p);
```

注意：

（1）在程序中，频繁地进行存储分配会使可分配空间耗尽，因此及时使用 free()清除不再使用的存储块——垃圾（garbage）非常重要。

（2）函数 free()的功能仅仅是切断指针与所指向内存块之间的联系，并不是撤销指针本身，所以使用 free(*p*)后指针 *p* 将成为一个悬空指针。此后如果再使用指针 *p* 来访问内存就可能引起混乱或程序崩溃。悬空指针是很难被发现的。为此，当用 free()释放了一个指针所指向的内存空间后应立即将这个指针赋予 NULL 或 0 值。例如对于上述代码应当修改为

```
p = malloc(…);
…
free(p);
p = NULL;
```

（3）并非所有的动态存储空间都可以被释放。如图 7.20（a）所示，有 *p* 和 *q* 两个指针分别指向两个存储空间。若执行一个 $p = q$ 的操作，如图 7.20（b）所示，指针 *p* 和 *q* 都指向了同一个存储块，另一个存储块就没有了指针指向，成为不可释放的存储块，直到程序结束，形成一种内存泄露（memory leak）。

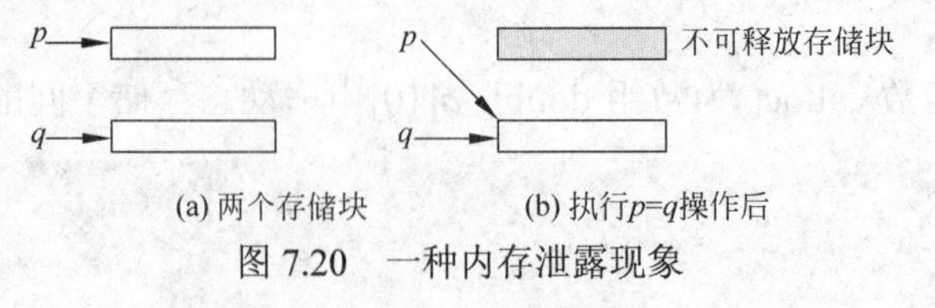

图 7.20　一种内存泄露现象

7.5.3 修改一个指针指向的存储空间大小

在程序中，一个数组用于存储一组数据，由于数据的量经常要变化，为了节省内存，数组实际需要的空间也应当随着所存储的数据量的变化而变化。对于动态分配的内存空间，可以使用 realloc()改变，因此，realloc()要有以下两个参数：

- 指向要改变的存储空间的指针，形式参数为 void * *p*。
- 新的存储空间大小，形式参数为 unsigned int *n*。

例如：

```
double *a;
if((a = (double *)calloc(10,sizeof(double))) == NULL)        //申请不成功就退出
   exit(-1);
realloc(p,20 * sizeof(double));
...
```

说明：

（1）修改内存空间，以进行空间中数据的改变或移动。例如当增大内存空间时，原来的块中的数据不会改变，而添加的内存空间不会被初始化。

（2）如果由于被修改块后面的可用空间限制，不能按要求进行内存空间的扩张，realloc()会寻找一个合适空间将旧块移动过去，并将旧块中的内容复制到新块中。

（3）如果 realloc()的修改不成功，将返回空指针，即 NULL。

（4）如果第 1 个参数为空指针，realloc()就被当成 malloc()使用。

7.5.4 构建动态链表

静态链表仅适用于结点相对固定的应用场合，在结点变化较多的情况下不太适用，因为：

（1）在许多情况下，结点是逐步添加并随时在删除，而不是一开始就固定的，例如手机中的通信录。在这些情况下就不宜采用初始化的方法构建链表，而应该采用逐步添加的方式构建链表。

（2）由于结点随机增添与删除，被删除的结点的存储空间不能尽快释放，而每个结点都由多个数据组成，占据的内存空间比较大，这样就造成存储空间大量浪费。为此，需要为每个结点进行动态存储分配。

下面讨论如何构建一个电话通信录动态链表。

1. 通信录数据结构设计

代码 7-35 通信录的结点数据结构。

```
struct PhoneContacts{
    unsigned long int  telnumber;          //16/32 位机中为 10 位数字,64 位机中为 20 位数字
    char               contactName[20];
};
struct ContactNode{
    struct PhoneContacts   data;
```

```
    struct ContactNode      * next;
};
```

2. 向链表中续加结点

动态构建链表的过程是将结点一个一个地续加（append）到链表中，过程可以从生成一个要续加的新结点开始。假定有一个指针 pNew 指向要续加的新结点，则它可以由 malloc() 函数创建：

```
struct ContactNode      * pNew;
pNew = (struct ContactNode*)malloc(sizeof(struct ContactNode));
```

再用指针 tail 指向表尾结点，则可以把链表的构建分为以下两种情况。

1）在空表中加入一个结点

空表就是还没有结点的链表。这时，head、tail 都要初始化为 NULL。这样判断空表就是判断 head 指针是否为 NULL。在空表的情况下续加一个新结点就是把 head 指向这个结点（head = pNew），且新结点称为表尾（pNew -> next = NULL，tail = pNew）。

2）在非空表中续加一个结点

在非空表中续加一个结点就是把当前表尾中的 next 指针指向新结点（tail- > next = pNew），并让新结点成为表尾（pNew -> next = NULL,tail = pNew）。

代码 7-36 续加结点的代码段。

```
#include <stdlib.h >
struct ContactNode      * pNew = NULL;                              //新结点指针
struct ContactNode      * tail = head;                              //尾结点指针
pNew = (struct ContactNode*)malloc(sizeof(struct ContactNode));
if(head == NULL)
    head = pNew;
else
    tail -> next = pNew;
pNew -> next = NULL;
tail = pNew;
```

下面进一步考虑如何向新结点中注入数据。

代码 7-37 向链表续加结点的函数代码。

```
#include <stdio.h>
#include <stdlib.h>
struct ContactNode* appendNode(struct ContactNode *head){
    struct ContactNode *pNew = NULL, *tail = head;
    int size = 0;

    size = sizeof(struct ContactNode);              //获取需要的存储空间大小
    pNew = (struct ContactNode *)malloc(size);      //让 pNew 指向新建结点
    if (pNew == NULL) {                             //新结点申请内存失败，则退出程序
        printf("内存不够!\n");
        exit(EXIT_FAILURE );
```

```
    }
    if (head == NULL)                                   //若原链表为空表
        head = pNew;                                    //head 指向新结点
    else {                                              //原链表非空，则新结点添加到表尾
        while(tail -> next != NULL){                    //从头结点开始依次找尾结点
            tail = tail -> next;
        };
       tail -> next = pNew;
    }
    tail = pNew;
    pNew -> next = NULL;                                //将新建结点置到表尾
    printf("请输入联系人姓名：");
    scanf("%s", pNew -> data.contactName);
    printf("请输入联系人电话号码：");
    scanf("%lu", &(pNew -> data.telnumber));
    return head;                                        //返回添加结点后的链表的头指针
}
```

3. 显示链表内容

在代码 7-30 中已经介绍过一个显示链表内容的函数，它比较简单，下面的代码在它的基础上做了进一步完善。

代码 7-38 显示链表内容的函数代码。

```
#include <stdio.h>
void displyNode(struct ContactNode *head){
    if (head == NULL)
        printf("链表为空，没有记录！\n");
    else{
        printf("\n 链表中的全部记录如下：\n");
        do {                                                //循环显示直到表尾
            printf("%-20s%lu\n", head -> data.contactName, hesd -> data.telnumber);
            head = head -> next;                            //继续指向下一个结点
        } while (head != NULL) ;
    }
}
```

4. 释放链表中所有结点的存储空间

当一个程序结束时，尽管系统可以自动释放所有变量的内存空间，但有意识地释放程序中动态创建的内存地址是一个程序员应当养成的良好习惯。

释放链表的内存空间的操作是从表头开始，沿着链接关系一个一个地将结点占有的存储空间释放。为此要设置两个指针，一个用来指示链接关系，另一个用来指示即将释放的结点。

代码 7-39 释放链表存储空间的函数代码。

```
#include <stdio.h>
struct ContactNode * freeLinkMemory(struct ContactNode *head){
```

```
    struct ContactNode *p = head,*pFree;
    if (p == NULL)
        printf("链表已空! \n");
    else{
        do {                                                //循环显示直到表尾
            pFree = p;
            p = p -> next;                                  //让 p 指向下一个结点
            free(pFree);
        } while (p != NULL) ;
        printf("链表内存释放完成! \n");
        return p;
    }
}
```

5. 测试

下面设计一个主函数对上面的 3 个函数进行测试，测试按照以下步骤进行。

① 显示通信录内容。

② 构建一个具有 3 个结点的通信录。

③ 再显示通信录内容。

④ 释放链表占有的内存空间。

⑤ 再显示通信录内容。

为了简洁，3 个函数的定义代码就不写出了。

代码 7-40 测试主函数。

```
#include <stdio.h>
#include <stdlib.h >
struct PhoneContacts{
    char                    contactName[10];
    unsigned long int       telnumber;
};
struct ContactNode{
    struct PhoneContacts    data;
    struct ContactNode      * next;
};
struct ContactNode *appendNode(struct ContactNode *head);
void displyNode(struct ContactNode *head);
struct ContactNode * freeLinkMemory(struct ContactNode *head);

int main(void){
    char c;
    struct ContactNode *head = NULL;                    //链表头指针
    displyNode(head);                                   //显示当前链表中的各结点信息
    printf(" == ======================================\n");
    while(printf("你要添加一条通信录(Y/N)?"),scanf(" %c",&c),(c == 'Y' || c == 'y')){
                head = appendNode(head);                //向以 head 为头指针的链表末尾添加结点
    }
    displyNode(head);                                   //显示当前链表中的各结点信息
```

```
    printf(" == ========================================\n");
    head = freeLinkMemory(head);                         //释放所有动态分配的内存
    return 0;
}
```

测试结果如下。

```
链表为空，没有记录!
=====================================
你要添加一条通信录(Y/N)?y↵
请输入联系人姓名:zhang3↵
请输入联系人电话号码: 12345678↵
你还要添加一条通信录(Y/N)?y↵
请输入联系人姓名:li4↵
请输入联系人电话号码: 23456789↵
你还要添加一条通信录(Y/N)?y↵
请输入联系人姓名:wang5↵
请输入联系人电话号码: 34567890↵
你还要添加一条通信录(Y/N)?n↵

链表中的全部记录如下:
zhang3                  12345678
li4                     23456789
wang5                   34567890
=====================================
链表内存释放完成!
```

7.5.5 带有弹性数组成员的构造体

1. 问题的提出

在构造体中经常会带有数组，例如一个字符串，而这种字符串的长度往往是变化的。在这种情况下，采用已有的C特性有两种解决途径：

（1）采用定长数组存储字符串，该定长数组的长度用最长字符串的长度设定。

（2）用指向字符类型的指针。

对于第（1）种方法，会浪费一些存储空间；对于第（2）种方法，正如前面所分析的，字符串与构造体并不存储在一起，存储在一起的是指向字符类型的指针，这样操作起来极不方便。

弹性数组成员（flexible array member）是C99提供的一种新特性。顾名思义，这种特性有以下两个基本特点：

- 它是构造体的一个成员；
- 这个成员是一个数组，而这个数组的大小是可变的。

利用这一新特性可以比较好地解决上述问题。

2. 声明含有弹性数组成员构造体的规则

声明含有弹性数组成员构造体必须遵循下面的规则：

（1）弹性数组成员必须是最后一个数组成员。

（2）构造体中必须至少有一个其他成员。

（3）弹性数组像普通数组一样被声明（除了它的方括号是空的）。

代码 7-41 单词统计程序中构造体的声明。

```
typedef struct {
   int  count;
   char words[]; //只能放在末尾
} WordCounter;
```

说明：这样声明的构造体是一种不完整类型（incomplete type），它缺少用于确定所需内存大小的信息。不完整类型的使用有以下限制。

（1）不能作为数组或其他构造体的元素。

（2）用它直接生成变量是没有意义的，但是可以定义指向这种类型的指针变量并为这个结点分配存储空间。例如可以用下面的方式为代码 7-32 所定义的结点分配空间：

```
WordCounter *pWordConter = malloc(sizeof(wordCounter) + strlen(wordStr) + 1);
```

这样就得到了末尾包含一个 char word[strlen(word_str) + 1]数组的结点。显然，这么写比按照最大长度预留的定长分配要好得多，并且也节省内存空间（因为通常结点或者报文都是需要大批量动态分配的数据结构）。另外，顺便带来的好处也使错误处理更容易，至少不用考虑单词缓冲区不够长的问题。

习题 7.5

探索验证

1. 若指针 *p* 已经定义，要使 *p* 指向能够存储8个字符的动态存储块，以下不正确的是（　　）。

A. p = (char *) malloc(8);　　　　B. p = (char *) malloc(sizeof(char) * 8);

C. p = (char *) calloc(8,sizeof(char));　　　　D. p = 8 * (char *) malloc(sizeof(char));

2. 指向构造体变量的指针与指向构造体成员的指针有何不同？

3. 构造链表的关键是什么？

开发练习

1. 用链表实现学生的成绩管理，要求实现下列功能：

（1）数据存储；

（2）插入、删除；

（3）给出一个学生的姓名，查找其成绩；

（4）按照学习成绩进行排序。

2. 有两个单链表，头指针分别为head1和head2，链表中每一结点的信息都是学号、姓名和学习成绩。请编写一个函数，把链表head2拼接在链表head1后面，并返回拼接成的新链表。

3. 有 *n* 个人按照1到 *n* 的顺序围成一圈，玩报数游戏：从某个人开始从1到 *m* 报数，报到 *m* 的人退出游戏，再继续从1到 *m* 报数，让报到 *m* 的人退出游戏。输入 *n* 和 *m*，输出最后剩下的人的编号。

4. 来电显示。

输入：一个电话号码。

输出：若手机内存中有该号码的机主姓名，则显示机主姓名，否则仅显示电话号码。

5. 编写一个名为my_malloc的函数，用来包装malloc()，实现分配 *n*个字节的功能。这个函数会调用malloc()，若分配成功则返回malloc()所返回的指针；若分配失败，则提示“分配失败”，并终止程序。

6. 编写一个名为duplicate的函数，用来进行字符串字面量的复制。如果复制成功，则返回指向新字符串字面量的指针；若复制失败，则返回空指针。

7. 编写一个名为createArray的函数，用来创建一个动态数组。它有两个参数，一个用于指定该动态数组的大小，一个用于指定该数组中各元素都相同的默认初始值。如果创建成功，则返回该数组的地址；如果创建失败，则返回空指针。

第 8 单元　算法设计进阶*

本单元在前面介绍基本算法和数据结构的基础上进一步介绍一些较为复杂的问题的算法设计策略。

8.1　分 治 策 略

有相当多的问题，其复杂性与问题的规模相关。例如排序问题，若 $n = 1$，那是没有排序问题的；若 $n = 2$，则只要进行一次比较、交换，就可以按照要求实现排序；若 $n = 3$，x 需要 3 次比较……；若 n 很大，问题就会复杂得多。因此缩小规模，使问题简化，是计算机算法设计的一个基本策略，称为分治策略（divide and conquer）。5.2.3 节中介绍的二分查找就体现了分治的思想。

分治法所能解决的问题一般具有以下几个特征：

（1）该问题可以分解为若干个规模较小、结构相同的子问题；

（2）各个子问题相互独立，子问题之间不包含公共的子子问题；

（3）该问题的规模缩小到一定的程度可以容易地求解；

（4）分解出的子问题的解可以合并成为原问题的解。

分治法往往要依靠递归过程，并且大致有以下 3 个步骤。

- 分解：将原问题分解为若干个规模较小，相互独立、与原问题形式相同的子问题；
- 解决：若子问题规模较小且容易被解决则直接解决，否则递归地解各个子问题；
- 合并：将各个子问题的解合并为原问题的解。

8.1.1　快速排序

1. 快速排序的基本思想

快速排序（quick sort）是由著名计算机科学家 C.A.R.Hoare 根据分治策略给出的一种高效率的排序方法。它的基本思想是在待排序序列中选定一个元素 x（可以任选，也可以选第一个元素），称为划分元素，用它将原序列整理——划分（partitioning）为两个子序列，使其右边的元素不比它大，使其左边的元素不比它小；然后再对两个子序列进行上述划分；经过不断划分，直到将原序列整理完毕为止，如图 8.1 所示。

2. 算法框架

显然这是一个二分分治算法，很容易将其描述为下面的函数。

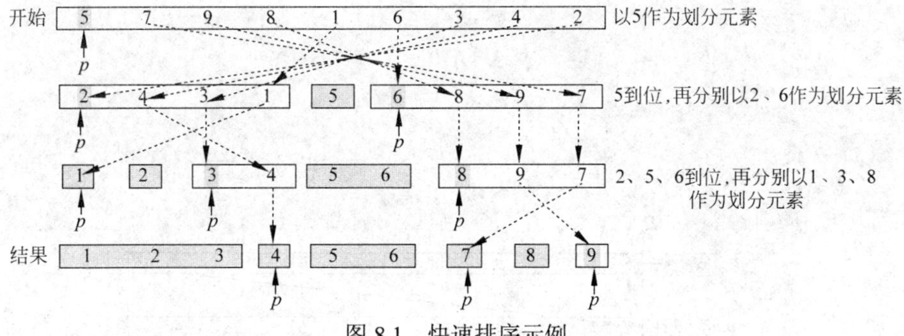

图 8.1　快速排序示例

代码 8-1　快速排序的算法框架。

```
qksort(int m,int n) {        //序列由m到n
    if(m < n){
          调用划分函数 part(m,n,i);
          递归调用 qksort(m,i - 1);
          递归调用 qksort(i + 1, m);
    } else {
          输出排序结束信息
          return;
    }
}
```

下面进一步考虑如何描述函数 part()，其基本思路如下。

步骤 1：准备。

- 步骤 1.1：设置两个指针 *i* 和 *j*，分别指向待划分序列的首元素 *a*[*m*]和尾元素 *a*[*n*]。
- 步骤 1.2：选取划分元素 *p* = *a*[*k*]（*k* 属于[*m*, *n*]），将 *a*[*m*]移至 *k*，即令 *a*[*k*] = *a*[*m*]。

步骤 2：划分。当 *i* != *j* 时，反复执行下面的操作（见图 8.2）。

- 步骤 2.1：逐步减小 *j*。将 *a*[*j*]与 *p* 比较，若 *a*[*j*] > *p*，则令 *j* --（*j* 左移一个数据位）；否则，令 *a*[*i*] = a[*j*]（将 *a*[*j*]放在 *i* 位置）。
- 步骤 2.2：逐步增加 *i*。将 *a*[*i*]与 *p* 比较，若 *a*[*i*] < *p*，则令 *i* ++（*i* 右移一个数据位）；否则，令 *a*[*j*] = *a*[*i*]（将 *a*[*i*]放在 *j* 位置）。

步骤 3：如果 *i* = *j*，放置划分元素，令 *a*[*i*] = *p*。

根据上述分析，可以写出划分函数如下。

代码 8-2　划分函数。

```
int part(int low,int high){
     int i,j;
     double p;
     i = low; j = high;                                          //准备
     p = a[low];
     while(i < j){
          while(i < j && a[j] >= p)                              //逐步减小 j
               j --;
          a[i] = a[j];
```

```
        while(i < j && a[i]  <= p)                              //逐步增大 i
            i ++ ;
        a[j] = a[i];
    }
    a[i] = p;                                                   //放置划分元素
    return(i);
}
```

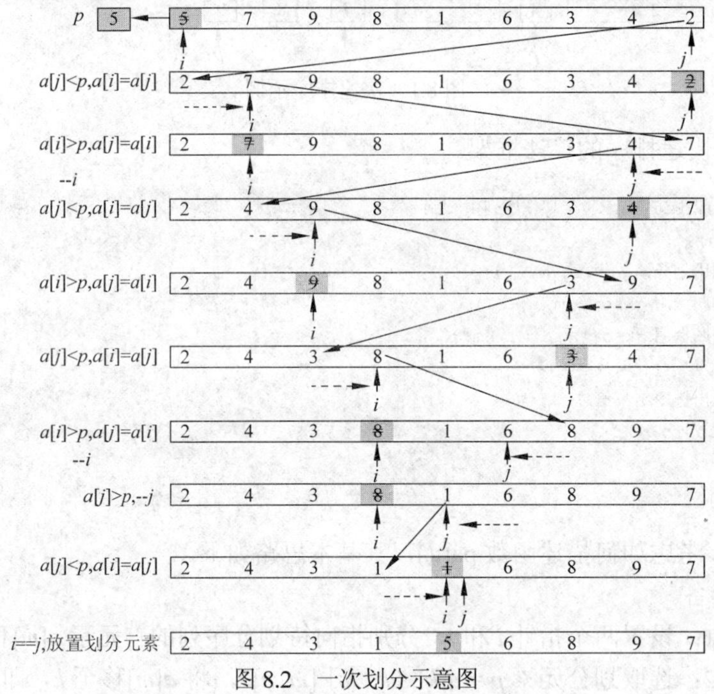

图 8.2　一次划分示意图

3. 程序

代码 8-3　完整的快速排序程序。

```
#include <stdio.h>
#define N 10
void qksort(int m,int n);
int part(int m,int n);
void prnt();
double a[] = {2.1,1.7,1.5,2.9,2.7,2.3,1.3,2.5,1.1,1.9};

int main(void) {
    int m  =  0,n  =  N-1;

    qksort(m,n);
    prnt();
    return 0;
}

void qksort(int low,int high) {
```

```
    int i;
    if(low < high){
        i = part(low, high);
        qksort(low,i - 1);
        qksort(i + 1,high);
    }
    else
        return;
}

int part(int low,int high){
    int i,j;
    double  p;
    i = low; j = high;
    p = a[low];
    while(i < j){
        while(i < j && a[j] > p)
            j --;
        a[i] = a[j];
        while(i < j && a[i] < p)
            i ++ ;
        a[j] = a[i];
    }
    a[i] = p;
    return (i);
}

void prnt(){
    int i;
    printf("sorted sequence is:\n");
    for(i = 0; i  <= N - 1; i ++ )
        printf("%3.1f,",a[i]);
    printf("\n");
}
```

4. 运行结果

```
sorted sequence is:
1.1,  1.3,  1.5,  1.7,  1.9,  2.1,  2.3,  2.5,  2.7,  2.9
```

8.1.2 自行车带人问题

1. 问题描述

A、B 两地相距 S 千米。甲、乙、丙三人要利用一辆自行车从 A 地赶往 B 地，但是该自行车只能带一人。若人的步行速度为 a 千米/小时，自行车的速度为 b 公里/小时（$b > a$）。问如何利用自行车才能使三人尽快全部到达 B 地？

2. 算法分析

1）基本思路

若要三人尽快到达 B 地，就要考虑当一个人骑自行车带一个人走的同时，另一个人也同时开始步行，并且自行车不能到达 B 地后再返回去接步行的人，而是在中途返回去接步行的人，让原来带的人步行到终点。选择合适的自行车返回点，使自行车接上原来步行的人后，与中途下车的人同时到达。这样用的时间最短。

图 8.3 为一个基本的解题思路。假定甲被带到 C 地后开始步行，这时乙步行到了 E 地，丙返回的途中在 D 遇到乙，然后带上乙到 B 时甲也正好步行到 B。

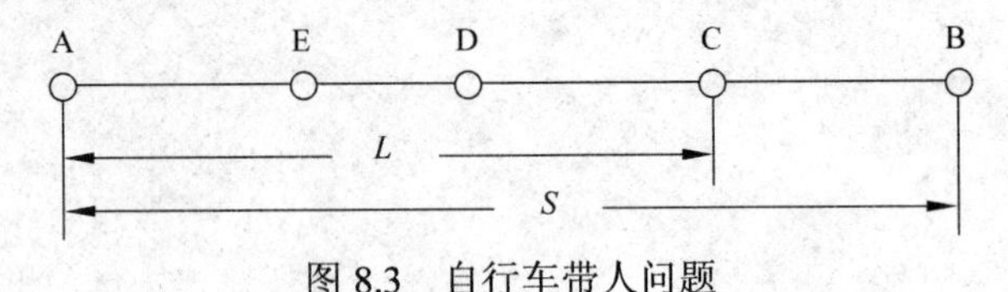

图 8.3　自行车带人问题

问题的关键是求 C 的位置。设 AC = L，那么

甲从 A 到 B 的时间为：$t1 = AC/b + CB/a = L/b + (S - L)/a$

乙从 A 到 B 的时间为：$t2 = AE/a + ED/a + DC/b + CB/b = (L - CD)/a + CD/b + (S - L)/b$

其中：

由于甲到 C 与乙到 E 用的时间相等，所以 $AE/a = L/b$；

由于当自行车返回到 D 时，乙步行到 D，所以 $EC/(a + b) = ED/a = DC/b$，即

$$ED =(L - L/b*a)/(a + b)*a$$

$$DC =(L - L/b*a)/(a + b)*b$$

这样，t1 和 t2 都描述成了关于 L 的函数。如果任意给定一个 L，就可以通过判定 t1 与 t2 是否相等得知该 L 是否正确。

2）用二分法试探确定 C

下面用试探方法来确定 L（即 C 的位置）。

首先考虑用二分法进行试探，即先以中点作为设想的 C，然后分别计算 t1 与 t2：

（1）如果 t1 = t2，该点即为 C；

（2）如果 t1 > t2，说明甲坐自行车少了（$b > a$），即 C 的实际位置应当在该 C 点与 B 之间，应当继续在 CB 之间找下一个 C；

（3）如果 t1 > t2，说明甲坐自行车多了，即 C 的实际位置应当在该 C 点与 A 之间，应当继续在 AC 之间找下一个 C。

如此反复，就会越来越接近真正的 C 点。由于查找的区间越来越小，当上一个 C 与新的 C 之间的距离小于某个给定的误差范围时就可以认为找到了 C。

代码 8-4　自行车带人的算法框架。

```
#define ERR  20
double putLen(double pf,double pt){
    double lenth,ed,dc,t1,t2;
    lenth = (pf + pt) / 2;
```

```
    dc =(b - a) + lenth / (a + b);
    t1 = lenth / b + (S - lenth) / a;
    t2 = (lenth - dc) / a + dc / b + (S - lenth) / b;
    if(abs(t1-t2) < ERR)
        return (lenth);
    if(t1 > t2)
        putLen((pf + pt) /2,pt);
    if(t1 <t2)
        putLen(pf,(pf + pt) / 2);
}
```

讨论：使用优选法代替二分法，优选法比二分法具有较快的收敛性。用优选法代替二分法，就是用 0.618 代替 0.5。

3. 程序

代码 8-5　自行车带人的完整程序。

```
#include  < math.h >
#include <stdio.h>
#define S 120000
#define ERR  200
#define a  30
#define b  70

double putLen(double pf,double pt){
    double lenth,ed,dc,t1,t2;
    lenth = (pf + pt) * 0.618;
    dc =(b - a) + lenth / (a + b);
    t1 = lenth / b + (S - lenth) / a;
    t2 = (lenth - dc) / a + dc / b + (S - lenth) / b;
    if(abs(t1-t2) < ERR)
        return (lenth);
    if(t1 > t2)
        putLen((pf + pt) * 0.618,pt);
    if(t1 <t2)
        putLen(pf,(pf + pt) * 0.618);
}

int main(void){
    printf("\n 甲乘自行车行%7.1f 米后步行，三人到 B 的时间最短", putLen(0,S));
    return 0;
}
```

4. 运行结果

```
甲乘自行车行 74160.0 米后步行，三人到 B 的时间最短
```

习题 8.1

思维训练

写出下面各题的解题思路。

1. 循环赛日程表。

问题描述：设有$n = 2k$ 个运动员要进行网球循环赛。现要设计一个满足以下要求的比赛日程表：

- 每个选手必须与其他 n–1 个选手各赛一次；
- 每个选手一天只能参赛一次；
- 循环赛在 n–1 天内结束。

程序设计要求：请按此要求将比赛日程表设计成有 n 行和n–1列的一个表。在表中的第 i 行，第 j 列处填入第 i 个选手在第 j 天所遇到的选手。其中$1\leqslant i \leqslant n$，$1\leqslant j \leqslant n-1$。

提示：按分治策略可以将所有的选手分为两半，则 n 个选手的比赛日程表可以通过 n /2个选手的比赛日程表来决定。递归地用这种一分为二的策略对选手进行划分，直到只剩下两个选手时比赛日程表的制定就变得很简单，这时只要让这两个选手进行比赛就可以了。

图8.4列出的正方形表是8个选手的比赛日程表。

首先考虑排选手1～4前3天的比赛日程(如左上角一块)和选手5～8前3天的比赛日程(如左下角一块)；然后将左上角小块中的所有数字按其相对位置抄到右下角，又将左下角小块中的所有数字按其相对位置抄到右上角，这样就分别安排好了选手1～4和选手5～8在后4天的比赛日程。

按此思想容易构思具有任意多个选手的比赛日程表。

日程 选手	1	2	3	4	5	6	7
1	2	3	4	5	6	7	8
2	1	4	3	6	5	8	7
3	4	1	2	7	8	5	6
4	3	2	1	8	7	6	5
5	6	7	8	1	2	3	4
6	6	8	7	2	1	4	3
7	8	5	6	3	4	1	2
8	7	6	5	4	3	2	1

图 8.4　8 个选手的比赛日程表

2. 分形问题。分形（fractal）又称碎形，通常被定义为“一个粗糙或零碎的几何形状，可以分成数个部分，且每一部分都（至少近似地）是整体缩小后的形状”，即具有自相似的性质。图8.5为一组分形图形，其中M0为原始图形，M1为M0的一次分形图形，M2为M0的二次分形图形，M3为M0的三次分形图形。

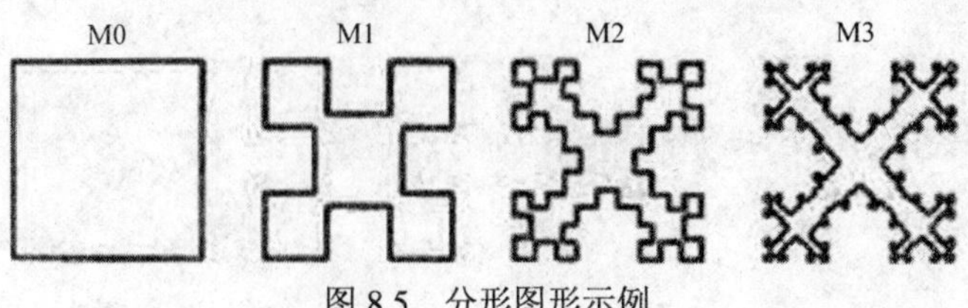

图 8.5　分形图形示例

如果$B(n-1)$是$n-1$ 次分形块，则n次分形块可递归地定义为：

$$\begin{matrix} B(n-1) & & B(n-1) \\ & B(n-1) & \\ B(n-1) & & B(n-1) \end{matrix}$$

即对于X，其一次分形为

$$\begin{matrix} X & & X \\ & X & \\ X & & X \end{matrix}$$

现在要求给出其 n 次分形。

开发练习

设计下面各题的C程序，并设计相应的测试用例。

1. 用分治策略在一个整数数组中同时找到最大元素和最小元素。

2. 用二分法计算x^n的值（当n为偶数时，使用$x^n = x^p * x^p$；当 n 为奇数时，使用$x^n = x * x^p * x^p$）。

3. 找出伪币。现有16枚硬币，知道其中有一枚伪币，伪币的重量比真币要轻。请用一台天平找出该伪币，要求用天平称的次数最少。

4. 金块问题。某人有一袋金子，共 n 块，它们的大小不同。若有一台计量器可以进行两块金子的大小比较，如何才能用最少的比较次数找出袋子中最重的金块？试设计一个程序模拟。

5. 归并排序（Merging sort）。“归并”的含义是将两个或两个以上的有序表列合并为一个新的有序表列。归并排序就是把一个具有n 个数据的序列看作 n个有序的子序列，不断两两归并，最后形成一个有序序列。显然这是一种分治策略。

归并排序的关键是归并，下面介绍一种归并算法：

（1）设序列a(low,high)由两个有序子序列组成，即a(low,mid)和a(mid,high)。

（2）设置一个与序列a大小相等的数组b，用3个指针i、j、k分别指向a(low,mid)、a(mid,high)和b首部。

（3）重复执行下列操作：

- 如果 $a[i] <= a[j]$，则执行 $b[k] = a[i++]$；否则执行 $b[k] = a[j++]$，直到有一个子序列取空。
- 将未取空的子序列放到 b 的尾部。
- 将 b 复制到 a。

请设计一个归并排序的C语言程序。

6. 邮局的位置。某小区有 n 户居民，各家的人口分别为W_1、W_2、…、W_n。现要修建一所邮局，若要使所有的人都方便，邮局应建在什么位置？

提示：设邮局的位置为$P(x_p, y_p)$；第 i 家的位置为 p_i，它与邮局之间的距离为$d(p, p_i)$。

7. 棋子移动问题。

（1）起始条件：有黑、白各n个棋子（n≥4）排成一行，开始时白色棋子全部在左边，黑色棋子全部在右边。

（2）移动规则：

- 每次移动两个棋子，颜色不限；

- 可以移动到左边的空位上，也可以移动到右边的空位上；
- 不能调换两个棋子的左右位置；
- 每次移动必须跳过若干棋子（不可平移）。

（3）要求：最后移成黑白相间的一行。

试给出移动程序。

8. 大整数乘法。

问题描述：通常，在计算机中整数的乘法运算都是当作基本运算进行的。但是，它的前提是计算机硬件要能够对参加运算的整数以及积直接表示和处理，这当然是有限度的。为了处理很大的整数，一种办法是用浮点数来表示，但只能近似地表示它们的大小，并且计算结果中的有效数字也受到限制。另一种办法就是用软件的方法来实现大整数的算术运算，实现大整数的精确表示，并在计算结果中得到所有位数上的数字。

程序设计要求：设计一个有效的算法，进行两个n位大整数的乘法运算。

提示：设X和Y分别是m位和n位的整数，为了计算它们的乘积$X*Y$，可以用大小分别为$m-1$和$n-1$的两个整型数组存储这两个整数中的各位。存储时，将个位、十位、百位、千位、万位……，分别存储在下标为0，1，2，3，4……的数组元素中。另外再定义一个大小为$(m-1)*(n-1)$的整型数组，存放积的各位。这样，就可以按照小学中学习的算式方法来进行计算了。

设用x、y、z分别存储整数X、Y 和积，则可以用下面的算法：

- 用$y[0]$依次去乘数组x的元素，把积中的个位存入$z[0]$，把十位存入$z[1]$；
- 用$y[1]$依次去乘数组x的元素，积与$z[1]$相加，再把个位存入$z[1]$，把十位存入$z[2]$；
- ⋮
- 用$y[i]$依次去乘数组x的元素，积与$z[i]$相加，再把个位存入$z[i]$，把十位存入$z[i+1]$；
- ⋮

这就说明当规模较小时问题非常容易求解。

在这里考虑另一种思路，就是将X 和Y 法用二分求解。具体算法请读者自己考虑。

8.2 回溯策略

经常玩象棋的人最不愿意对方悔棋。所谓悔棋，就是当走了一步棋后发现情况不妙时要退回到前一步的状态重新考虑，有时退一步不行，还要退回几步。这种不良的棋风，倒是在解题时给人提供了一种思路，称之为回溯（back tracking）。

回溯法也称为试探法，是一种不断试探且及时调整的搜索方法。它的基本解题思路是摸着石头过河——从问题的某一个可能情况出发，按照一定的规则，搜索下一个可能情况，一步一步地沿一条路径向一个目标状态试探性推进。每跳到一个石头上都要判断一下它是否为一个解：若非一个解或虽是一个解但还要搜索其他解，就继续往下一个石头（新的可能情况）上跳。若前面没有石头（不存在下一个新的可能情况），就返回一步，在前一块石头上重新寻找新的路径。这样的操作不断进行，直到搜索出全部解——找不到新的石头为止。

为了确保程序能够终止，调整时必须保证曾被放弃过的填数序列不被再次试探，以防止回溯之后又选择了原来的路径形成死循环。因此，必须按某种策略生成有序搜索模型，并记录已经搜索的路径。

回溯过程可以用递归方法实现，也可以用迭代方法实现。

8.2.1 迷宫问题

1. 问题描述

克里特岛（Κρήτη；Crete）位于地中海北部，是希腊的第一大岛，它是诸多希腊神话的源地。相传在远古时代，有位名叫弥诺斯的国王统治着这个地方。弥诺斯在这里建造了有无数宫殿的迷宫（maze）——宫殿的通道曲折复杂，进去很难找到出口。国王在宫殿深处供养着一头怪兽——弥诺陶罗斯牛。为了养活它，国王要希腊的雅典每 9 年进贡 7 对青年男女来。

当第 4 次轮到雅典进贡时，雅典国王爱琴（Aegean）的儿子狄修斯王子已长成英俊青年，他不忍人民再遭受这种灾难，决定跟随不幸的青年男女一起去克里特岛杀死弥诺陶罗斯。

试用 C 程序找出一条探索迷宫的路径。

2. 狄修斯方法的基本思路

狄修斯王子进入迷宫前，深爱着他的希腊公主阿里阿德涅送给他一把剑和一团线，要狄修斯按照下面的规则边走边放线：

（1）凡是走过的路径都铺上一条线；

（2）每到一个岔口，先走没有放过线的路；

（3）凡是铺有两条线的路一定是死胡同，不应再走。

这个规则说明了一种回溯算法：向一个特定的方向探索前进，若找不到解，就返回去，找另一条可能的路径往下搜索；凡是已搜索过的状态（位置），不再搜索。这种算法称为回溯（back tracking），回溯是人们求解复杂问题时常用的一种方法。

3. 迷宫的数据结构与算法设计

迷宫的表示方法很多，最直接的方法是采用矩阵模拟法，即把迷宫用一个二维数组来模拟。在图 8.6 中，把（a）所示的迷宫模拟为图（b）所示的二维数组，用“0”表示可通行部分，用“2”表示不可通行部分。后面的解法都是基于该矩阵的。除此之外，还有状态图、邻接矩阵等表示法，它们都要使用二维数组，这里暂不介绍。

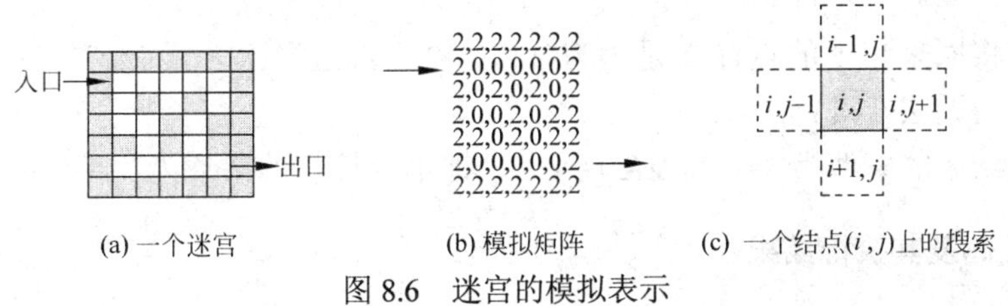

(a) 一个迷宫　　(b) 模拟矩阵　　(c) 一个结点(i, j)上的搜索

图 8.6　迷宫的模拟表示

用数组 maze 存储迷宫矩阵，则迷宫问题的求解可以归结为在任一个结点 maze[i][j]上

向 4 个候选结点 maze[i][$j+1$]、maze[$i+1$][j]、maze[i][$j-1$]、maze[$i-1$][j]的搜索前进过程，如图 8.6（c）所示。

这样将会出现以下 3 种情形：

（1）若 4 个候选结点中有 3 个结点为不可到达结点，则称该结点为“死点”（死胡同尽头）。为防止以后再搜索该结点，应将其设置为不可到达点——令 maze[i][j] = 2，相当于狄修斯放了第 2 条线，也相当于将该点垒住。

代码 8-6 判断死点并进行处理的算法。

```
if(maze[i-1][j]  == 2 && maze[i][j + 1] == 2 && maze[i + 1][j] == 2)
    { maze[i][j] = 2; j --; }
else if(maze[i][j + 1] == 2 && maze[i + 1][j] == 2 && maze[i][j-1] == 2)
   { maze[i][j] = 2; i --; }
else if(maze[i + 1][j] == 2 && maze[i][j-1] == 2 && maze[i-1][j] == 2)
   { maze[i][j] = 2; j ++ ; }
else if(maze[i][j-1] == 2 && maze[i-1][j] == 2 && maze[i][j + 1] == 2)
   { maze[i][j] = 2; i ++ ; }
```

（2）若该点不为死点，下一步将向一个候选结点搜索，称其为已通过点，记以标志，令 maze[i][j] = 1，相当于狄修斯放了一条线。同时，不管该结点是否为岔口，一律先选未通过结点，即先选值为 0 的结点走，再走值为 1 的结点。

代码 8-7 走已通点的算法。

```
if  (maze[i-1][j] == 0)                                    //按顺时针顺序先走没有走过的点
    { i --; maze[i][j] = 1; }
else if(maze[i][j + 1] == 0)
    { j ++ ; maze[i][j] = 1; }
else if(maze[i + 1][j] == 0)
    { i ++ ; maze[i][j] = 1; }
else if(maze[i][j-1] == 0)
    { j --; maze[i][j] = 1; }
else if(maze[i-1][j] == 1)                                 //按顺时针顺序走走过的点
    { maze[i][j] = 2; i --; }
else if(maze[i][j + 1] == 1)
    { maze[i][j] = 2; j ++ ; }
else if(maze[i + 1][j] == 1)
    { maze[i][j] = 2; i ++ ; }
else if(maze[i][j-1] == 1)
    { maze[i][j] = 2; j --; }
```

这里没有将原来为 1 的点置 2 是因为岔口往往会经过多次，置 2 就将其当作直通处理了，使某些支路无法搜索。

（3）探索结束的条件为 $i == E_i \&\& j == E_j$，即继续探索的条件为 $i\ != E_i \parallel j\ != E_j$。

4. 程序代码及其执行结果

代码 8-8 穿越迷宫的完整程序。

```
#include <stdio.h>
int main(void){
   int maze[][7] = {{2,2,2,2,2,2,2},
              {2,0,0,0,0,0,2},
              {2,0,2,0,2,0,2},
              {2,0,0,2,0,2,2},
              {2,2,0,2,0,2,2},
              {2,0,0,0,0,0,2},
              {2,2,2,2,2,2,2}};
    int Si = 1,Sj = 1,Ei = 5,Ej = 5;                //入口与出口
    int i = Si,j = Sj;
    int steps = 0;                                  //记录搜索步数变量
    while(j != Ej || i != Ei)    {                  //在点(i,j)上探索,不达出口时反复进行搜索
    //****处理死点*****
      if (maze[i - 1][j] == 2 && maze[i][j + 1] == 2 && maze[i + 1][j] == 2)
          { maze[i][j] = 2; j --; }
     else if(maze[i][j + 1] == 2 && maze[i + 1][j] == 2 && maze[i][j - 1] == 2)
         { maze[i][j] = 2; i --; }
     else if(maze[i + 1][j] == 2 && maze[i][j - 1] == 2 && maze[i - 1][j] == 2)
          { maze[i][j] = 2; j ++ ; }
     else if(maze[i][j - 1] == 2 && maze[i - 1][j] ==  2 && maze[i][j + 1] == 2)
         { maze[i][j] = 2; i ++ ; }
      else maze[i][j] = 1;

     //**** 按顺时针顺序先走没有走过的点 ****
      if  (maze[i - 1][j] == 0)
          { i --; maze[i][j] = 1; }
      else if(maze[i][j + 1] ==  0)
          { j ++ ; maze[i][j] = 1; }
      else if(maze[i + 1][j]  ==  0)
          { i ++ ; maze[i][j] = 1; }
      else  if(maze[i][j-1]  ==  0)
          { j --; maze[i][j] = 1; }

     //**** 按顺时针顺序走走过的点 ****
      else if(maze[i - 1][j] == 1)
          { maze[i][j] = 2; i --; }
      else if(maze[i][j + 1] == 1)
          { maze[i][j] = 2; j ++ ; }
      else if(maze[i + 1][j] ==  1)
          { maze[i][j] = 2; i ++ ; }
      else if(maze[i][j - 1] == 1)
          { maze[i][j] = 2; j --; }
      steps  ++ ;                                   //记录走过的点数

   //****  打印探索结果 ****
    for(i = 0; i  <= 6; i ++ ){
        for(j = 0; j  <= 6; j ++ )
            printf("%d",maze[i][j]);
        printf("\n");
```

```
    }
    printf("steps = %d\n",count);                  //打印搜索步数
    return 0;
}
```

执行结果如下：

```
2,2,2,2,2,2,2
2,1,2,2,2,2,2
2,1,2,2,2,2,2
2,1,1,2,2,2,2
2,2,1,2,2,2,2
2,0,1,1,1,1,2
2,2,2,2,2,2,2
steps = 19
```

结果矩阵中的“1”为搜索后找到的穿过迷宫的路线；“0”为未搜索过的结点。

8.2.2 八皇后问题

1. 问题描述

八皇后问题是一个古老而著名的问题，该问题由 19 世纪著名的数学家高斯于 1850 年提出：在 8×8 格的国际象棋上摆放 8 个皇后，使其不能互相攻击，即任意两个皇后都不能处于同一行、同一列或同一对角线上，问有多少种摆法?

2. 八皇后问题的回溯策略算法分析

八皇后问题是用回溯法求解的一个经典问题。由于八皇后问题分析起来比较复杂，这里先从四皇后问题谈起。图 8.7 表明了这类问题的回溯求解思路。

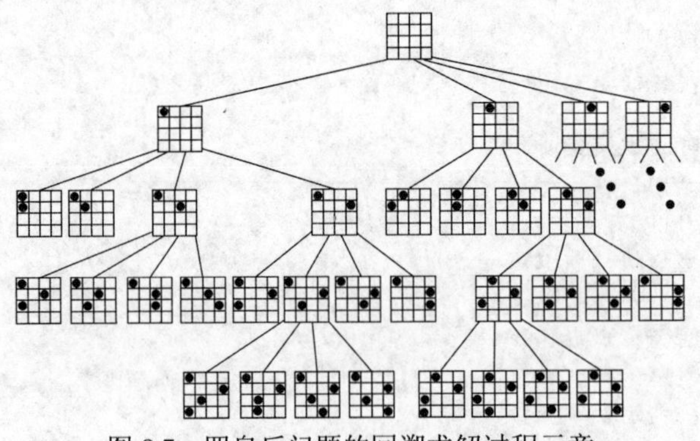

图 8.7　四皇后问题的回溯求解过程示意

搜索从 4×4 的棋盘的左上角位置开始，先在这里放一个皇后。

然后在下一行依次找可以安全地放一个皇后的位置，找到后，继续在下一行进行试放。如果当前行中没有合适的位置，就返回上一行，否定上次的位置，找下一个合适的位置；如果在这一行也找不到合适的位置，就继续向上回溯。

3. 八皇后问题的数据结构

用一个整型一维数组col[]来存放最终结果。对于 N 皇后问题，将数组大小定义为 $N+1$，并且将该数组初始化为全 0。每次搜索行、列均从 1 到 N 进行，若在某行、某列处可以放置一个皇后，则令 $col[i]=k$，就表示在棋盘第 i 行第 k 列放置好一个皇后。

为了使程序找完了全部解后回到最初位置，设定 col[0]的初值为 0，即当回溯到第 0 列时说明已求得全部解，结束程序的运行。

4. 求解八皇后问题的程序代码

代码 8-9 求解八皇后问题的程序代码。

```
#include <stdio.h>
#include < math.h>
int x[100];
_Bool  place(int k) {                    //考察皇后 k 放置在 x[k]列是否发生冲突
    for(int i = 1; i < k; i  ++ )
        if(x[k] == x[i]|| abs(k - i) == abs(x[k] - x[i]))
            return  false;
    return  true;
}

void queue(int n){
    for(int i = 1; i  <= n; i ++ )
        x[i] = 0;
    int k = 1, j = 1;
    while(k >=1) {
        x[k] = x[k] + 1;                 //在下一列放置第 k 个皇后
        while(x[k]  <= n && !place(k))
            x[k] = x[k] + 1;             //搜索下一列
        if(x[k]  <= n && k == n) {       //得到一个输出
            printf("方案%d: ",j++);
            for(int i = 1; i  <= n; i ++ )
                printf("%d ,",x[i]);
            printf("\n");
            //return;                    //若 return 只求出一种解，否则继续回溯，求出全部的可能解
        }
        else if(x[k]  <= n && k < n)
            k ++;                        //放置下一个皇后
        else{
            x[k] = 0;                    //重置 x[k]，回溯
            k --;
        }
    }
}

int main(void){
    int num;
```

```
    printf("输入皇后个数:");
    scanf("%d",&num);
    queue(num);
    return 0;
}
```

程序的某次运行结果：

```
输入皇后个数: 4↵
方案1: 2, 4, 1, 3,
方案2: 3, 1, 4, 4,
```

程序的另一次运行结果：

```
输入皇后个数: 6↵
方案1: 2, 4, 6,,1, 3, 5,
方案2: 3, 6, 2, 5, 1, 4,,
方案3: 4, 1, 5, 2, 6, 3,
方案4: 5, 3, 1, 6, 4, 2,
```

习题 8.2

思维训练

写出下面各题的解题思路。

1. 四色图问题。在彩色地图中，相邻区块要用不同的颜色表示，那么印制地图时最少需要准备几种颜色才能达到相邻区块要用不同的颜色表示的要求呢？一百多年前，英国的格色里提出了最少色数为4的猜想（4-colours conjecture）。为了证实这一猜想，许多科学家付出了艰巨的劳动，但一直没有成功。直到1976年，美国数学家K.Appl和M.Haken借助电子计算机才证明了这一猜想，并称之为四色定理。

请按四色定理为图8.8所示的地图进行着色。

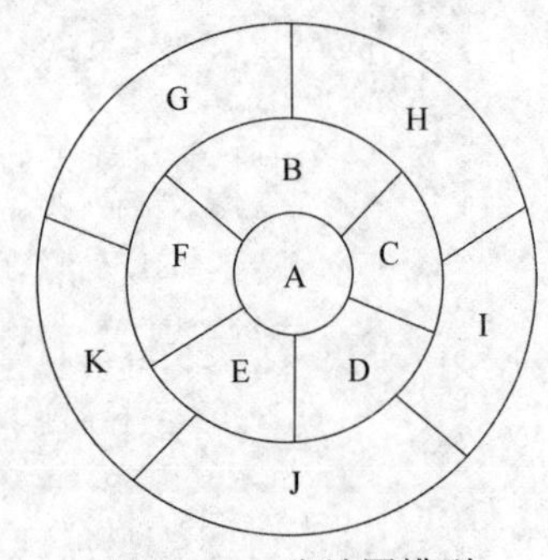

图 8.8　一张地图模型

2. 拼接正方形。王彩有许多边长为1～N–1不等的正方形纸片，且每一种都有很多张。王彩想用这些纸片拼接一个边长为 N 的正方形。请为王彩设计一个拼接方案，要求使用的纸片数最少。

开发练习

设计下面各题的C程序，并设计相应的测试用例。

1. 7个和尚挑水。俗话说：一个和尚担水吃，两个和尚抬水吃，三个和尚没水吃。某寺庙里有7个和尚，那么应该如何吃水呢？方丈决定改善管理模式，实行轮流挑水。但是，不能让7个人挑挑水就行了，因为寺庙里还有大量其他工作要做，而且和尚们还有一些功课要做。为了和其他任务不能冲突，将每个人有空日期列出如下。

和尚1: 星期二、四。

和尚2: 星期一、六。

和尚3: 星期三、日。

和尚4: 星期五。

和尚5: 星期一、四、六。

和尚6: 星期二、五。

和尚7: 星期三、六、日。

为了搞得人性化一些，方丈决定根据上述空闲日期列出每个人挑水的全部方案，让大家自己选，以使多数人满意。

本题的任务就是为方丈提供合理挑水时间的全部方案。

2. 控制方格棋盘游戏。对于如图8.9所示的5×5的方格棋盘，若在某一方格内放入一个黑子，则与该方格相邻的上、下、左、右4个方格中都不可再放黑子。于是，在棋盘的 X 个位置各放一个黑子，就可以控制整个棋盘。请设计在棋盘上放7个黑子就可以控制整个棋盘的所有方案。

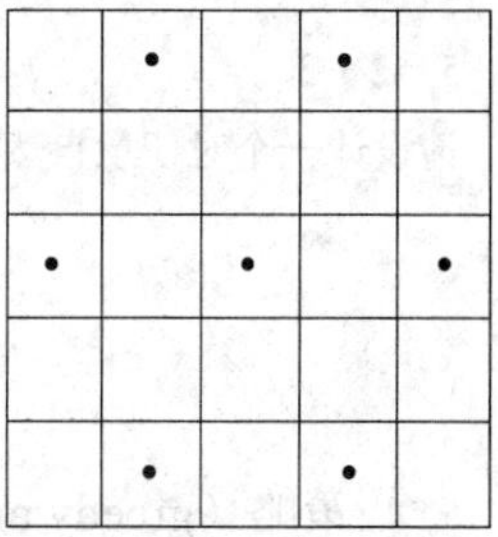

图 8.9　控制方格棋盘游戏

3. 3个猎人杂技团的3位训兽师带着3只猴子过河，只有一条最多只能乘两人的船，人、猴体重相当，且猴子也会划船。在穿梭过河的过程中，若留在岸上的猴子数多于人数，猴子就会逃跑。请为3位训兽师设计一个安全的渡河方案。

4. 机器设计问题。某机器由n 个部件组成，每一个部件可从3个投资者那里获得。令w_{ij} 是从投资者 j 那里得到的零件i 的重量，c_{ij} 则为该零件的耗费。编写一个回溯算法，找出耗费不超过 c 的机器构成方案，使其重量最少。

5. 邮票问题。设想一个国家发行的几种面值不同的邮票，若假定每个信封上最多只允许贴 m 枚邮票。邮资从1开始，在增量为1的情况下，请给出可能获得的邮资值的最大连续区及获得此区域的各种面值的集合。例如，对于$n=4$、$m=5$，有面值1、4、12、21　4种邮票，用回溯法求解本题。

6. 魔板问题。Rubik先生发明了一种玩具，称为魔板。它由8块同样大小的方块组成，这8个方块分别涂以不同的颜色或编号。它有3种基本玩法，以图8.10（a）为初始状态，这3种玩法分别如图8.10（b）、（c）、（d）所示。应用3种基本操作，可以由一种状态到达另一种状态。

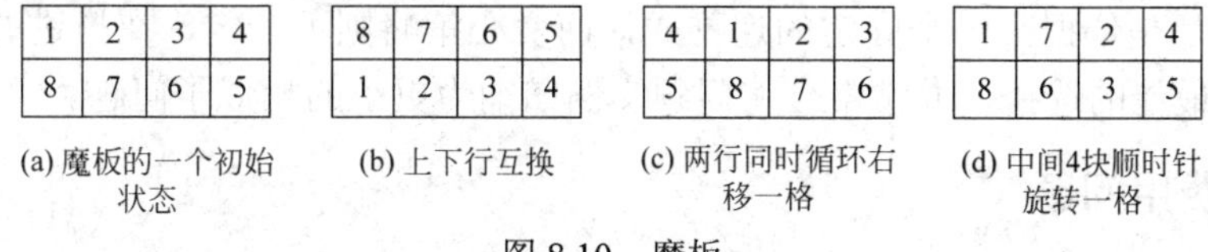

1	2	3	4
8	7	6	5

(a) 魔板的一个初始状态

8	7	6	5
1	2	3	4

(b) 上下行互换

4	1	2	3
5	8	7	6

(c) 两行同时循环右移一格

1	7	2	4
8	6	3	5

(d) 中间4块顺时针旋转一格

图 8.10　魔板

请编写一个程序，通过一系列基本操作可以将魔板从原始状态变为一个输入的目标状态。

7. 装错信封问题。一个人写了n 封不同的信，对应 n 个不同的信封，但在装信封时，他把这 n 封信都装错了信封。问都装错信封的装法有多少种？

这个问题最早由著名的数学家约翰·伯努利（Johann Bernoulli，1667—1748）的儿子丹尼尔·伯努利（Danid Bernoulli，1700—1782）提出，著名数学家欧拉（Leonhard Euler，1707—1783）称其为“组合数论的一个妙题”，并独立地解出了此题。

8. 8对夫妇的别出心裁的照相。一对夫妇邀请了7对夫妇聚餐，餐后要一起拍照留念。拍照时，摄影师提了一个有趣的建议，将8对夫妇编号，东道主夫妇为0号，其他夫妇分别编为1、2、…、7号。然后，他要求8对夫妇按照男左女右站成一排，东道主夫妇紧靠，位于正中，其他各对夫妇按照以下规则安排：1号夫妇之间隔1人，2号夫妇之间隔两人，…。求这种拍照方式共有多少种方案？

9. 自然数的拆分。任何一个大于1的自然数 N 总可以拆分为若干个自然数之和，并且有多种拆分方法。例如自然数5，可以有以下一些拆分方法：

5 = 1 + 1 + 1 + 1 + 1

5 = 1 + 1 + 1 + 2

5 = 1 + 2 + 2

5 = 1 + 1 + 3

5 = 1 + 4（和5 = 4 + 1看成是同一种拆分）

5 = 2 + 3

请设计一个对任意自然数找出所有拆分方法的程序。

8.3 贪心策略

贪心策略（greedy method）是一种企图通过局部最优达到全局最优的策略，犹如登山，并非一开始就能选择出一条到达山顶的最佳路线，而是首先在视力能及的范围内看中一个高处目标，选择一条最佳路径；然后在新的起点上再选择一条往上爬的最佳路径；……；企图通过每一阶段的最佳路径构造全局的最佳路径。也就是说，贪心策略总是不断地将原问题变成一个相似但规模更小的问题，然后做出当前看似最好的（局部意义上的最优）选择。

显然，贪心策略不能保证对所有的问题求得的最后解都是最优的，特别是不能用来求最大或最小解问题。但是在许多情况下，用贪心策略可以得到较为满意的解，也许会得到最优解。初学者应当通过分析和经验积累，了解哪些问题适合用贪心策略，并掌握如何选择合适的贪心策略。

读者应当注意，贪心策略与递推都是从一个初始解出发逐步构造出目的解。但是递推推进的每一步都是依据某一个固定的递推式，而贪心策略则不一定，在推进的每一步依据的是当时看似最佳的选择，并常常会将问题实例归纳为更小的相似子问题。

8.3.1 旅行费用问题

1. 问题描述

一个游客要到如图 8.11（a）所示的 A、B、C、D、E 5 个景点旅行。图中标出了 5 个景点之间的交通费用。试问，该游客从 A 出发，如何可以用最少费用走过每一个景点最后返回 A？

2. 解题策略概述

从 A 点开始，直接连接的是 B、C、D、E，共 4 点。按照贪心策略，从 A 点出发，到下一站，费用最少的是 B（10）；从 B 出发，到下一站，费用最少的是 E（30）；以此类推，局部寻优的过程可以用图 8.11（b）表示，得到的路径为 A-B-E-C-D-A，总费用为 10 + 30 + 20 + 12 + 80 = 152。显然这一结果并非最优，因为最优路径为 A-B-E-D-C-A，总费用为 10 + 30 + 30 + 12 + 21 = 103。

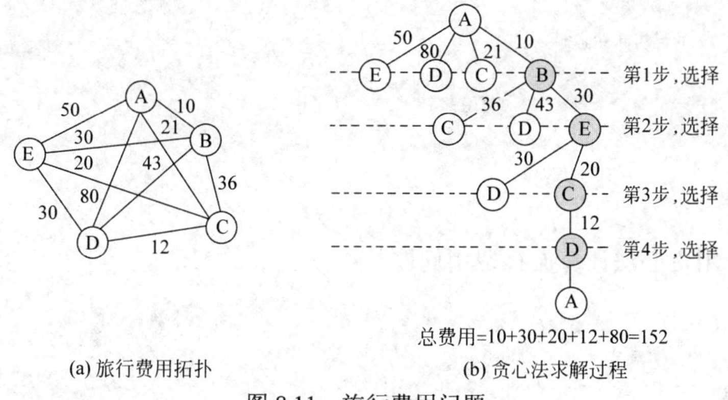

图 8.11　旅行费用问题

3. 数据结构

（1）费用网络描述（用图的邻接矩阵的描述）：

```
int expense[4][] ={{  0, 10, 21, 80, 50},
                  { 10,  0, 36, 43, 30},
                  { 21, 36,  0, 12, 20},
                  { 80, 43, 12,  0, 30},
                  { 50, 30, 20, 30,  0}};
```

（2）定义枚举变量：

```
enum scenes{a,b,c,d,e};
```

这样就会形成以下对应关系：

expense[a][b] ~ expense[0][1] ~ 10

expense[a][c] ~ expense[0][2] ~ 21

expense[a][d] ~ expense[0][3] ~ 80

expense[b][c] ~ expense[0][4] ~ 50

expense[b][c] ~ expense[1][2] ~ 36

expense[b][d] ~ expense[1][3] ~ 43

expense[a][e] ~ expense[1][4] ~ 30

…

4. 贪心过程

代码 8-10　旅行费用问题的贪心算法框架。

```
{
    初始化所有结点的费用标志;
```

```
    设置出发结点 v;
    for( i = 1; i  <=  n - 1; i ++ )  {
        s = 从 v 至所有未曾到过的景点中费用最少的景点;
        累加费用;
        v = s;                                              //新的起点
        设置 v 的已访问标志;
    }
    最后一个景点返回第一个景点,累加费用;
}
```

5. 程序代码

代码 8-11　用贪心法计算旅行费用问题的程序。

```
#define N  5                                                //结点个数
int main(void){
    int expense[N][N] = {{0,10,21,80,50},
                         {10,0,36,43,30},
                         {21,36,0,12,20},
                         {80,43,12,0,30},
                         {50,30,20,30,0}};
    enum scenes{a,b,c,d,e} ;
    enum scenes v,s;
    enum scenes start,j;
    unsigned int sum = 0,min;
    int flag[N] = {0,0,0,0,0};
    int i;
    v = a;                                                  //设置出发结点
    start = v;                                              //保留出发结点

    for(i = 1; i  <= N-1; i ++ ) {
      min = 65535;                                          //设置一个尽量大的值
      for(j = a; j  <= N-1; j ++ ){
         if(flag[j] == 0&&expense[v][j] != 0)
            if(expense[v][j] < min){
               min = expense[v][j];
               s = j;
            }
    }
    sum = sum + min;
    flag[v] = 1;                                            //v 为已访问标志
    v = s;                                                  //新的起点
  }
  sum = sum + expense[v][start];                            //最后一个景点返回第一个景点，累加费用
  printf("sum = %d\n",sum);
  return 0;
}
```

6. 程序测试

（1）

```
当v = a时，sum = 152
```

（2）

```
当v = b时，sum = 103
```

（3）

```
当v = c时，sum = 103
```

8.3.2 删数问题

1. 问题描述

由键盘输入一个长整数 N（不超过 240 位），去掉其中的任意 S 个数字，剩下的数字按原来的左右顺序组成一个新的整数。对于给定的 N 和 S，寻找一种方案，使剩下的数字组成的新数最小（为了简化程序，对输入数据可不进行判错处理）。要求输出无空格的数字串。

```
2 [7] 6 8 5 9 2 3
2 6 [8] 5 9 2 3
2 [6] 5 9 2 3
2 5 [9] 2 3
2 [5] 2 3
2 2 [3]
```

图 8.12 删数问题

2. 解题策略

（1）长整数的表示。本题要求输入一个长度可达 240 位的整数，但是 C 语言中长整数（long int）的十进制最大长度是 19 位（64b 系统），因此要表示 240 位的长整数，就要使用非常规方法。

- 用一个可含 256 个字符的字符串代替长整数。
- 将一个长整数存储在一个整型数组中，在每一个数组元素中存储一个 4 位十进制数。

这里考虑采用字符串方法。

（2）选择贪心策略。搜索数字串中最左端的一个递减区间，删去该区间的首字符，如图 8.12 所示。若无递减空间，则删除最后一个数字。

3. 算法设计

代码 8-12 删数问题的程序代码。

```
void getMinInteger(char *  digitStr,                          //数字串
                   int n) {                                   //被删个数
  int i,j,flag = 0;
  char * strTemp;
  for(j = n; j > 0; j --){                                    //逐一删除 n 个数字
      for(i = 0; i < strlen(digitStr) - 2; i ++ ) {           //搜索递减空间
          if(*(digitStr + i) > *(digitStr + i + 1)) {         //存在递减空间
              striDel(digitStr,i);                            //删除第 i 个数字
              flag =1;
```

```
                break;
            }
        }
        if(flag ==0)                                              //无递减空间
            *(digitStr + (strlen(digitStr) - 1)) = '0';  //删除最后数字
    }
}
```

代码 8-13 删除第 *i* 个数字的函数。

```
char *striDel(char *str,int i){
    *(str + i) = '\0';
    return(strcat(str,str + i + 1));
}
```

说明：一般来说，适合贪心策略的问题大多数具有以下两个特征。

（1）贪心选择性质。贪心选择性质就是可以通过局部最优选择达到全局最优。这种局部选择可能依赖于已经做出的所有选择，但不依赖有待于做的选择或子问题的解。例如在本题中，当前要删除的数不依赖于将来要删除的数，只考虑当前最优。

（2）最优子结构。问题的最优解包含了子问题的最优解，称为最优子结构。例如本题中的数 27685923，要删去 4 个数字，肯定要删去 '768' 和 '9 '。而采用贪心策略时，要依次删去 '7'、'8'、'6'、'9'。即问题的最优解包含了 4 个子问题的解。

4. 程序及其测试

代码 8-14 删数问题的程序代码。

```
#include <stdio.h>
#include <string.h >

char *striDel(char *str,int i);
void getMinInteger(char * digitStr,int n);
void getMinInteger(char * digitStr,int n){
int i,j,flag = 0;
char * strTemp;
for(j = n; j > 0; j --){                                          //逐一删除 n 个数字
    flag = 0;
    for(i = 0; i < strlen(digitStr) - 2; i ++ ) {                //搜索递减空间
        if(*(digitStr + i) > *(digitStr + i + 1)) {              //存在递减空间
            striDel(digitStr,i);                                 //删除第 i 个数字
            flag =1;
            break;
        }
    }
    if(flag == 0)                                                //无递减空间
        *(digitStr + (strlen(digitStr)-1)) = '\0';               //删除最后数字
    }
}
```

```
//删除第 i 个数字的函数
char *striDel(char *str,int i){
    *(str + i) = '\0';
    return(strcat(str,str + i + 1));
}

int main(void){
    char *digitStr;
    int n;
    printf("请输入一个数字串：");
    scanf("%s",digitStr);
    printf("请输入需删除数字个数：");
    scanf("%d",&n);
    getMinInteger(digitStr,n);
    printf("%s",digitStr);
    return 0;
}
```

测试结果如下。

（1）

```
请输入一个数字串：897654↲
请输入需删除数字个数：3↲
654
```

（2）

```
请输入一个数字串：456789↲
请输入需删除数字个数：2↲
4567
```

习题 8.3

思维训练

写出用贪心法求解下面各题的思路。

1. 背包问题。一个强盗进入一家商店要拿走一批物品，强盗只有一个最多能装 W 斤的背包，他拿东西的原则是背一包最值钱的东西。该商店中有 N 件物品，每件物品的重量和价值都是不一样的：第 i 件物品值 v_i 元、重 w_i 斤（$1\leqslant i\leqslant N$）。这就是著名的背包问题。

子问题1：每一件物品都不可分割，强盗只能对某件物品选择带走还是不带走，这就是0-1背包问题。

子问题2：每一件物品都可分割，这就是部分背包问题。

要求分别考虑下列策略：

（1）每次挑选价值最大的物品装入背包，得到的结果是否最优？

（2）每次挑选所占空间最轻的物品装入，是否能得到最优解？

（3）每次选取单位容量价值最大的物品，成为解本题的策略。

2. 汽车加油问题。某汽车加满一次油后可以行驶 n 千米路程。某次旅行的总路程为 s 千米，并且该路程中共有 m 个加油站。

要求：沿途加油次数最少。

输入：每个加油站距出发点的距离。

输出：汽车加油的加油站序列号。

开发练习

设计下面各题的C程序，并设计相应的测试用例。

1. 找硬币问题。有 n 种硬币，面值分别为c_1、c_2、…、c_n。若要找给顾客的钱为x，怎样找拿出的硬币个数最少？

例如：$n = 4, c_1 = 25, c_2 = 10, c_3 = 5, c_4 = 1, x = 67$。

2. 输入一个数字串（位数小于200），在其中添入m（m小于20）个加号，使其值最小。

3. 古代埃及人有一个非常奇怪的习惯，他们喜欢把一个分数表示成若干个分子为1的分数之和的形式，例如7/8 = 1/2 + 1/3 + 1/24，因此人们常把分子为1的分数称为埃及分数。试给出把一个真分数表示为埃及分数之和的算法。

提示：数学家斐波那契提出的贪心算法如下。

（1）设某个真分数的分子为A，分母为B；

（2）把 B 除以 A 的商的整数部分加1后的值作为埃及分数的某一个分母；

（3）将 A 乘以 C 减去 B 作为新的A；

（4）将 B 乘以 C 作为新的B；

（5）如果 A 大于1且能整除B，则最后一个分母为B/A；

（6）如果A=1，则最后一个分母为B；

（7）否则转步骤（2）。

4. 机器调度问题。现有 N 项任务和无限多台机器，任务可以在机器上处理。每件任务的开始时间和完成时间如表8.1所示。

表 8.1　机器调度问题的一组数据

任　务	a	b	c	d	e	f	g
开始（si）	0	3	4	9	7	1	6
完成（fi）	2	7	7	11	10	5	8

在可行分配中每台机器在任何时刻最多处理一个任务，最优分配是指使用的机器最少的可行分配方案。请就本题给出的条件求出最优分配。

提示：一种获得最优分配的贪婪方法是逐步分配任务。每步分配一件任务，且按任务开始时间的非递减次序进行分配。若已经至少有一件任务分配给某台机器，则称这台机器是旧的；若机器非旧，则它是新的。在选择机器时采用以下贪婪准则：根据要分配任务的开始时间，若此时有旧的机器可用，则将任务分给旧的机器，否则将任务分配给一台新的机器。

如图8.13所示，根据本题中的数据，贪婪算法共分为$n = 7$步，任务分配的顺序为a、f、b、c、g、e、d。第一步没有旧机器，因此将a 分配给一台新机器（例如M1）。这台机器在0到2时刻处于忙状态。在第二步考虑任务f，由于当f 启动时旧机器仍处于忙状态，因此将f 分配给一台新机器（设为M2）。第三步考虑任务b，由于旧机器M1在Sb = 3时刻已处于闲状态，因此将b分配给M1执行，M1下一次可用时刻变成fb = 7，

M2的可用时刻变成ff = 5。第四步考虑任务c，由于没有旧机器在Sc = 4时刻可用，因此将c 分配给一台新机器（M3），这台机器下一次可用时间为fc = 7。第五步考虑任务g，将其分配给机器M2。第六步将任务e 分配给机器M1。最后在第七步将任务2分配给机器M3（注意，任务d 也可以分配给机器M2）。

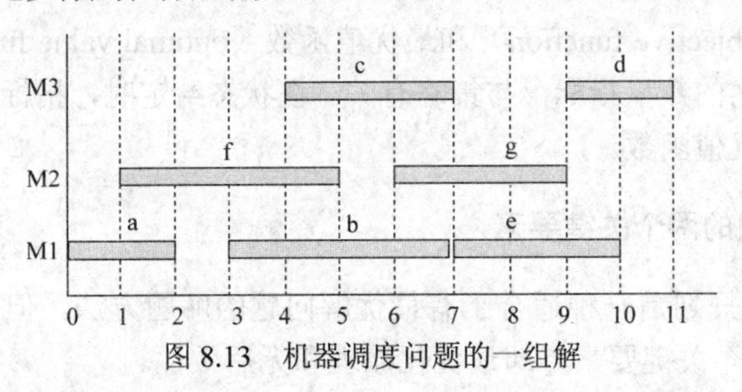

图 8.13　机器调度问题的一组解

8.4　动 态 规 划

8.4.1　动态规划概述

1. 动态规划的基本特点

从解的性质来看，可以把问题按照图 8.14 进行分类。

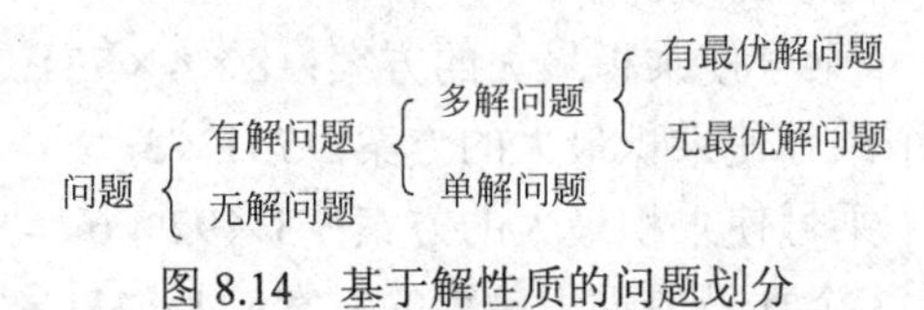

图 8.14　基于解性质的问题划分

动态规划（dynamic programming）是针对多阶段决策问题而提出的过程最优化方法。它的基本思想是将问题的求解过程分解成若干阶段，并且每一个阶段的决策要为后一阶段的决策提供有用的信息：在进行前一阶段的决策时根据某些条件舍弃肯定不能得到最优解的局部解，从而在最后阶段得到问题的最优解。

动态规划的本质还是分治思想，也是将较大的问题分解为较小的同类子问题。在递归地自顶向下求解问题时，每次产生的子问题不总是新问题，有些子问题会被反复计算多次，形成重叠子问题（overlapping subproblem）被重复计算，消耗大量资源。而动态规划对每一个子问题只求解一次，而后把解存储在一个表格（备忘录）中。当以后遇到该子问题时，只要简单地查表就可以得到结果，大大提高了计算效率。

当然，用穷举方法也可以从所有可能的解中选取出最优解，但穷举是一种效率较低的方法。而动态规划能在每一个阶段都舍弃不能达到最优解的局部解，大大减少了工作量。

2. 动态规划的有关概念

- 阶段（step）：问题求解过程中相互有联系的顺序环节。
- 状态（state）：一个阶段开始时的有关参数。
- 决策（decision making）：从一个阶段演变到下一阶段的某状态的选择。

- 策略（policy）：由每个阶段的决策组成的决策序列称为全过程策略，简称策略。
- 状态转移方程（state transition equation of relative）：用于描述状态变量之间关系的数学表达。
- 指标函数（objective function）和最优值函数（optimal value function）：指标函数是关于过程优劣的数量指标，与策略有关。在状态给定时，指标函数对相应策略的最优值称为最优值函数。

3. 实施动态规划的两个关键要素

前面说到，动态规划是一种适合于有最优解问题的解题方法。但是它能不能实施，还要看问题是否具备两个关键要素，即最优化原理和无后效性。

1）最优化原理

最优化原理是说，子问题的局部最优将导致全局最优。或者说，一个问题的最优解取决于其子问题的最优解，而与非最优解没有关系。最优化原理要求问题具有最优子结构性质，即无问题的最优解中包含了其子问题的最优解。这样就提供了使用动态规划进行问题求解的重要线索。例如，有一个数字串 847313926，要在其中插入 5 个乘号，使之分成 6 个整数相乘，如何插入使乘积最大。这是一个最优解问题。可以知道这个解是

$$8\times4\times731\times3\times92\times6=38737152$$

则这个最优解应当包含以下问题的最优解：

- 在 84731 中插入 2 个乘号使乘积最大的方案：8×4×731。
- 在 7313 中插入 1 个乘号使乘积最大的方案：731×3。
- 在 3926 中插入 2 个乘号使乘积最大的方案：3×92×6。
- 在 4731392 中插入 3 个乘号使乘积最大的方案：4×731×3×92。

2）无后效性

无后效性可以用一句话概括："当前的状态是历史的总结，过去已经成为历史。"也就是说，计算过程中的任何一步已经总结了过去，过去的计算步骤不需要再考虑。但是要求过去的计算是正确的，是向正确靠拢的。例如计算 $1+2+3+4+5+\cdots+N$，当计算到 3 时，结果为 6，就已经总结了过去，过去的计算步骤无须再考虑。

4. 用动态规划方法的理论步骤

① 划分阶段：按照问题的时间和空间特征把问题的求解分为若干阶段，并且要求这些阶段一定是有序或可排序的，否则问题就无法用动态规划求解。

② 选择状态：将问题发展到各个阶段时所处的客观情况用不同的状态表示出来。注意，状态的选择要满足无后效性。

③ 确定决策并写出状态转移方程：决策和状态转移有着天然的联系，状态转移就是根据上一阶段的状态和决策导出本阶段的状态。所以，如果确定了决策，状态转移方程也就写出来了。但事实上常常是反过来做，根据相邻两段的各状态之间的关系来确定决策。

④ 写出规划方程（包括边界条件）：动态规划的基本方程是规划方程的通用形式化表达式。

动态规划的主要难点在于理论上的设计，一旦设计完成，实现部分就会非常简单。根据动态规划的基本方程可以直接递归计算最优值，但是一般将其改为递推计算。

5. 用动态规划方法的实际步骤

在实际应用当中经常不显式地按照上面的步骤设计动态规划，而是按照以下几个步骤进行：

① 分析最优解的性质，并刻画其结构特征。

② 递归地定义最优值。

③ 以自底向上的方式或自顶向下的记忆化方法（备忘录法）计算出最优值。

④ 根据计算最优值时得到的信息构造一个最优解。

注意：步骤①～③是动态规划算法的基本步骤。在只需要求出最优值的情况下，步骤④可以省略，若需要求出问题的一个最优解，则必须执行步骤④。此时，在步骤③中计算最优值时通常需记录更多的信息，以便在步骤④中根据所记录的信息快速地构造出一个最优解。

8.4.2 点数值三角形的最优路径

1. 问题描述

在一个 *n* 行的点数值三角形中（图 8.15 为一个 7 行点数值三角形示例），寻找从顶点开始每一步可沿左斜（L）或右斜（R）向下至底的一条路径，使该路径所经过的点的数值和最小。

22
14 19
30 25 10
8 20 12 27
6 25 32 6 4
6 10 10 6 2 32
33 29 2 13 15 3 24

图 8.15 7 行点数值三角形

2. 动态规划设计

1）数据结构设计

考虑将点数值三角形的数值存储在二维数组 a（n,n）。

2）建立递推关系

设数组 b(i, j)为点(i, j)到底的最小数值和，字符数组 stm(i, j)指明点(i, j)向左或向右的路标。

b(i, j)与 stm(i, j)(i=n−1, …, 2, 1)的值由 b 数组的第 i+1 行的第 j 个元素与第 j+1 个元素值的大小比较决定，即有递推关系：

$b(i, j)=a(i, j)+b(i+1, j+1);\ stm(i, j)="R", \quad b(i+1, j+1)<b(i+1, j)$

$b(i, j)=a(i, j)+b(i+1, j);\ stm(i, j)="L", \quad b(i+1, j+1)\geqslant b(i+1, j)$

其中 $i = n-1,\cdots, 2, 1$

边界条件：$b(n, j)=a(n, j), j=1, 2,\cdots, n$。

所求的最小路径数值和即问题的最优值为 b(1, 1)。

3）逆推计算最优值

代码 8-15 逆推计算点数值三角形最优路径算法。

```
for(j=1;j<=n;j++)b[n][j]=a[n][j];
for(i=n-1;i>=1;i--)              //逆推得 b[i][j]
for(j=1;j<=i;j++)
```

```
    if(b[i+1][j+1]<b[i+1][j])
       {b[i][j]=a[i][j]+b[i+1][j+1];stm[i][j]='R';}
    else
       {b[i][j]=a[i][j]+b[i+1][j];stm[i][j]='L';}
printf("%d",b(1,1));
```

4）构造最优解

为了确定与并输出最小路径，利用 stm 数组从上而下查找：

先打印 a(1,1)，这是路径的起点。然后根据路标 stm(1,1)的值决定路径的第 2 个点：若 stm(1,1)="R"，则下一个打印 a(2,2)；否则打印 a(2,1)。

一般地，在输出 i 循环(i=2,3,⋯, n)中：

若 stm(i−1, j)="R"则打印"—R—"；a(i, j+1)；同时赋值 j=j+1。

若 stm(i−1, j)="L"则打印"—L—"；a(i, j)。

依此打印出最小路径，即所求的最优解。

3. 最小路径寻求程序

代码 8-16 点数值三角形最小路径计算程序。

```
#include <stdio.h>
#include <stdlib.h>
#include <time.h>
int main (void) {
  int n,i,j,t;
  int a[50][50],b[50][50]; char stm[50][50];
  printf("请输入数字三角形的行数 n:")
  scanf("%d",&n);
  t=time(0)%1000; srand(t);                          //随机数发生器初始化
  for (i=1;i<=n;i++)
     {for (j=1; j<=36-2*i; j++) printf("")
      for (j=1;j<=i;j++)
         {a[i][j]=rand()/1000+1;
          printf("%4d", a[i][j]);                    //产生并打印 n 行数字三角形
          }
      printf("\n");
  }
  printf("请在以上点数值三角形中从顶开始每步可左斜或右斜至底");
  printf("寻找一条数字和最小的路径.\n");
  for(j=1;j<=n;j++) b[n][j]=a[n][j];
  for(i=n-1;i>=1;i--)                                //逆推得 b[i][j]
      for(j=1;j<=i;j++)
        if(b[i+1][j+1]<b [i+1][j])
           {b[i][j]=a[i][j]+b[i+1][j+1];stm[i][j]='R';}
        else{b[i][j]= a[i][j]+b[i+1][j]; stm[i][j]='L';}
  printf("最小路径和为:%d\n", b[1][1]);              //输出最小数字和
  printf("最小路径为:%d", a[1][1]);j=1;              //输出和最小的路径
  for(i=2;i<=n;i++)
     if (stm[i-1][j]=='R')
```

```
        {printf("—R—%d",a[i][j+1]);i++;}
    else
        printf("—L—%d",a[i][j]);
 printf("\n");
 return 0;
)
```

4. 程序测试

用图 8.14 所示点数值三角形中的数据对程序测试，结果如下。

```
最小路径和为：74
最小路径为：22—R—19—R—10—L—12—R—6—R—2—R—3
```

8.4.3 背包问题

1. 问题描述

设有 N 种物品，第 i 种物品的重量为 w_i、价值为 v_i。现有一个背包，最大承重为 B。问如何挑选物品才能使背包装的价值最大。

本题限定物品是整数，并且函数是线性求极值问题，这类问题称为线性规划问题。许多组合优化问题都可以归结为线性规划问题。由于在装入物品 i 时，可以的选择只有装入或不装入二者取一，所以也可称为 0-1 背包问题。

2. 最优子结构特性

0-1 背包的最优解具有最优子结构特性。若（$x_1, x_2,\cdots, x_n$），$x_i\in\{0,1\}$是 0-1 背包的最优解，那么（$x_2, x_3,\cdots, x_n$）必然是 0-1 背包子问题的最优解：背包剩余载重量 $B-x_1w_1$，共有 $n-1$ 件物品，$2\leqslant i\leqslant n$。否则，若（$z_2, z_3,\cdots, z_n$）是该子问题的最优解，而（$x_2, x_3,\cdots, x_n$）不是该子问题的最优解，由此可知

$$\sum_{i=2}^{n} z_i v_i > \sum_{i=2}^{n} x_i v_i \quad 且 \quad x_1 w_1 + \sum_{i=2}^{n} z_i w_i \leqslant B$$

因此

$$x_1 p_1 + \sum_{i=2}^{n} z_i v_i > \sum_{i=1}^{n} x_i v_i \quad 且 \quad x_1 w_1 + \sum_{i=2}^{n} z_i w_i \leqslant B$$

显然（$x_1, z_2, z_3,\cdots, z_n$）比（$x_1, x_2,\cdots, x_n$）收益更高，（$x_1, x_2,\cdots, x_n$）不是背包问题的最优解，与假设矛盾。因此，（$x_2, x_3,\cdots, x_n$）必然是 0-1 背包问题的一个最优解。最优性原理对 0-1 背包问题成立。

3. 解题策略

（1）目标函数。设 x_i 为在背包中装入的第 i 项物品的数量，于是问题变为：

$$\max(\sum v_i x_i) \quad (v_i\geqslant 0;\ i = 1,2,\cdots, N;\ x_i = 0,1)$$

（2）约束条件。

$$\sum_{i=1}^{n} w_i x_i \leqslant B \quad (B>0;\ W_i \geqslant 0;\ i=1,2,\cdots,N;\ x_i=0,1)$$

（3）子问题划分。物品是一件一件地放入背包的。设 $F_k(y)$为放入前 k 件物品、总重量为 y 时所得到的最大价值，即有：

$$F_k(y) = \max_{i=1}(\Sigma v_i x_i) \quad (0 \leqslant k \leqslant N)$$

$$\sum_{i=1}^{k} w_i x_i = y \quad (0 \leqslant y \leqslant B)$$

于是，定义了不同 k 的子问题。

$F_0(y) = 0$　　　　（没有选物品时总价值为 0）

$F_k(0) = 0$　　　　（限定总重量为 0 时所选物品的总值为 0）

$F_1(y) = \max\{F_0(y), F_0(y-w_1)+V_1\}$;

$F_2(y) = \max\{F_1(y), F_1(y-w_2)+V_2\}$;

…

（4）递推关系：

$$F_k(y) = \max\{F_{k-1}(y), F_k(y-w_k) + v_k\}$$

说明：这个递推关系基于最优子结构特性：在 y 可以放下第 k 种物体的前提下，0-1 背包问题的最优解可以转化为“将前 k 种物品放入容器 y”和“将前 k–1 种物品放入容器 y”中的两个子过程中的选择。

4. 采用动态规划的装背包算法

代码 8-17　装背包的动态规划算法。

```
#define MAX_CHOICE      16
#define MAX_CAPACITY    16
typedef int CHOICE[MAX_CHOICE];

void selection_to_maxvalue(CHOICE c) {                          //选择物品
    int j,k,temp;
    int row = 0,other_row = 1;
    int v[2][MAX_CAPACITY],trace[2][MAX_CAPACITY];
    for(j = 0; j < N; j ++ )
        c[j] = 0;                                       //置初值,物品均未选中

    for(j = 0; j <= B; j ++ ){
         trace[row][j] = -1;
         v[row][j] = 0;
    }

    v[other_row][0] = 0;

    for(k = 0; k < N; k ++ ){
         temp = other_row;
         other_row = row;
```

```
        row = temp;

        for(j = 1; j < weight[k]; j ++ ){
            v[row][j] = v[other_row][j];
            trace[row][j] = trace[other_row][j];
        }

    //max(Fk-1(y), Fk(y-wk) + vk),找较大的价值
    for(j = weight[k]; j  <= B; j ++ ){
            temp = v[row][j - weight[k]] + vvl[k];
            if(v[other_row][j]  <= temp) {
                v[row][j] = temp;
                trace[row][j] = k;
            }else{
                v[row][j] = v[other_row][j];
                trace[row][j] = trace[other_row][j];
            }
        }
    }

    total_value = v[row][B];                             //得到最大价值
    j = trace[row][B];
    temp = B;

    while(j > -1) {
        c[j] = c[j] + 1;
        temp = temp - weight[j];
        if(temp > 0){
            j = trace[row][temp];
        }else{
            j = -1;
        }
    }
}
```

代码 8-18　装背包的输出函数。

```
void print_result(CHOICE c){
    int j;
    printf("\nThe selections:\n");
    for(j = 0; j < N; j ++ ){
        printf("Item %d = %d\n",j,c[j]);
    }
    printf("The maximum total value:%d",total_value);
}
```

代码 8-19　装背包函数的测试函数。

```
#include <stdio.h>
#define N     3                                          //物品个数
#define B     6                                          //约束条件
```

```
CHOICE vv1 = {1,2,5};                                    //物品的价值
CHOICE weight = {2,3,4};                                 //物品的重量
CHOICE package;                                          //物品是否被选中标志
int total_value;                                         //最大价值

int main(void){
    int i;
    selection_to_maxvalue(package);
    printf("The capacity of knapsack:%d\n",B);
    printf("The number of choices:%d\n",N);
    printf("The weight of the item:\n");
    for(i = 0; i < N; i ++ )
        printf("%4d",weight[i]);
    printf("\nThe value of the items:\n");
    for(i = 0; i < N; i ++ )
        printf("%4d",vv1[i]);
    print_result(package);
    return 0;
}
```

测试结果：

```
The capacity of knapsack:6
The number of choices:3
The weight of the item:
  2   3   4
The value of the items:
  1   2   5
The selections:
Item 0 = 1
Item 1 = 0
Item 2 = 1
The maximum total value:6
```

注意：动态规划的“最优化”是在一定条件下找到一种途径，在对各阶段的效益经过按问题具体性质所确定的运算以后使得全过程的总效益达到最优。

5. 应用动态规划应当注意的事项

（1）阶段的划分是动态规划的关键，必须依据题意分析，寻求合理的划分阶段（子问题）方法。而每个子问题是一个比原问题简单得多的优化问题；并且每个子问题的求解中均要利用它的一个后部子问题的最优化结果，直到最后一个子问题所得最优解，它就是原问题的最优解。

（2）变量不可太多，否则会使问题无法求解。

（3）最优化原理应在子问题求解中体现。

（4）有些问题也允许顺推。

（5）动态规划是一个非常高效的算法，但是对于一些问题它并不是一个理想的算法，

其原因有很多。

习题 8.4

思维训练

写出下面各题的解题思路。

1. 王彩家的筷子。王彩是一位很有性格的人，就连使用筷子也与众不同：每餐要用3根筷子，一根较长，用于插取较远的大块食物，其余两个长度接近，因此他家有许多长度不同的筷子。

某日，王彩过生日，准备请K个朋友和他的8位家人（他自己、爱人、儿子、女儿、父亲、母亲、岳父、岳母）一起聚餐，但要求所有人按照他的用筷子习惯吃饭。请为王彩设计一个准备筷子的方案，使所有筷子的总长最短。

本问题的输入为王彩家的每根筷子及其长度。

2. 电路板的设计。如图8.16所示，一块电路板的上、下两端各有 n 个接线柱，在制作电路板时要用 n 条连线将上排接线柱与下排的一个接线柱连接。

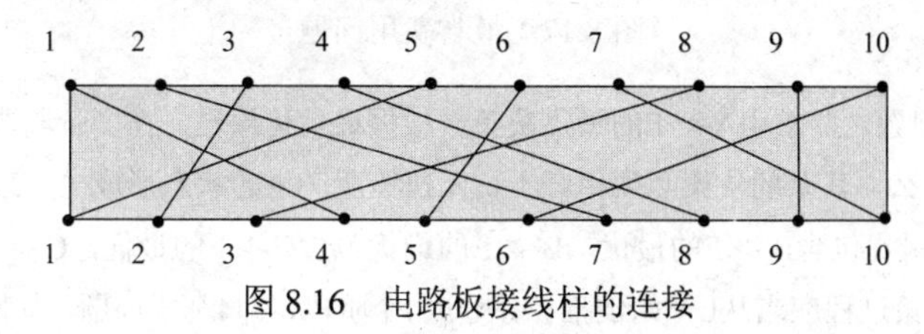

图 8.16 电路板接线柱的连接

在制作电路板时要遵循以下原则：

- 将 n 条连线分布到若干绝缘层上，使同一层中的连线不相交；
- 要确定哪些连线安排在第 1 层，使该层布置尽可能多的连线。

提示：

（1）可以将导线按照上端的接线柱命名，例如导线（$i, \pi(i)$）称为该电路板上的第 i 条连线，用于连接上端的接线柱 i 和下端的接线柱$\pi(i)$（$1 \leqslant i \leqslant n$）。

（2）对于任何两条连线 i 和 j（$1 < i \leqslant j \leqslant n$），它们交叉的充分必要条件是$\pi(i) > \pi(j)$。

开发练习

设计下面各题的C程序，并设计相应的测试用例。

1. 交通费用问题。图8.17表示城市之间的交通路网，线段上的数字表示费用。试用动态规划的最优化原理求出单向通行由A–> E的最省费用。

在该图中，有向边上的数字表示从前一个城市到后一个城市的费用（决策）；B1、B2、B3，C1、C2、C3，D1、D2分别为由A到B、由B到C、由C到D几种不同决策结果。

提示：这个问题是一个多阶段决策问题，从A到E共分为4个阶段，第1阶段从A到B，第2阶段从B到C，第3阶段从C到D，第4阶段从D到E。除起点A和终点E外，其他各点既是上一阶段的终点又是下一阶段的起点。例如在从A到B的第1阶段中，A为起点，终点有B1、B2、B3共3个，因而这时决策（走的路线）有3个选择，一是走到B1，二是走到B2，三是走到B3。若选择B2的决策，B2就是第1阶段决策的结果，它既是第1阶段行动（走的路线）的结果，又是第2阶段决策（走的路线）的起始状态。在第2阶段，再从B2点出发，对于B2点就有一个可供选择的终点集合（C1、C2、C3）；若选择由B2走至C2为第2阶段的决策，则C2就是第2阶段的终点，同时又是第3阶段的始点。同理递推下去，可以看到各个阶段的决策不同，线路就不同，费用也不同。很明显，当某阶段的起点给定时，它直接影响后面各阶段的行进路线和整个路线的长短，而后面各阶段的路线的发展不受这点以前各阶段的影响。故此问题的要求是在各个阶段选取一个恰当的决策，使得由这些决策组成的一个决策序列所决定的一条路线其总路程最短。

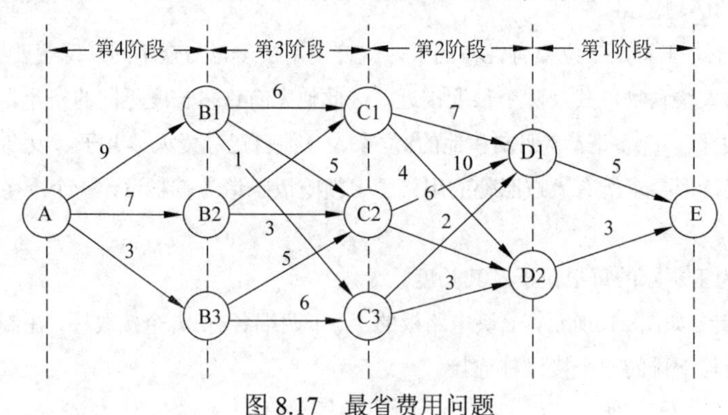

图 8.17　最省费用问题

本题是一个最优问题，要求由A–> E的最优决策。根据最优化原理，在多阶段决策中，无论过程的初始状态和初始决策是什么，其余的决策必须相对于初始决策所产生的状态形成一个最优决策序列。对于本题来说，要求A–> E的最优包含B–> E的最优，B–> E的最优包含C–> E的最优，C–> E的最优包含D–> E的最优。因此，解题的决策过程应当从E开始倒推，并分成4个阶段，即4个子问题，如图8.16所示。策略是每个阶段到E的最省费用为本阶段的决策路径。

下面介绍决策过程：

（1）第1阶段。

输入结点D1、D2，它们到E都只有一种费用，分别为5、2。但这时尚无法确定它们之中哪一个将在全程最优策略的路径上，因而在第2阶段计算中，5、2应分别参加计算。

（2）第2阶段。

输入结点C1、C2、C3。它们到D1、D2各有两种费用。此时应计算C1、C2、C3分别到E的最省费用。

C1的决策是min (C1D1,C1D2) =min (7 + 5,10 + 3) = 12；路径为C1 + D1 + E。

C2的决策是min (C2D1,C2D2) =min (4 + 5,2 + 3) = 5；路径为C2 + D2 + E。

C3的决策是min (C3D1,C3D2) =min (6 + 5,3 + 3) = 6；路径为C3 + D2 + E。

此时也无法定下第1、2阶段的城市哪两个将在整体的最优决策路径上。

（3）第3阶段。

输入结点B1、B2、B3，决策输出结点可能为C1、C2、C3。仿前计算可得Bl、B2、B3的决策路径为以下情况。

B1的决策是min (B1C1,B1C2,B1C3) = min (6 + 12,5 + 5,1 + 6) = 7；路径为B1 + C3 + D2 + E。

B2的决策是min (B2C1,B2C2) = min (4 + 12,3 + 5) = 8；路径为B2 + C2 + D2 + E。

B3的决策是min (B3C2,B3C3) = min (5 + 5,6 + 6) = 10；路径为B3 + C2 + D2 + E。

此时也无法定下第1、2、3阶段的城市哪3个将在整体的最优决策路径上。

（4）第4阶段。

输入结点A，决策输出结点可能为B1、B2、B3。同理可得决策路径为min (AB1,AB2,AB3) = min (9 + 7, 7 + 8,3 + 10) = 13；路径为A + B3 + C2 + D2 + E。

此时才最终确定每个子问题的结点中哪一个结点被包含在最优费用的路径上，并得到最省费用13。

按照上述解题策略，在子问题的决策中只对同一城市（结点）比较优劣，而同一阶段的城市（结点）的优劣要由下一个阶段决定。

2. 数的拆分问题。计算将整数 n（$6 < n \leqslant 200$）拆分成 k（$2 \leqslant k \leqslant 6$）份的方案数，要求：

（1）每种拆分方案不能为空；

（2）任意两种拆分方案不能相同（不考虑顺序，即1,1,5和1,5,1以及5,1,1被认为是同一方案）。

例如：

输入：7，3

输出：4（4种拆分为1,1,5; 1,2,4; 1,3,3; 2,2,3）。

3. 砝码称重问题。设有1g、2g、3g、5g、10g、20g的砝码各有若干，它们的总重不超过1000g。给定一组1g、2g、3g、5g、10g、20g砝码的个数a1、a2、a3、a4、a5、a6，要求输出能称出不同重量的个数。

例如：

输入：1，1，0，0，0，0

输出： total = 3，可以称出 1g、2g、3g 3种不同的重量。

第9单元 语 海 拾 贝

计算思维（数据结构+算法）、语言艺术和工程规范是程序设计的三大基石。前面几单元主要以思维训练为主，本着“够用就行”的原则介绍了 C 语言的核心语法知识，并且训练了学习语法知识的方法。本单元将对一些重要内容进行补充或进一步说明。对于更多的内容还需要读者在应用中学习、在开发中熟练。

9.1 外部变量

函数是 C 语言程序的组件。以函数为界，C 语言将定义在函数外部的实体称为外部的，并且提供了关键字 extern 和 static 修饰外部变量。

9.1.1 外部变量及其定义

除了有外部变量以外，函数都是外部的。

1. 外部变量的基本特征

外部变量具有以下基本特征：

（1）具有默认的静态生存期，属于静态存储分配。

（2）具有默认的文件作用域。文件是 C 程序的编译单位，这说明在默认情况下编译器只能在一个编译单位中检查外部变量的可用性。

（3）外部变量具有链接性，即可以通过声明语句将一个外部变量的作用域延伸。

（4）在一个局部域中定义的局部变量会屏蔽同名的外部变量，这是代码 2-22 演示情形的推广。

2. 外部变量的定义

外部变量定义在所有函数之外，其定义的基本格式为：

```
[extern] 类型关键字 变量名 = 初始化表达式;
```

注意：C 语言关于外部变量的规定似乎有些杂乱。常规的做法是定义时不写 extern 并一定要初始化；若声明时写 extern，则绝对不可以初始化。为什么这样，原因将在下一节介绍。

9.1.2 外部变量的链接性

标识符的链接性是指在一个域中定义的标识符能不能被链接到其他域。对于局部变量来说，其最大的作用域就是一个函数代码空间，对其进行链接没有什么意义。因为将它延伸到其他函数空间就失去了局部性的意义，即使将其延伸到定义位置之前也意义不大，因为只要将这个声明向前提就可以了。所以，标识符的链接性对于外部变量才有意义：第一，文件域可能包含一个以上的函数，一个外部变量的定义位置一般不会全在文件的首部，将一个函数内可以使用的外部变量向前延伸，使定义位置之前的函数也可以访问是有意义，这称为外部变量的内部（internal）链接性。第二，一个文件中定义的外部变量，将其作用域扩大到其他文件域内也是有意义的，这称为外部变量的外部（external）链接性。而局部变量是具有无（none）链接性的。

1. 在一个文件中用 extern 引用性声明将外部变量的作用域向前链接到当前位置

外部变量定义在后时需要在引用之前进行引用性声明（referencing declaration）。这是对外部变量的一种规定，对局部类型没有这种规定。函数的原型声明就是一种引用性声明。对于变量，也有这样的要求。相对于引用性声明，把外部变量的定义称为定义性声明（defining declaration）。

外部变量的引用性声明的格式为：

extern <u>类型关键字</u> <u>变量名</u>;

说明：

（1）引用性声明不需要也不能有初始化部分。为了与它相区别，对定义性声明做了以下规定：若使用关键字 extern，则必须有初始化部分；若省略关键字 extern，则可以没有初始化部分。

（2）函数都具有外部性，所以当函数定义在其引用后面时要使用原型声明将其链接性延伸到引用之前。

代码 9-1　使用引用性声明将外部变量的作用域向前扩展。

```
#include <stdio.h>
void gx ();
void gy ();
int main (void) {
    extern int x,y;                                  //引用性声明,将 x 和 y 的作用域扩充到主函数
    printf ("1: x = %d\t y = %d\n", x, y);
    y = 246;
    gx ();
    gy ();
    return 0;
}

void gx () {
    extern int x, y;                                 //引用性声明,将 x 和 y 的作用域扩充到函数 gx()
    x = 135;
    printf ("2:x = %d\t y = %d\n", x, y);
}
```

```
int x, y;                                    //定义性声明，定义 x、y 是外部变量

void gy () {
    printf ("3:x = %d\t y = %d\n", x, y);
}
```

运行结果：

```
1: x = 0 y = 0
2: x = 135 y = 246
3: x = 135 y = 246
```

说明：第一次输出 $x = 0$ 和 $y = 0$ 是外部变量初始化的结果（不给初值便自动赋予 0）。在执行 gx()函数时只对 x 赋值，没对 y 赋值，但在 main 函数中已经对 y 赋值，而 x 和 y 都是外部变量，因此可以引用它们的当前值，故输出“x = 135, y = 246”。同理，在函数 gy()中 x 和 y 的值也是 135 和 246。

2. 用 extern 引用性声明将其他文件中定义的外部变量链接到当前文件中

外部变量具有外部链接性。假设一个程序由两个以上的文件组成。当一个外部变量定义在某文件（如 file1）中时，在另外的文件（如 file2）中使用 extern 声明，可以通知链接器一个信息：“此变量到外部去找”，或者说在链接时告诉链接器：“到其他文件中找这个变量的定义”。也就是说，使用 extern 声明就可以将其他源程序文件中定义的变量（也可能是具有块作用域的变量）以及函数链接到本源程序文件中。

代码 9-2 extern 引用性声明示例。

```
#include <stdio.h>
int x, y;                                    //定义外部变量 x,y
char ch;                                     //定义外部变量 ch
void f1();
int main (void) {
   x = 12;
   y = 24;
   f1 ();
   printf ("%c", ch);
   return 0;
}

//* file 2.c **
extern int x,y;                              //引用性声明
extern char ch;                              //引用性声明
void f1 () {
   printf ("%d, %d\n", x,y);                 //引用外部变量
   …
   ch ='a';                                  //引用外部变量
   …
}
```

说明：在 file 2.c 文件中没有定义变量 *x*、*y*、ch，而是用 extern 声明 *x*、*y*、ch 是外部变量，因此在 file 1.c 中定义的变量在 file 2.c 中也可以引用。*x*、*y* 在 file 1.c 中被赋值，它们在 file 2.c 中也作为外部变量，因此 printf 语句输出 12 和 24。同样，在 file 2.c 中对 ch 赋值'a'，在 file 1.c 中也能引用它的值。当然要注意操作的先后顺序，只有先赋值才能引用。

注意：

（1）在 file 2.c 文件中不能再定义"自己的外部变量" *x*、*y*、ch，否则就会犯"重复定义"的错误。

（2）如果在一个复杂的程序中包含若干个文件，并且不同的文件中要共用一些变量，可以在一个文件中定义所有的外部变量，而在其他有关文件中用 extern 声明这些变量。

（3）在 C 程序中，函数都默认为 extern，除非加上 static 修饰。因此，调用其他文件中定义的函数需要引用性声明。典型的就是要调用库函数，必须用#include 命令将含有该函数原型声明的头文件包含到当前文件中。

3. 用 static 将外部变量的链接性限定为内部的

在多文件程序中，若用 static 修饰外部变量的定义，则将该外部变量的链接性修改为内部的，即不能链接到其他文件；而无 static 修饰的外部变量的链接性是外部的。例如，在某个程序中要用到大量函数，其中有几个函数要共同使用几个外部变量，可以将这几个函数组织在一个文件中，并将这几个外部变量定义为静态的，以保证它们不会与其他文件中的变量名字发生冲突，保证文件的独立性。

代码 9-3　产生一个随机数的函数。

本例采取以下表达式来产生一个随机数序列：$r_2 = (r_1 * 123 + 59)\ \%\ \ 65536$。只要给出一个 r_1，就能在 0～65535 范围内产生一个随机整数 r_2。

编写以下源文件：

```
static unsigned int r;

int random (void) {
   r = (r * 123 + 59) % 65536;
   return (r);
}

//产生 r 的初值
unsigned randomstart (unsigned int seed) {retrun r = seed; }
```

说明：*r* 是一个静态外部变量，初值为 0。在需要产生随机数的函数中先调用一次 randomstart 函数以产生 *r* 的第一个值，然后再调用 random 函数，每调用一次 random 就得到一个随机数。

代码 9-4　代码 9-3 的测试主函数。

```
#include <stdio.h>

int main (void) {
```

```
  int n;
  printf ("Please enter the seed: ");
  scanf ("%d", &n);
  randomstart (n);
  for (int i = 1; i < 10; i++)
    printf ("%u", random ());
  return 0;
}
```

运行时能产生 9 个随机数。下面是两次运行记录：

```
Please enter the seed: 5↵
674  17425  46182  44349  15498  5769  54286  58101  3058

Please enter the seed: 3↵
428  52703  60000  40027  8180  23159  30568  24371  48572
```

在这里把产生随机数的两个函数和一个静态外部变量的声明组成一个文件，单独编译。这个静态变量 r 是不能被其他文件直接引用的，即使其他文件中有同名的变量 r 也互不影响。r 的值是通过 random 函数返回值带到主调函数中的。因此，在编写程序时往往将用到某一个或几个静态外部变量的函数单独编成一个小文件。将这个文件放在函数库中，用户可以调用函数，但不能使用其中的静态外部变量（这个外部变量只供本文件中的函数使用）。

对于一个多文件程序来说，由于每个文件可能是由不同的人单独编写的，这难免会出现不同文件中同名但含义不同的外部变量。这时，若采用静态外部变量就可以避免引起同名而造成的尴尬局面。所以，在设计程序时最好不用外部变量，若非用不可，也要尽量优先考虑使用静态外部变量。

函数也可以用 static 修饰为文件内部的。

4. 在多文件程序中共享一个 const 定义

为了能在多文件程序中共享一个 const 定义，可以采用以下两种方法。

（1）在一个文件中将 const 变量定义为外部变量，并编写一个具有外部引用声明语句的头文件。例如，在文件 file1.c 中定义一个 const 外部变量：

```
//file1.c
const double pi = 3.14;
⋮
```

然后定义一个头文件：

```
//file1.h
extern const double pi;
```

这样，其他需要使用这个 const 变量 pi 的文件只要包含文件 file1.h 就可以共享它，而不会有重复定义的问题。

（2）使用静态外部存储类型。例如建立一个头文件：

```
//constant.h
static const pi = 3.14;
```

凡是需要使用这个const变量的文件都要包含这个头文件。因为静态变量只定义一次，在编译时用引用性声明来等价于多个pi定义。

9.1.3 外部变量的风险

前面已经提到，如果没有外部变量，函数只能通过参数和返回值与外界（如其他函数）发生数据联系。外部变量作为公共信息的一种载体，增加了一条与外界传递数据的渠道，但会产生消极作用。

代码 9-5 一个试图输出由“*”组成的5×5方阵的程序。

```
#include <stdio.h>
int i;                                          //定义外部变量
void prt();
int main (void) {
  for (i = 0; i < 5; i++)                       //输出5行
  prt();
  return 0;
}

void prt () {                                   //输出一行5个'*'
  for (i = 0; i < 5; i++)
    printf ("%c", '*');
  printf ("\n");
}
```

运行结果如下：

```
*****
```

程序设计者的本意是要输出一个由“*”组成的5×5的方阵，但是上述程序却只输出了一行。原因是prt()执行一次后*i*已变为5，返回main(void)后便退出for结构。

这是一个小例子。随着程序规模的增大，使用的外部变量增多，外部变量所引起的风险将会令人防不胜防、难以控制。各模块之间除了用参数传递信息以外，还增加了许多意想不到的渠道，造成模块之间联系太多，对外部的依赖太大，降低了模块的独立性，给设计、调试、排错、维护都带来困难。此外，它无论是否使用，在程序执行时都占用固定的空间。因此，在设计程序时应有限制地使用外部变量。

9.2 带 参 宏

9.2.1 带参宏的基本定义格式

带参宏定义有点像函数，但是用法和定义有所不同。下面先看一个例子。

代码 9-6 使用带参宏定义计算圆的周长和面积。

```
#include <stdio.h>

#define PI          3.1415926
#define CIRCUM(r)  (2.0*PI*r)
#define AREA(r)    (PI* (r)* (r))

int main (void) {
    double r;
   printf ("Input a radius: ");
   scanf ("%lf",&r);
   printf ("The circum is %lf and area is %lf\n",CIRCUM (r),AREA (r));
   return 0;
}
```

经编译预处理后CIRCUM(*r*)变为(2.0*PI**r*)，AREA(*r*)经替代后得到(PI* (*r*)* (*r*))。某一次运行结果为：

```
Input a radius:1.0↵
The circum is 6.283185 and area is 3.141593
```

显然，带参的宏在形式上很像函数。它也带有形参，在调用时也进行实参与形参的结合。带参宏定义的格式为：

```
#define 标识符(形参表)  宏体
```

9.2.2 使用带参宏的注意事项

正确地书写宏体的方法是将宏体及其各形参用圆括号括起来。

代码 9-7 演示4种求平方的宏定义的正确性。

```
#define SQUARE(x) x*x                        //(a)
#define SQUARE(x)(x*x)                       //(b)
#define SQUARE(x) (x)* (x)                   //(c)
#define SQUARE(x) ((x)* (x))                 //(d)
```

到底哪个对呢？下面用几个表达式进行测试：

（1）用表达式 a = SQUARE (n+1)测试。

按（a），将替换为 $a = n+1*n+1$，显然结果不对。

按（b），将替换为 $a =(n+1*n+1)$，结果与按（a）相同。

按（c），将替换为 $a =(n+1)* (n+1)$，结果对。

按（d），将替换为 $a =((n+1)* (n+1))$，结果对。

（2）用表达式 a = 16/SQUARE(2)对剩下的（c）和（d）进行测试。

按（c），将替换为 $a = 16/(2)* (2) = 32$，显然结果不对。

按（d），将替换为 $a = 16/((2)* (2)) = 4$，结果对。

所以还是把宏体及其各形参都用圆括号括起来稳妥。

9.2.3　带参宏与函数的比较

宏与函数都可以作为程序模块应用于模块化程序设计中，但它们各有特色。

（1）时空效率不相同。宏定义时要用宏体去替换宏名，往往会使程序体积大大增加，加大了系统的存储开销。但是它不像函数调用那样要进行参数传递、保存现场、返回等操作，所以时间效率比函数高。通常对于简短的表达式以及调用频繁、要求快速响应的场合（如实时系统中）采用宏比采用函数合适。

（2）宏虽然可以带有参数，但宏定义过程不像函数那样要进行参数值的计算、传递及结果返回等操作；宏定义只是简单的字符替换，不进行计算。因此一些过程是不能用宏代替函数的，例如递归调用。同时，还可能产生函数调用所没有的风险。

代码 9-8　采用函数计算 1～5 的平方。

```
//采用函数计算
#include <stdio.h>
long square (int n) {
  return (n * n);
}
int main (void) {
  int i = 1;
  while (i <= 5)
    printf ("%ld\n", square (i++));
  return 0;
}
```

执行结果如下：

```
1
4
9
16
25
```

结论：程序执行成功。

代码 9-9　采用带参宏计算 1～5 的平方。

```
//采用带参宏计算
#include <stdio.h>
#define SQUARE(n)  ((n)* (n))

int main (void) {
  int i = 1;
  while (i <= 5)
    printf("%ld\n",SQUARE (I ++));
  return 0;
}
```

编译、执行结果如下：

```
1
9
25
```

结论：程序未达到预期目的。

原因：宏替换后，输出语句成为

```
printf ("%d\n", ( (i++)* (i++)));
```

这实际上是一个未定义行为，而用函数不会出现此问题，这是宏参数引起的风险。对于宏体来说，这应是一种禁忌。

9.3 内联函数

9.3.1 内联函数的概念

一般来说，函数调用要进行以下操作。

- 保存现场：中间计算结果。
- 保存断点：当前指令计数器内容（将要执行的指令地址）。
- 参数复制。
- 流程转移：从调用处转移到函数首地址。

函数返回时也要执行以下操作。

- 数据返回。
- 流程转移：断点恢复。
- 现场恢复。

这些都是要额外开销的。如果一个函数的代码较长，这些额外开销比例很小。但若函数很短且被频繁调用，则这些开销就相当大了。

避免这些运行中开销的一个办法是使用宏。宏定义在形式上类似于一个函数，但是宏具有以下缺点：

（1）宏在使用时，仅仅是做简单替换，无法执行编译器严格类型检查，甚至连正常参数也不检查，另外它的返回值也不能被强制转换为可转换的合适类型。

（2）C 语言的宏使用的是文本替换，可能会导致无法预料的后果，因为需要重新计算参数和操作顺序。

（3）在宏中的编译错误很难发现，因为它们引用的是扩展的代码，而不是程序员输入的。

消除这些额外开销的另一种思路是在编译时将函数代码展开到函数调用处，这样会使被编译程序的大小增加，但可以避免函数调用时的额外开销。这就是内联函数（inline function），有时称为在线函数或编译时期展开函数。

9.3.2 内联函数的定义

1. C99 的内联函数定义

C99 提供了两种内联函数定义。

代码 9-10 内联函数定义形式 1 示例。

```
inline int max (int a, int b){
    if (a > b)
        return a;
    else
        return b;
}
```

这种定义虽使函数具有外部链接，但仅在同一数据文件内部的被调用处展开，函数本身不形成单独的目标代码，并且在外部数据文件中函数不可用。

代码 9-11 内联函数定义形式 2 示例。

```
static inline int max (int a, int b){
    if (a > b)
        return a;
    else
        return b;
}
```

这种函数具有内部链接，可以在同一 C 数据文件内部的被调用处展开，也有可能生成单独的目标代码。

2. gcc 的内联函数定义

gcc 中的 inline 关键字与 c99 中不同，默认情况下（仅使用 inline）在同一数据文件的被调用处当作内联函数展开，而在外部数据文件调用中等同于普通 extern 函数（也就是说会生成单独的目标代码）；加 static 关键字修订后，反而不可应用于外部数据文件，但如果有需要可以生成单独的目标代码；gcc 扩展的 extern inline 模式更是缩小函数的使用仅限于在同数据文件中展开。

9.3.3 内联函数的限制

内联函数有以下限制：

（1）在内联函数中不能定义可改变的 static 变量。

（2）在内联函数中不能引用具有内部链接的变量。

（3）内联函数一般只会用在函数内容非常简单的时候，这是因为内联函数的代码会在任何调用它的地方展开，如果函数太复杂，代码大大增加带来的后果很可能会大于效率提高带来的益处。

（4）inline 只有在开启编译器优化选项时才会生效。

注意：把一个函数声明为 inline 并非强制编译器将代码内嵌展开，仅仅是建议编译器尽量使用函数的内联定义，去除函数调用带来的开销。编译器完全可以按照“将在外，君命有所不受”的原则自行其是。

9.4 数据文件

9.4.1 数据文件及其分类

数据文件是计算机外部介质上的数据的有序集合，是操作系统进行外部设备管理的抽象单位。为了进行管理，每个数据文件都要有一个名称，操作系统根据这个名称可以找到外部介质上保存数据文件的位置。

1. 文本数据文件与二进制数据文件

从处理机制的角度而言，C 语言把数据文件的读和写看作数据在程序与设备之间的流动。但是，从数据编码形式的角度而言，数据文件可以分为字符流和二进制流两种，所对应的数据文件分别称为文本数据文件（text file）和二进制数据文件（binary file）。

文本数据文件也称 ASCII 数据文件，其每个字节表示一个字符，它可以用文本编辑工具进行编辑处理。通常 C 语言程序的源代码就是以文本数据文件形式存储的。二进制数据文件的每个字节不一定表示字符，例如可能是浮点数据和整型数据，可能会以不同的字节组形式表示。通常 C 语言程序的目标代码和可执行代码就是以二进制数据文件形式存储的。图 9.1 所示为整数 8576 的字符和二进制两种编码形式。在用字符形式存放时，要分别存放 8（8 位 ASCII 码为 00111000）、5（8 位 ASCII 码为 00110101）、7（8 位 ASCII 码为 00110111）、6（8 位 ASCII 码为 00110110），共 4 个字符，每个字符占一个字节，共用 4B 空间。而用二进制存放时，编码为 00010000 11000000，共 16 位，占 2B 空间。

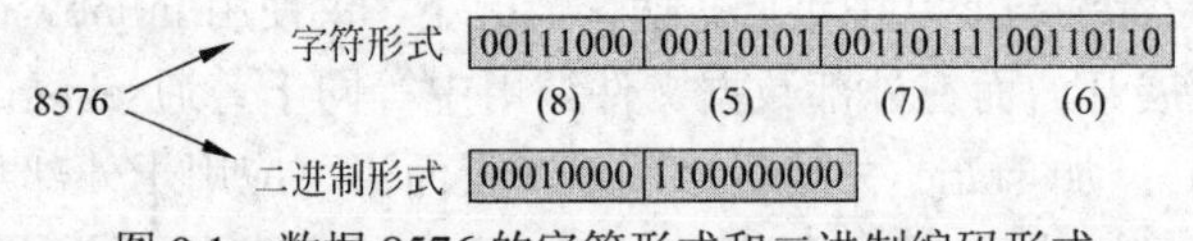

图 9.1 数据 8576 的字符形式和二进制编码形式

2. 缓冲数据文件与非缓冲数据文件

由于 CPU 是计算机系统中的高速设备，输入与输出设备是低速设备，两种设备直接连接进行数据交换，必然要使高速设备按照低速设备的速度工作，这无疑大大降低了高速设备的使用效率。解决的办法是在二者之间增加一个缓冲区，使高速设备只在需要时才与缓冲区“打交道”，其他时间可以从事别的工作，从而大大提高了使用效率。如图 9.2 所示，

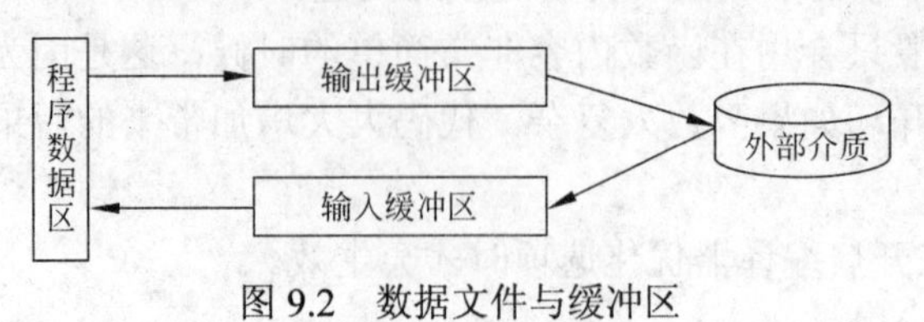

图 9.2 数据文件与缓冲区

缓冲区分为输入缓冲区和输出缓冲区。

缓冲区只有满或要再送入新的一行数据时才对缓冲区中的数据进行处理。例如，从磁盘向内存读入数据时，一次从磁盘数据文件将一些数据输入到内存缓冲区（充满缓冲区），然后再从缓冲区逐个将数据送给接收变量；向磁盘数据文件输出数据时，先将数据送到内存中的缓冲区，装满缓冲区后才一起送到磁盘。用缓冲区可以一次读入一批数据，或输出一批数据，而不是执行一次输入或输出函数就去访问一次磁盘，这样做的目的是减少对磁盘的实际读写次数，因为每一次读写都要移动磁头并寻找磁道扇区，花费一定的时间。

缓冲区是内存中的一个区域。按照缓冲区的使用方式，数据文件系统被分为缓冲数据文件系统和非缓冲数据文件系统两种。缓冲数据文件系统的特点是系统自动在内存区为每一个正在使用的数据文件开辟一个缓冲区。非缓冲数据文件系统不由系统自动设置缓冲区，而是由用户自己根据需要设置。通常，把缓冲数据文件系统的输入输出称为标准输入输出（标准 I/O），把非缓冲数据文件系统的输入输出称为系统输入输出（系统 I/O）。

数据文件系统的工作是由程序和操作系统共同完成的。计算机程序只负责缓冲区与内存变量之间的操作，缓冲区与外部介质之间的操作由操作系统中的 I/O 模块去完成。不同的操作系统对于数据文件的处理有各自的规定。例如，在传统的 UNIX 系统下，用缓冲数据文件系统来处理文本数据文件，用非缓冲数据文件系统处理二进制数据文件。1983 年 ANSI C 标准决定不采用非缓冲数据文件系统，而只采用缓冲数据文件系统。即用缓冲数据文件系统处理文本数据文件，也用它来处理二进制数据文件。也就是将缓冲数据文件系统扩充为可以处理二进制数据文件。

缓冲数据文件系统工作涉及下面 3 个重要概念。

（1）数据文件缓冲区大小：缓冲区的大小由具体的 C 版本确定，默认值由 stdio.h 中定义的宏 BUFSIZE 决定，一般为 512B，可以由程序员用函数 setbuf()重新设置。

（2）缓冲区首地址：缓冲区首地址用于确定缓冲区在内存中的位置。

（3）缓冲区工作指针：缓冲区工作指针即指向当前缓冲区内容的指针，用于确定程序对缓冲区内容读写的位置。

9.4.2 FILE 类型及其指针

1. FILE 类型的定义

为了具体实现数据文件操作，缓冲数据文件系统要为每个数据文件建一个小的档案用来存放数据文件的有关信息，这些信息保存在一个构造体类型的变量中。这个构造体类型由系统定义在 stdio.h 中，取名为 FILE。

代码 9-12 一个 FILE 构造体的定义示例。

```
typedef struct {
    short           level;          //缓冲区使用量
    unsigned        flags;          //数据文件状态标志
    char            fd;             //数据文件描述符
    unsigned char   hold;           //有无缓冲区不读字符
    short           bsize;          //缓冲区大小
    unsigned char   *buffer;        //数据文件缓冲区首地址
```

```
    unsigned char       *curp;                      //数据文件缓冲区工作指针
    unsigned            istemp;                     //临时数据文件指示器
    short               token;                      //有效性检查记录
}FILE;
```

说明：

（1）缓冲区的使用量表明缓冲区的使用程度。

（2）数据文件状态标志（file status flag）表示数据文件处于可写还是可读等状态。

（3）数据文件描述符（file descriotor）是一个索引值，在形式上是一个非负整数，它对应一个已经打开的现有数据文件或一个新创建的数据文件。 C 语言把输入输出都当作数据文件进行处理，当一个程序启动时，系统默认让其打开 3 个数据文件。

- 标准输入（standard input）：键盘输入的数据文件描述符是 0。
- 标准输出（standard output）：显示器显示的数据文件描述符是 1。
- 标准错误（standard error）：其数据文件描述符是 2。

如果程序再打开一个新的数据文件，那么这个数据文件描述符就应该是 3。

（4）关键字 typedef 用于 C 语言中已有类型的重新命名，即用新的类型名代替已有类型名，常用于简化复杂数据类型定义的描述。例如，上面定义的 FILE 就可以代替整个 struct 的定义。

2. 数据文件类型指针

在定义了类型 FELE 以后，就可以用它来声明具体的变量对一个具体的数据文件进行操作。但是，构造体类型变量是一种复合数据类型，包含了多个标量数据，传递效率比较低。为此，C 语言统一用指向 FILE 的指针进行数据文件操作。FILE 指针的定义格式为：

```
FILE * 指针变量名 = NULL;
```

同时，在头文件 stdio.h 中为 3 个标准流分别定义了一个引用指针，即 stdin、stdout 和 stderr。基本的输入函数（如 scanf()、getchar()和 gets()）都是通过 stdin 获得输入，基本的输出函数（如 printf()、putchar()和 puts()）都是通过 stdout 实现输出。

9.4.3 数据文件操作的一般过程

一个 C 语言数据文件操作大致需要以下 3 个过程。

- 打开数据文件。
- 读写操作。
- 关闭数据文件。

1. 打开数据文件

1）打开数据文件的意义

前面讲到，定义一个指向 FILE 类型的指针可以方便地实现数据文件操作。但是，实际并非如此简单。因为只定义了一个 FILE 类型指针名，这个指针还没有与要操作的数据文件联系起来，如何进行操作呢？为此必须对这个数据文件指针进行初始化。数据文件指针初始化的过程称为打开数据文件，由库函数 fopen()完成。通常可以将创建 FILE 指针与打开数据文件同时进行，格式如下。

```
FILE *FILE 指针名 = fopen ("数据文件名","数据文件使用模式");
```

更具体地说，打开操作将完成以下一些工作。

（1）根据数据文件名（包括了数据文件路径）可以得到数据文件的存储位置、大小等信息。

（2）要求系统在内存中分配一个空间保存 FILE 构造体变量。

- 要求系统在内存中为该数据文件分配一个数据文件缓冲区。
- 根据以上信息初始化 FILE 类型的构造体变量。
- 把 FILE 构造体变量的地址返回给 FILE 类型指针。

这样，利用这个 FILE 类型指针才能有效地进行数据文件操作。

当数据文件打开成功时，fopen()函数返回一个地址，指向被打开数据文件的信息区。该信息区是 FILE 类型的构造体，使以后的数据文件操作反映到其信息区中。或者说，使数据文件信息区中的信息能正确地反映数据文件的状态。

为了判断数据文件是否能正确打开，通常使用下面的程序段。当数据文件打开失败时，可以输出打开失败信息，并退出执行。

代码 9-13 以读方式（r）打开数据文件 file1 的程序段。

```
#include <stdio.h>
#include <stdlib.h>
FILE *fp;
if ( (fp = fopen ("file1","r")) == NULL) {
     printf ("Can't open file\n");
     exit (1);
}
```

2）数据文件的使用模式

如前所述，fopen ()函数的一个参数是数据文件名，它包含了数据文件路径，另一个参数是“数据文件使用模式”。如图 9.3 所示，数据文件使用模式由 3 个部分组成，每一部分都用一个字符表示，所以这个字符串最多含有 3 个字符。

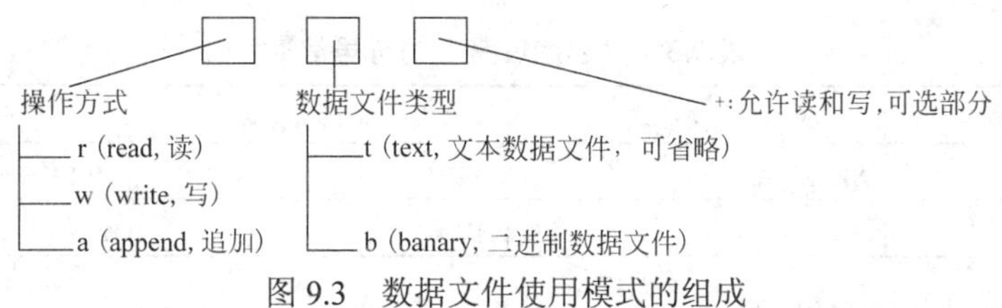

图 9.3　数据文件使用模式的组成

说明：

（1）w：打开时，若数据文件已存在，则覆盖原数据文件；若数据文件不存在，就创建一个新数据文件。

（2）r 或 a：数据文件必须存在，只打开数据文件，不创建新数据文件。

（3）第 3 部分的“+”是可选的，增加这一部分表示既可读又可写。

（4）数据文件使用模式隐含着数据文件读写指针的位置。表 9.1 为 C 规定的几种数据文件操作模式。

表 9.1　数据文件操作模式

模式	读	写	刷新	创建	追加	打开时读写指针的位置
r/rb	V					数据文件头
r+/rb+	V	V			V	数据文件头
w/wb		V	V	V		数据文件头
w+/wb+	V	V	V	V	V	数据文件头
a/ab		V			V	数据文件尾
a+/ab+	V	V			V	数据文件尾

2. 数据文件的读写定位与读写操作

1）数据文件的读写指针及其定位

读写指针是用来指示读写位置的指针。由表 9.1 可以看出，这个指针的初始位置与打开时选择的数据文件操作模式有关。一般来说，在读和写时，读写指针的初始位置在数据文件头；在追加时，读写指针的初始位置在数据文件尾。在读写过程中，一般读写指针会顺序向后移动，每读写一个字节，读写指针就后移一个字节，这种情况称为数据文件的顺序操作。但是，有时还需要对数据文件中的数据通过对读写指针定位的方式直接进行读写，这种操作方式称为随机读写。随机读写时可以使用的读写指针定位函数主要有表 9.2 中列出的 3 种。

表 9.2　3 种主要的读写指针定位函数

函数名	函数参数	作　用
rewind ()	数据文件指针	置读写指针到数据文件首
ftell ()	数据文件指针	获得读写指针位置
fseek ()	数据文件指针，位移量，起始位置	移动读写指针一段距离

其中，“起始位置”用一组符号常量或数字表示，具体见表 9.3。

表 9.3　“起始位置”的符号常量

起始位置	数据文件首	当前读写位置	数据文件尾
符号常量	SEEK_SET	SEEK_CUR	SEEK_END
数字表示	0L	1L	2L

2）数据文件的读写操作

在 C 语言中，数据文件按照读写内容可以分为 4 种方式，它们都有相应的库函数。表 9.4 为 C 语言提供的 4 种读写函数。

表 9.4　C 语言提供的 4 种读写函数

读写内容	读函数	写函数
字符读写	fgetc (数据文件指针)	fputc (字符，数据文件指针)
字符串读写	fgets (开始地址，长度+1，数据文件指针)	fputs (开始地址，数据文件指针)
格式化读写	fscanf (数据文件指针，格式字符串，输出表列)	fprintf (数据文件指针，格式字符串，输出表列)
二进制数据块	fread (开始地址，长度，块数，数据文件指针)	fwrite (开始地址，长度，块数，数据文件指针)

代码 9-14　写字符串到 fp 所指向的数据文件。

```
while (strlen (gets (string)) > 0) {
    fputs (string,fp);
    fputs ("\n",fp);
}
```

说明：这段代码的功能是当从键盘上获得（用 gets()函数）的一个字符串非空（strlen() > 0）时将其写进数据文件 file1.txt 中（用 fputs()函数），而当从键盘上获得的字符串为空时（只敲回车）退出循环。

3）数据文件检测函数

在数据文件操作过程中经常需要做一些特殊检测，例如数据文件读写指针是否处于数据文件尾、读写是否不能完成等，还需要在问题处理后将数据文件出错标志和数据文件结束标志复位，这些工作也由库函数完成，具体见表 9.5。

表 9.5　数据文件检测相关函数

函数调用形式	功　能	返回值
feof (数据文件指针)	判断数据文件读写指针是否到数据文件尾	读写指针处于数据文件尾则返回 1，否则返回 0
ferror (数据文件指针)	检测数据文件读写中有无错误	出错返回 1，否则返回 0
clearerr (数据文件指针)	数据文件出错或数据文件结束标志复位	无返回

3. 关闭数据文件

关闭数据文件有以下两个功能。

（1）将仍留在数据文件缓冲区中的数据（不论缓冲区是否已满）送给数据文件。

（2）释放数据文件信息区，使数据文件指针不再指向所联系的数据文件。

因此，在进行完数据文件操作后应当再执行一个关闭数据文件的操作，以免丢失本来应该写到数据文件上的数据。

在 C 语言程序中使用函数 fclose ()关闭数据文件。fclose ()的原型如下：

```
int fclose (数据文件指针);
```

正常关闭时返回 0，出错时返回 EOF（–1）。

9.4.4 程序示例

1. 程序示例 1：写若干行字符串到文本数据文件

代码 9-15 写若干行字符串到文本数据文件的实例。

```
//将由键盘输入的几个字符串保存到磁盘数据文件
#include <stdio.h>
#include <stdlib.h>
#include <string.h>
int main (void) {
    FILE *fp;                                              //建立数据文件指针
    char string[81];
    if ( (fp = fopen ("file1.txt","w")) == NULL) {        //打开数据文件
        printf ("can't open this file");
        exit (-1);
    }

    while (strlen (gets (string)) > 0) {                   //写字符串到数据文件
        fputs (string,fp);
        fputs ("\n",fp);
    }
    fclose (fp);                                           //关闭数据文件
    return 0;
}
```

说明：由于使用 gets()读入的 string 中没有“\n”，所以要再使用一个 fputs()向数据文件中写一个转义字符“\n”，以便将来读取数据时能分开各字符串。

2. 程序示例 2：数据文件的复制

复制一个数据文件（源数据文件）中的内容到另一个数据文件（目标数据文件）的基本步骤如下：

① 从源数据文件中读取一些数据到内存中的缓冲区（buffer）。

② 从内存缓冲区中将数据写入目标数据文件。

在正常情况下，每次读写后读写指针向后移动一个读写单位（即缓冲区空间，大小由 bsize 给定）。当源数据文件中的数据量不足 bsize 时，可以按逐步减半的方法缩小缓冲区。注意，当读写单位改变时，应使用 fseek()函数移动读写指针。

为了使用方便，可以在输入本程序名时输入两个数据文件名。例如程序名为 mycopy，源数据文件名为 file1，目标数据文件名为 file2，则可按下面的命令行格式启动程序：

```
mycopy file1 file2↵
```

为了实现这一功能，要使用带参主函数。带参主函数允许使用两个参数，即 int argc 和 char argv[]。本题的 3 个数据文件名就存放在 argv[]中，argv[]的大小由参数 argc 指定，由系统根据命令行中字符串的个数自动生成。对于上述命令行，argc 的值为 2，故 argv[1]存放

file1、argv[2]存放 file2。

代码 9-16 数据文件复制实例。

```
//数据文件名：fcopy
#include <stdio.h>
#include <stdlib.h>

int main(int argc, char * argv[]){
    FILE *fin, *fout;
    char c;

    if (argc != 3){
        printf("Usage: %s filein fileout\n", argv[0]);
        exit(0);
    }

    if ((fin = fopen(argv[1],"r")) == NULL){
        perror("fopen filein");
        exit(0);
    }

    if ((fout = fopen(argv[2],"w")) == NULL){
        perror("fopen fileout");
        exit(0);
    }

    while ((c = getc(fin)) != EOF)
        putc(c,fout);
    fclose(fin);
    fclose(fout);
    return 0;
}
```

说明：

（1）这个程序采用“rb”和“wb”作为数据文件模式，因此既可用于复制文本数据文件又可用于复制二进制数据文件。若使用“r”和“w”作为数据文件模式，则只可用于复制文本数据文件。

（2）当运行这个程序时，在命令行输入

```
fcopy flile1.c file2.c↲
```

则可以把数据文件 file1.c 复制到 file2.c 中。

9.5 位操作与位段

位（bit）是计算机内部进行数据存储的最基本的单位。大部分高级语言都是在字的级别上进行运算的，不能在位的级别上进行运算，而 C 语言提供了如表 9.6 所示的 6 种位操作。

其中，双目位运算符进行运算时要将两个操作数的右端对齐，再将左端位数不足的操作数向高位扩展，然后进行位运算。扩展的方法如下：

- 正整数和无符号数的左端用 0 补齐。
- 负数左端用 1 补齐。

表 9.6　位运算符

<table>
<tr><th>位运算符</th><th>含　义</th><th>操作数</th><th>优先级</th></tr>
<tr><td>~</td><td>按位求反</td><td>单目</td><td rowspan="3">高
↓
低</td></tr>
<tr><td><<、>></td><td>左移、右移</td><td>双目</td></tr>
<tr><td>&、^、|</td><td>按位与、按位异或、按位或</td><td>双目</td></tr>
</table>

需要说明的是，位运算符还可以和赋值运算符组成复合赋值运算符。

9.5.1　按位逻辑运算

1. 按位“与”运算

1）运算规则

- 两个位都为 1 时结果为 1，即 1 & 1 = 1。
- 两个位中有一个为 0 时结果为 0，即 1 & 0 = 0、0 & 1 = 0、0 & 0 = 0。

2）应用举例

例 9.1　47&0。

```
        47: 0010 1111
&        0: 00000000
-------------------
结果        00000000
```

说明：任何整数与 0 进行按位与运算结果都为 0，这样能够对一个变量进行清零。

例 9.2　获取指定位。

```
        X: xxxxxxxx
&      62: 001 11110
-------------------
结果      00x xxxx0
```

说明：由于 62 从左（0 开始）向右的 2、3、4、5、6 位上为 1，所以可以获取 *X* 的第 2、3、4、5、6 位上的 bit 值。

2. 按位“或”运算

1）运算规则

- 两个位都为 0 时结果为 0，即 0|0=0。
- 两个位中有一个为 1 时结果为 1，即 1|0=1、0|1=1、1|1=1。

2）应用举例

例 9.3　对一个整数的某些位置 1。

```
        X: xxx xxxxx
|      62: 001 11110
-------------------
结果    xx1 1111x
```

说明：由于 62 从左（0 开始）向右的 2、3、4、5、6 位上为 1，所以可以将 *X* 的第 2、3、4、5、6 位置 1。

3. 按位“异或”运算

1）运算规则

- 两个位相同，则结果为 0，即 1^0=0、0^1=0。
- 两个位不同，则结果为 1，即 1^0=1、0^1=1。

2）应用举例

例 9.4 对变量清 0。

```
          X: xxxxxxxx
^         X: xxxxxxxx
---------------------
结果       00000000
```

说明：对同一个整数进行按位“异或”，由于对应位相同，其结果为 0。

例 9.5 保留某些位或将某些位变反。

```
           10101010
^          00001111
-------------------
结果       10100101
```

说明：某位对 0 进行“异或”运算，保留原值，如前 4 位；某位对 1 进行“异或”运算，其值变反，如后 4 位。

4. 按位“取反”运算

1）运算规则

将一个整数的各位取反，即~1=0，~0=1。

2）应用举例

例 9.6

```
~          10101010
-------------------
结果       01010101
```

9.5.2 移位运算

C 语言允许将一个整数中的各位依次移动若干位的距离。

1. 移位运算的基本概念

当一个 1 在一个字中被移动时，由于位权不同，会发生以下变化。

（1）每左移一位，其值扩大一倍。

（2）每右移一位，其值缩小一半。

上述变化过程如图 9.4 所示。例如数据 4 右移一位成为 2；而数据 2 左移一位成为 4。

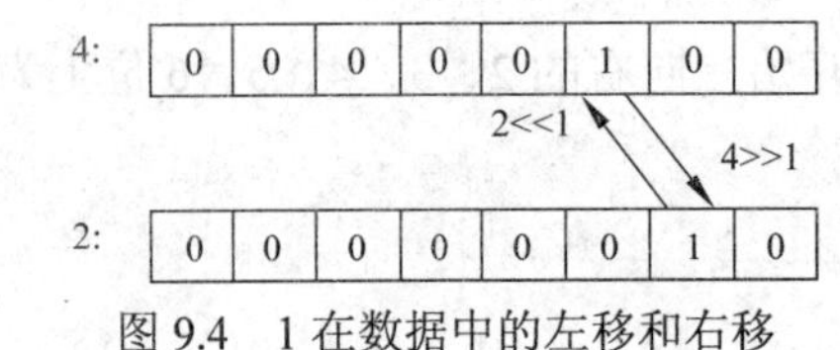

图 9.4　1 在数据中的左移和右移

2. 补位

由图 9.1 可以看出，当一个整数进行左移运算时，尾部会出现空位；而当一个整数进行右移运算时，首部会出现空位。在这种情况下就要分别在尾部和首部补位。但是，左移和右移的补位规则不同。

（1）进行左移运算，要在尾部补 0。

（2）进行正整数（最高位——符号位为 0）的右移时，要在首部补 0。

（3）进行负整数（最高位——符号位为 1）的右移时，机器内采用二进制补码表示。

所谓补码，是将数值的各位变反（反码）再加 1。例如，数据 3 的原码为 00000011，反码为 11111100，补码为 11111101。补位方式视编译器不同可以有以下不同的方法：

- 逻辑右移：首部补 0，如 *a*（11111101）>>1，得 01111110。
- 算术右移：首部补 1，如 *a*（11111101）>>1，得 11111110。

9.5.3　位段

1. 位段及其定义

C 语言提供了一种在位一级进行操作的机制。它允许在一个构造体中以位为单位来指定其成员所占的内存长度，这种以位为单位的成员称为位段（bit-field）或位域。一个位段由一个位或若干位组成，实际上是将一个字节分成几个位段（即把只需要一位或几位的若干数据组织成一个字节），因此也可认为它是“位信息组”。从结构上看，位段是一种特殊形式的构造体类型。

例 9.7　表 9.7 所示为用一个 8b 寄存器存储串行通信适配器的状态。

表 9.7　串行通信适配器的状态

位	b_0	b_1	b_2	b_3	b_4	b_5	b_6	b_7
意义	清除后发送线路改变	数据就绪改变	检测到尾边界	接收线路改变	清除后发送	数据就绪	振铃	已接收信号

代码 9-17　用一个字节存储串行通信适配器的状态的构造体。

```
struct status_type {
      unsigned delta_cts:   1;        //delta_cts 占一位
      unsigned delta_dsr:   1;        //delta_dsr 占一位
      unsigned tr_edges:    1;        //tr_edges 占一位
      unsigned delta_rec:   1;        //delta_rec 占一位
      unsigned cts:         1;        //cts 占一位
      unsigned dsr:         1;        //dsr 占一位
      unsigned ring:        1;        //ring 占一位
      unsigned rec_line:    1;        //rec_line 占一位
}status;
```

说明：

（1）这个构造体类型与前面构造体类型的不同之处在于需要在声明构造体类型时指定各位段的长度（以位为单位）。即在位段名的后面有一个冒号，冒号的后面即为指定的位数。在这个构造体中定义了成员 delta_cts、delta_dsr、tr_edges、delta_rec、cts、dsr、ring 和 rec_line，它们都是一位的无符号数，即这些位段只有 0 或 1 两个值。

（2）可以根据需要给不同的成员定义不同的位宽，还可以根据需要跳过某些位不用，被跳过的位段没有位段名，无法引用。

代码 9-18　含有不能引用位段的构造体。

```
struct packeddata1 {
    unsigned int a:  3;
    unsigned int:    4;                    //此 4 位无位段名，不能引用
    unsigned int c:  5;
    unsigned int d:  4;
} x;
```

这个定义的情形如图 9.5 所示。

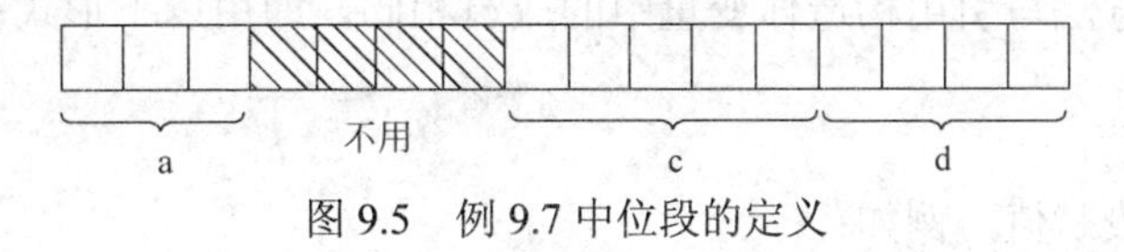

图 9.5　例 9.7 中位段的定义

（3）如果各位段的长度超过一个整型数据的空间，即下一个位段已经放不下，这时系统会自动开辟第二个整型数据的空间，从下一个整型空间开始存放下一个位段，即一个位段不能跨越两个整型空间。用户也可以指定某一个位段从一个整型空间的下一个字节开始存放，而不是紧接着前面的位段存放。

代码 9-19　指定某一个位段从一个整型空间的下一个字节开始存放。

```
struct packeddata1 {
    unsigned int a:     3;
    unsigned int: 0;                    //跳过一个字节中的其余位
    unsigned int c:     5;
    unsigned int: 0;                    //跳过一个字节中的其余位
    unsigned int e:     4;
    unsigned int f:     2;
}
```

位段 a 后面定义了一个“位数为 0”的无名位段，它的作用是使下一个位段从另一个字节开始存放，如图 9.6 所示。

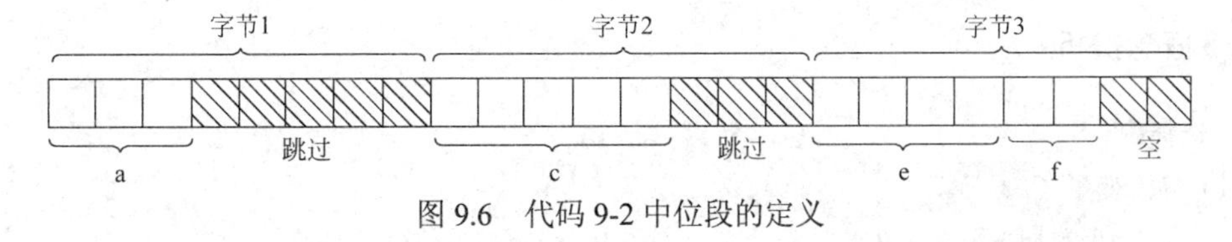

图 9.6　代码 9-2 中位段的定义

（4）在一个构造体中可以混合使用位段和通常的构造体成员。

代码 9-20 在一个构造体中可以混合使用位段和通常的构造体成员。

```
struct data {
    int         i;                      //非位段
    unsigned int a:    3;               //位段
    unsigned int b:    5;               //位段
    unsigned int c:    2;               //位段
    float       f;                      //非位段
}
```

第一个成员是整型的，占 2B，下面 3 个位段 a、b、c 占 2B（多于 6 位），f 占 4B，共占 8B。

应当指出，在定义位段时必须用 unsigned int 或 int 类型，不能用 char 或其他类型。有的 C 编译系统只允许使用 unsigned 型。

2. 位段的引用

对位段的引用方法与引用构造体变量中的成员相同，即用以下形式：

```
x.a, x.b, x.c, x.d
```

另外允许对位段赋值，例如：

```
x.a = 2; x.b = 1; x.c = 7; x.d = 0;
```

注意：

（1）每一个位段能存储的最大值不是定义位段时位段占用的比特数，而是它们所能表示的最大数。例如 x.c 占 3 位，最大值为 7，如果赋予 8 就会出现溢出，从而使 x.c 只取 8 的二进制数的低 3 位（000）。

（2）不能引用位段的地址，因为地址是以字节为单位的，无法指向位。如写法&x.a 是不合法的。

位段是很有用的，它使用户能方便地访问一个字节中的有关位，这在控制问题中非常有用，而其他高级语言是无此功能的。用位段可以节省存储空间，把几个数据放在同一字节中，如“真”和“假”（即 0 和 1）这样的信息只需一位就可以存放了。某些输入输出设备的接口将传输信息编码为一个字节中的某个位，程序可以访问它们，并据此作出相应的操作。

习 题 9

概念辨析

1. 选择题。

（1）静态变量（　）。

A. 的生存期一定是永久的　　　　B. 一定是外部变量

C. 只能被初始化一次　　D. 是在编译时被赋初值的，只能被赋值一次

（2）变量的定义可以（　　）。

A. 放在所有函数之外　　B. 不放在本编译单位中

C. 放在某个函数头中　　D. 放在某个复合语句开头

（3）在变量的下列性质中，决定它是否有默认初始值的是（　　）。

A. 生命期　　B. 作用域　　C. 链接性　　D. 数据类型

（4）变量是否具有默认初始值取决于（　　）。

A. 生存期的类型　　B. 作用域的类型　　C. 链接的类型　　D. 数据类型

（5）数据文件指针用来（　　）。

A. 标识数据文件在内存中的存放地址　　B. 标识数据文件在外部介质中的存储位置

C. 标识数据文件中的读写位置　　D. 指向某个数据文件的信息区

（6）二进制数据文件与文本数据文件相比，（　　）。

A. 文本数据文件占用的存储空间小且易读性弱

B. 文本数据文件占用的存储空间大但易读性强

C. 二进制数据文件占用的存储空间小但易读性弱

D. 二进制数据文件占用的存储空间大且易读性强

（7）下面关于缓冲数据文件与非缓冲数据文件的叙述中正确的是（　　）。

A. 非缓冲数据文件不需要内存缓冲区，效率较高

B. 系统不为非缓冲数据文件自动开辟内存缓冲区

C. 程序员要为缓冲数据文件设置开辟内存缓冲区

D. 非缓冲数据文件不由标准库函数操作

（8）在缓冲数据文件系统中，缓冲区的大小一般（　　）。

A. 为1024B　　B. 为512B

C. 由程序员决定　　D. 只根据数据文件大小确定

（9）在进行数据文件操作之前首先要打开数据文件，打开数据文件的目的是（　　）。

A. 将磁盘数据文件中的内容全部复制到内存中

B. 在程序与磁盘之间建立一个专用传输通道

C. 建立程序与数据文件缓冲区之间的联系

D. 建立数据文件与程序之间的联系

（10）使用fopen ()函数打开一个数据文件时读写指针（　　）。

A. 一定在数据文件首　　B. 一定在数据文件尾

C. 可以在数据文件的任意位置　　D. 可能在数据文件首，也可能在数据文件尾

（11）若fp为一个数据文件指针，则执行语句（　　）后，数据文件读写指针不指向数据文件首。

A. rewind (fp);　　B. fseek (fp,0L,0);

C. fseek (fp,0L,2);　　D. fopen ("fi.c","r");

（12）若fp是一个数据文件指针，且已经读数据文件到数据文件尾，则feof (fp)的返回值为（　　）。

A. EOF　　B. –1　　C. 非零　　D. null

（13）执行函数调用语句“fseek (fp,–20L,2);”后，将使数据文件读写指针（　　）。

A. 移到距离数据文件头20B位置　　B. 从当前位置向后移动20B

C. 从数据文件尾处后退20B　　D. 移到距当前指针20B处

（14）以下叙述中错误的是（　　）。

A. 外部变量的定义可以放在函数以外的任何地方

B. 外部变量的作用域是从定义处到整个源文件结束

C. 在同一程序中，局部变量与外部变量不可以重名

D. 在同一程序中，外部变量的作用域范围一定比局部变量大

（15）以下叙述中正确的是（　　）。

A. 外部变量的作用域一定比局部变量的作用域范围大

B. 外部变量说明为static存储类，其作用域将被扩大

C. 函数的形参都属于外部变量

D. 静态（static）类别变量的生存期贯穿于整个程序运行期间

（16）对于外部变量 *r*，下面叙述中错误的是（　　）。

A. 只有添加static属性，*r*才被分配在静态存储区

B. 加不加static属性，*r*都被分配在静态存储区

C. 加static属性，则限制其他文使用*r*

D. 若加static属性，则*r*不是本文件中定义的变量

（17）在一个源程序文件中只可供本源文件中所有函数使用的变量的存储类型是（　　）。

A. auto　　B. register　　C. static　　D. extern

（18）在C语言中，不适用于局部变量的存储类型说明符是（　　）。

A. auto　　B. register　　C. static　　D. extern

（19）在C语言中，形参隐含的存储类型是（　　）。

A. auto　　B. register　　C. static　　D. extern

（20）在C语言中，函数的存储类型是（　　）。

A. auto　　B. 无存储类型　　C. static　　D. extern

（21）在程序运行期间，一个局部变量始终占据固定的存储空间，其存储类型是（　　）。

A. auto　　B. register　　C. static　　D. extern

（22）在下面的4组存储说明关键字中，两个都是在使用时才为变量分配存储空间的是（　　）。

A. auto和static　　B. register和static　　C. auto和register　　D. extern和register

2. 判断题。

（1）在一个源程序文件中，若要定义一个只允许在该源程序文件中所有函数都可以调用的函数，则该函数应当用 extern 修饰。　　（　　）

（2）在一个源数据文件中，若要定义一个允许在任何源程序文件中所有函数都可以调用的函数，则该函数应当用 static 修饰。　　（　　）

代码分析

1. 选择题。

（1）若变量 *a* 已经被定义为int类，且已经知道其在内存中的存放形式为11111011，则printf ("%d\n",a)

的输出结果为（　　）。

A. −5　　　　B. 5　　　　C. 251　　　　D. −123

（2）两个非0的整型变量 a 和 b 的值相等，则下列表达式中为0的是（　　）。

A. $a||b$　　　　B. $a \mid b$　　　　C. $a\&b$　　　　D. a^b

（3）下面的程序段

```
unsigned char int a,b;
a=4|3;
b=$&3;
```

执行后，a 和 b 的值为（　　）。

A. $a = 43, b = 0$　　　　B. $a = 1, b = 1$　　　　C. $a = 0, b = 7$　　　　D. $a = 7, b = 0$

（4）下面的程序段

```
int a=3,b=4;
a=a^b;
b=b^a;
a=a^b;
```

执行后，a 和 b 的值为（　　）。

A. $a = 3, b=3$　　　　B. $a = 4, b = 4$　　　　C. $a = 4, b = 3$　　　　D. $a = 3, b = 4$

（5）程序

```
#include <stdio.h>
int main (void) {
     int x=3,y=2,z=1;
     printf ("%d\n",x/y&~z);
     return 0;
}
```

执行后的结果为（　　）。

A. 11　22　　　　B. 12　24　　　　C. −6　−13　　　　D. −11　12

（6）程序

```
#include <stdio.h>
int main (void) {
     char x=040;
     printf ("%o\n",x<<1);
     return 0;
 }
```

执行后的结果为（　　）。

A. 32　　　　B. 64　　　　C. 80　　　　D. 100

（7）下列程序的输出结果为（　　）。

```
#define  f (x)  x*x
#include <stdio.h>
int main (void) {
```

```
    int a = 8,b = 4,c ;
    c = f (a)/f (b) ;
    printf ("%d\n",c);
    return 0;
}
```

A. 4　　B. 8　　C. 64　　D. 16

（8）下列程序的输出结果为（　　）。

```
#include <stdio.h>
#define f (x) x*x
int main (void){
    int m;
    m = f (4 + 4) / f (2 + 2);
    printf (“%d\n”,m);
    return 0;
}
```

A. 22　　B. 28　　C. 4　　D. 16

2. 有带参宏定义

```
#define MAX(x,y) ((x) > (y)(x):(y))
```

分析表达式$n = \mathrm{MAX}(i{+}{+}, j)$将会出现什么问题。

3. 阅读下面的程序，指出它们的功能。

（1）

```
#include <stdio.h>
#include <stdlib.h>
int main (void) {
    FILE *fp;
    char ch;
    if ((fp = fopen ("file2.txt","w")) == NULL) {
        printf ("can't open this file");
        exit (-1);
    }
    while ((ch = getchar ()) != '\n')
        fputc (ch,fp);
    fclose (fp);
    return 0;
}
```

（2）

```
#include <stdio.h>
#include <stdlib.h>
int main (void) {
    FILE *fp;
    char ch;
    if ((fp = fopen ("file2.txt","r")) == NULL) {
```

```
        printf ("can't open this file");
        exit (-1);
    }
    while ((ch = fgetc (fp)) != EOF)
        putchar (ch);
    fclose (fp);
    return 0;
}
```

(3)

```
#include <stdio.h>
#include <stdlib.h>
int main (void) {
    FILE *fp;
    char string[81];
    if ((fp = fopen ("file1.txt","r")) == NULL) {
        printf ("can't open this file");
        exit (-1);
    }
    while (fgets (string,81,fp) != NULL)
        printf ("%s",string);
    fclose (fp);
    return 0;
}
```

(4)

```
#include <stdio.h>
#include <stdlib.h>
int main (void) {
    FILE *fp;
    char name[18];
    int num;
    float score;

    if ( (fp = fopen ("file3.txt","w")) ==  NULL) {
        printf ("can't open this file");
        exit (-1);
    }

    printf ("type name,num,score:");
    scanf ("%s %d %f",name,&num,&score);
    while (strlen (name) > 1) {
        fpintf (fp, "%s %d %f",name,num,score));
        fputs ("\n",fp);
        printf ("type name,num,score:");
        scanf ("%s %d %f",name,&num,&score);
    }
    fclose (fp);
    return 0
}
```

4. 找出下面程序中的错误并改正。

下面程序的功能是把文本数据文件d1.txt复制到文本数据文件d2.txt，要求复制时将英文文字和数字排除。

```
#include <stdio.h>
int main (void) {
     FILE *fp1,*fp2;
     char ch;
     fp1 = fopen (d1.txt,r);
     fp2 = fopen (d2.txt,w);
     while (feof (fp1)) {
          ch = fgetc (fp1);
          if (!((ch >='A' && ch  <= 'z' && (ch >='a' && ch  <= 'z')
               && (ch >='0' && ch <= '9')
               fputc (ch);
     return 0;
}
```

5. 填空题

（1）设变量 a 的二进制值为00101101。若通过运算 a^b 使 a 的高4位取反，低4位不变，则 b 的二进制值应该是 ________。

（2）程序

```
#include <stdio.h>
int main (void) {
     unsigned char x,y,z;
     x = 0x3;y = x|0x8;z = y << 1;
printf ("%d %d\n",y,z);
return 0;
     }
```

执行后的结果为 ________。

（3）使字符型变量ch能从大写字母变为小写字母的位运算表达式为 ________。

（4）对于定义

```
int b=2;
```

表达式 (b>>2)/ (b>>1)的值为____________。

开发练习

设计下面各题的C程序，并设计相应的测试用例。

1. 定义一个带参的宏实现两个数据的交换，并用测试程序进行测试。
2. 定义一个带参的宏实现从3个数中给出最大数，并用测试程序进行测试。
3. 定义一个带参的宏实现判断一个年份是否为闰年，并用测试程序进行测试。

4. 将命令行中指定的文本数据文件的内容追加到另一个文本数据文件原内容之后，实现数据文件的连接。

5. 将两个数据文件中的内容逐字符进行比较。如果两数据文件内容完全相同，则打印相应信息；若两个数据文件有不同之处，则打印从数据文件开始处到出现不同开始有多少个字节相同。

6. 一个数据文件中保存了一个公司的职工信息，内容包括职工号（用4位表示入职年份，用两位表示当年序号）、姓名、学历、职位和基本工资。要求如下：

（1）在程序中用构造体描述每个职工的信息，并且可以按照需要只描述其中的一部分。

（2）可以对职工进行分类处理，例如给5年以上工龄的人每月加薪500元。

7. 编写程序，验证库函数feof ()是既适合于二进制数据文件也适合于文本数据文件，还是只适合其中一种。

8. 编写一个函数wordlength ()，用于计算所用计算机中unsigned类型数据的二进制位数。

9. 编写一个函数，用于统计一个整数的二进制形式中“1”的个数。

附录A　C语言运算符的优先级和结合方向

<table>
<tr><th>优先级</th><th>操作符</th><th>描　述</th><th>结合性</th></tr>
<tr><td rowspan="6">1</td><td>++、--</td><td>后缀自增、自减</td><td rowspan="6">从左至右</td></tr>
<tr><td>()</td><td>函数调用</td></tr>
<tr><td>[]</td><td>数组下标</td></tr>
<tr><td>.</td><td>结构体和共用体成员访问</td></tr>
<tr><td>-></td><td>用指针访问结构体和共用体成员</td></tr>
<tr><td>(type){list}</td><td>复合文字（C99）</td></tr>
<tr><td rowspan="8">2</td><td>++、--</td><td>前缀自增和自减</td><td rowspan="8">从右至左</td></tr>
<tr><td>+、-</td><td>一元，正和负</td></tr>
<tr><td>!、~</td><td>逻辑 NOT 和位 NOT</td></tr>
<tr><td>(type)</td><td>强制类型</td></tr>
<tr><td>*</td><td>指向（间接引用）</td></tr>
<tr><td>&</td><td>取地址</td></tr>
<tr><td>sizeof</td><td>获取字节数</td></tr>
<tr><td>_Alignof</td><td>校正请求（C11）</td></tr>
<tr><td>3</td><td>*、/、%</td><td>乘、除、整数求余</td><td rowspan="11">从左至右</td></tr>
<tr><td>4</td><td>+、-</td><td>加、减</td></tr>
<tr><td>5</td><td><<、>></td><td>左移、右移</td></tr>
<tr><td rowspan="2">6</td><td><、<=</td><td>关系操作：< 和 ≤</td></tr>
<tr><td>>、>=</td><td>关系操作：> 和 ≥</td></tr>
<tr><td>7</td><td>==、!=</td><td>判等操作：= 和 ≠</td></tr>
<tr><td>8</td><td>&</td><td>位操作：AND（与）</td></tr>
<tr><td>9</td><td>^</td><td>位操作：XOR（异或）</td></tr>
<tr><td>10</td><td>|</td><td>位操作：OR（或）</td></tr>
<tr><td>11</td><td>&&</td><td>逻辑操作：AND</td></tr>
<tr><td>12</td><td>||</td><td>逻辑操作：OR</td></tr>
<tr><td>13</td><td>?:</td><td>三元条件</td><td rowspan="6">从右至左</td></tr>
<tr><td rowspan="5">14</td><td>=</td><td>简单赋值</td></tr>
<tr><td>+=、-=</td><td>加赋值、减赋值</td></tr>
<tr><td>*=、/=、%=</td><td>乘赋值、除赋值、整数求余赋值</td></tr>
<tr><td><<=、>>=</td><td>左移位赋值、右移位赋值</td></tr>
<tr><td>&=、^=、|=</td><td>位 AND 赋值、位 XOR 赋值、位 OR 赋值</td></tr>
<tr><td>15</td><td>,</td><td>逗号</td><td>从左至右</td></tr>
</table>

附录B　C语言的关键字

下面是C的保留字，这些关键字被语言使用时不能被重新定义。

auto	float	signed	Alignas（C11起）
break	for	sizeof	_Alignof（C11起）
case	goto	static	_Atomic（C11起）
char	if	struct	_Bool（C99起）
const	inline（C99起）	switch	_Complex（C99起）
continue	int	typedef	_Generic（C11起）
default	long	union	_Imaginary（C99起）
do	register	unsigned	_Noreturn（C11起）
double	restrict（C99起）	void	_Static_assert（C11起）
else	return	volatile	_Thread_local（C11起）
enum	short	while	
extern			

此外，每个包含两个下划线或者由一个下划线加一个大写字母开头的名字是为了实现而保留的，不能用作标识符。每个以一个下划线开头的名字为了实现而被保留成为一个全局实体的名字，这些名字可以用作局部变量名、结构中的数据成员名等。

附录C 格式化输出函数printf()的格式

函数printf()被称为格式化输出函数，即可以用来对数据按一定的格式进行显示。

C.1 printf()格式参数的结构

函数printf()的格式参数字符串由下面3种字符组成。

（1）普通字符：将被简单地复制到输出行中按原样显示。

（2）转义字符：即由反斜杠“\”引出的字符，用于显示控制，如换行、制表等。

（3）格式字段（也称转换说明，conversion specification）：前面已经介绍了函数printf()的简化格式字段。printf()函数完整的格式字段如图C.1所示，包含在其中的字符分别用于格式修饰、显示宽度说明和精度说明、显示长度修正以及格式符（类型及其他）。它们是格式参数中的关键字符。

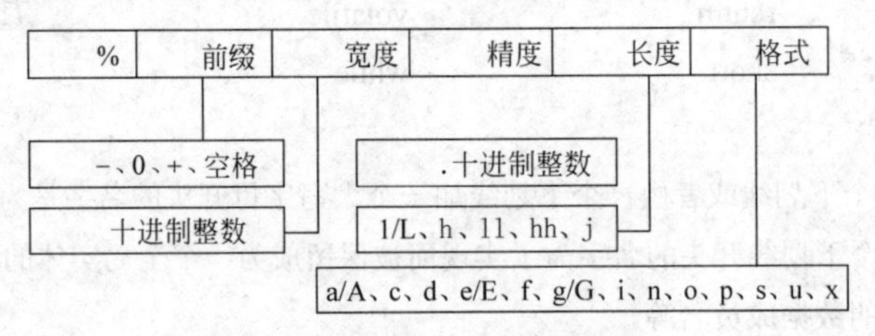

图C.1 printf ()的格式字段结构

C.2 printf()格式符

格式符是格式字段中最关键的字符，用于说明数据的类型等重要信息。表C.1为printf ()基本格式符。

表C.1 printf()的格式符

格式符	输出说明	举 例	输出结果
d/i	带符号十进制定点格式	int a=975311;printf ("%d",a);	975311
u	无符号十进制定点格式	int a=975311;printf ("%u",a);	975311
o	无符号八进制定点格式	int a=975311;printf ("%o",a);	3560717
x/X	无符号十六进制定点格式	int a=975311;printf ("%x",a);	ee1cf
c	字符	int a=68;printf ("%c",a);	D
s	字符串	char s[]="abcde"; printf ("%s",s);	abcde
f	十进制小数形式	double a=123.456;printf ("%f",a);	123.456000
e/E	科学记数法	double a=123.456;printf ("%E",a);	1.234560 E+002
g/G	取决于转换值和精度，无无效0	double a=123.456;printf ("%G",a);	123.456

续表

格式符	输出说明	举　例	输出结果
a/A	将 double 类型值以十六进制科学记数法形式输出		
p	将指针值转换为可打印形式	double a=123.456;printf ("%p",&a);	0012FF74（a 的地址）
%	%	printf ("%%");	%

C.3　长度修饰符

长度修饰符是在基本类型的基础上进行的长度说明，用于指定是基本类型的short还是long。表C.2列出了长度修饰符的用法。

表 C.2　长度修饰符的用法

长度修饰符	可修饰的格式符	作用类型	说　明
l	d、i、o、u、x、X	long、unsigned long	
	n	long *	仅 C89
	c	wint_t	仅 C89
	s	wchar_t	
L	a、A、e、E、f、g、G	long、long double	C89 新增
ll	d、i、o、u、x、X	long long int，unsigned long long int	C99 新增
	n	long long *	
h	d、i、o、u、x、X	short，unsigned short	C89 新增
	n	short *	
hh	d、i、o、u、x、X	char，unsigned char	C99 新增
	n	signed short *	
j	d、i、o、u、x、X	intmax_t 或 uintmax_t	C99 新增
	n	intmax_t *	
z	d、i、o、u、x、X	size_t	C99 新增
	n	size_t *	
t	d、i、o、u、x、X	ptrdiff_t	C99 新增
	n	ptrdiff_t *	

说明：

- 类型 intmax_t 和 uintmax_t 在 <stdint.h>中声明，说明最大宽度的整数。
- 类型 size_t 在 <stddef.h>中声明，说明 sizeof 的结构。
- 类型 ptrdiff_t 在 <stddef.h>中声明，说明两个指针之差。

C.4 域宽与精度说明

域宽与精度说明的格式为*m.p*。其中，*m*为最小字段宽度（minimum field width），是一个整数常量，用于指定要显示的最少字符数量（对浮点数还包括一个小数点的位置）。若要显示的数值所需的字符数< *m*，则前补空格；若要显示的数值所需的字符数>*m*，则按照实际宽度显示。

*p*为精度（precision），其用法有以下几种情形：

（1）配合格式符f、e/E时，指定小数点后面的位数；未指定精度时，默认小数点后6位。若省略*p*，则不显示小数点。

（2）配合格式符g/G时，指定有效位的数目。

（3）作用于字符串时，精度符限制最大域宽。

（4）作用于整数时，指定必须显示的最小位数，不足时前补0。

需要指出的是，输出数据的实际精度并不取决于格式说明字段中的域宽与精度，也不取决于输入的数据精度，而是主要取决于数据在计算机内的存储精度。例如，一般的C语言系统对float只能提供7位有效数字，double有大约16位有效数字。格式说明字段中指定的域宽再大、精度再长，所得到的多余位数上的数字也是无意义的，所以增加域宽与精度并不能提高输出数据的实际精度。

C.5 格式前缀修饰符

前缀修饰符见表C.3。在格式说明字段中它们的位置一般紧靠“%”，在输出字段中可以增添前缀符号。

表 C.3 格式前缀修饰符

修饰符	意 义
-	数据在输出域中左对齐显示
0	用“0”而非空格进行前填充
+	在有符号数前输出前缀“+”或“−”
空格	对正数加前缀空格，对负数加前缀“−”
#	在 g 和 f 前确保输出字段中有一个小数点；在 x 前确保输出的十六进制数前有前缀 0x
*	做占位符号

通常的报表中要求数字以小数点对齐格式打印，其他非数字要求左对齐打印。利用负号、域宽、精度域宽便可以实现上述要求。

注意：编译程序只是在检查了printf ()中的格式参数后才确定有几个输出项，每个输出项是什么类型、按什么格式输出等信息。因此在设计格式参数时要求每个格式项要与所对应的输出项参数的类型、次序一致。

附录D　格式化输入函数 scanf()的格式

scanf()函数的功能是将输入数据按照一定的格式送入相应的存储单元。其原型如下：

```
int scanf (格式参数字符串,指针1,指针2,…);
```

D.1　scanf()指针参数

scanf()函数使用指针参数，这些指针用操作符&对变量操作得到。

D.2　scanf()格式参数的结构

D.2.1　格式参数字符串的结构

scanf ()与printf ()有相似之处，也有不同之处。scanf ()格式参数字符串由以下3种字符组成。

（1）空白字符：当在格式参数字符串中遇到一个或多个连续的空白字符时，scanf ()要求从输入流中重复地读入空白字符直到遇到非空白字符为止。

（2）非空白字符：对于非空白字符，scanf ()要求输入流中要有匹配的字符。即若输入流中有相同的字符，则继续格式参数字符串的后续处理；如果不匹配，则scanf ()异常退出，不再进行格式参数字符串的后续处理。

（3）格式字段：这是格式参数字符串的关键部分。图D.1所示为scanf ()格式字段的结构。

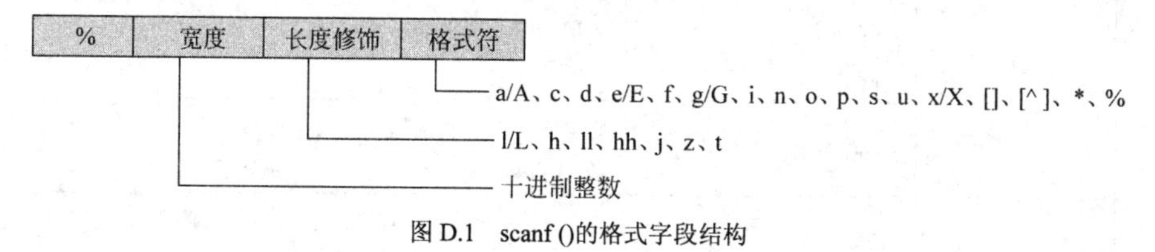

图 D.1　scanf ()的格式字段结构

D.2.2　基本格式符和长度修正

scanf ()的基本格式符与printf ()的基本格式符相似。表D.1列出了输入格式符及长度修饰符与要输入数据类型之间的关系。

表 D.1 scanf()的格式符和长度修饰符

格式符	长度修饰符	输入数据类型	说明
d	无 hh h l ll	int char short long long long	对应参数应为指向 signed 整数类型的指针，可选加+或 -
i	hh h l ll	char short long long long	对应参数应为指向 signed 整数类型的指针，可选加 + 或 - 以及 0（八进制）、0x（十六进制）
u	无	unsigned	对应参数应为指向 unsigned 整数类型的指针
o	hh	unsigned char	对应参数应为指向 unsigned 整数类型的指针，输入无符号八进制整数，可选加+或-
x	h l ll	unsigned short unsigned long unsigned long long	对应参数应为指向 unsigned 整数类型的指针,输入无符号十六进制整数，可选加+或-
c	无	char	读取字符
s	无	字符串	连续读取字符，直到遇到文件结束符、空白或达到指定字段宽度
n	无 hh h l ll	int char short long long long	不读取字符，而是把 scanf ()所处理的字符总数写入到对应参数指定的变量中
p	无	void *	匹配指针值
f, e, g,a	无 l L	float double long double	读取带符号十进制浮点数
[···]	无	char	定义扫描集，只能输入定义在搜索集合中的字符，例如%[abcde]或%[a-e]
[^···]	无	char	定义扫描补集，只能输入没有定义在搜索集合中的字符，例如%[^abcde]或%[^a-e]
*	无	任意	跳过一个数据项
%	无	%	读取%

注意：输入数据时，格式说明字段中的格式符以及长度修饰符所指定的类型必须与地址参数的类型一致。

D.2.3 字段宽度

字段宽度是放在%与格式符之间的整数，用于限制一个字段可以读取的数目。

D.3　scanf()的停止与返回

scanf ()函数的执行有下面4个关键性操作：

（1）从缓冲区中提取格式字段需要的数据。

（2）如果缓冲区中有需要的数据，则将该数据转换后写入对应的变量；若无，则要求从键盘输入一个数据流，输入操作以“↵”操作结束。

（3）遇到下面的情形终止执行。

- 格式参数中的格式项用完——正常结束。
- 发生格式项与输入域不匹配时——非正常结束。例如，从键盘输入的数据数目不足。

（4）执行成功，返回成功匹配的项数；执行失败，返回0。

D.4　数值数据的输入控制

scanf ()是从输入数值数据流中接收非空的字符，再转换成格式项描述的格式，传送到与格式项对应的地址中。当操作者在终端输入一串字符时，系统怎么知道哪几个字符算作一个数据项呢？方法如下：

（1）使用空白字符（空格、制表符\t、换行符\n）分隔符。

数值数据格式字段具有跳过一个或多个连续空白字符的功能，因此可以在键盘上用插入空白字符的方法分隔输入的数字串。

（2）根据格式项中指定的域宽分隔数据项。

注意：在scanf ()的格式字段中不能规定输入精度，即使给出精度也不起作用。

（3）用不同类型相互间隔输入数据。

注意：当输入流中数据类型与格式字符要求不符时，就认为这一数据项结束。

（4）在格式字段之间插入特殊字符（例如逗号“,”）并在输入流中用同样的字符分隔输入数据项。

D.5　字符型数据的输入控制

D.5.1　在格式字段前添加空格使格式字段可以跳过空白字符

字符格式字段没有自动跳过前空白的功能，因此不可像数值数据那样用空白分隔字符数据。但若在字符格式字段前加一个空格，则其就有了跳过一个或多个前连续空白的功能。在这种情况下就可以用空白分隔输入字符数据项了。

D.5.2　用扫描集控制字符数组的读入

用扫描集（scanset）或扫描补集可以控制 scanf ()从输入流中读入的字符。在使用扫描集时，scanf () 连续匹配集合中的字符并放入对应的字符数组，直到发现不在集合中的字符为止（即扫描集仅读匹配的字符）。返回时，数组中放置以 NULL 结尾、由读入字符组成的字符串。

附录 E　编译预处理命令

以#开头的命令行称编译预处理命令，在编译源程序前进行处理。

E.1　宏　定　义

由编译预处理器将宏名后继出现的若干个实例用替代正文替换。

```
#define 宏名 替代正文
#define 宏名（形参，…）   替代正文
```

带参宏定义在宏展开时，先用实参替换替代正文中的形参，再用替换后的结果替换程序中出现的宏调用。

E.2　文 件 包 含

由编译预处理器把该行替换为指定文件的内容。编译预处理器将在特定的位置查找指定的文件。

```
#include <文件名> //在系统路径中搜索指定的文件，常用于包含系统的文件
#include "文件名" //从源文件所在的位置开始搜索，找不到再按照上述格式搜索，常用于包含用户自定义的文件
```

E.3　条 件 编 译

条件编译是根据条件对部分代码段进行编译。分为如下3种情形。

（1）从几段程序中选择一段编译，条件为常量表达式。

```
#if 条件1
    代码段1
#elif 条件2
    代码段2
…
#elif 条件n
    代码段n
#else
    代码段n+1
#endif
```

（2）根据是否已用#define定义了宏名，则用#ifdef命令分别选择程序中的一段编译。

```
#ifdef 宏名
    代码段1
#else
    代码段2
#endif
```

（3）根据是否已用#define定义了宏名，则用#ifndef命令分别选择程序中的一段编译。

```
#ifndef 宏名
    代码段2
#else
    代码段1
#endif
```

附录F C标准库头文件

<assert.h>	条件编译宏，将参数与零比较
<complex.h>（C99 起）	复数运算
<ctype.h>	用来确定包含于字符数据中的类型的函数
<errno.h>	报告错误条件的宏
<fenv.h>（C99 起）	浮点数环境
<float.h>	浮点数类型的限制
<inttypes.h>（C99 起）	整数类型的格式转换
<iso646.h>（C99 起）	符号的替代写法
<limits.h>	基本类型的大小
<locale.h>	本地化工具
<math.h>	常用数学函数
<setjmp.h>	非局部跳转
<signal.h>	信号处理
<stdalign.h>（C11 起）	类型对齐控制
<stdarg.h>	可变参数
<stdatomic.h>（C11 起）	原子类型
<stdbool.h>（C99 起）	支持bool类型的宏
<stddef.h>	常用宏定义
<stdint.h>（C99 起）	固定宽度整数类型
<stdio.h>	输入/输出
<stdlib.h>	基础工具：内存管理、程序工具、字符串转换、随机数
<stdnoreturn.h>（C11 起）	无返回函数
<string.h>	字符串处理
<tgmath.h>（C99 起）	泛用类型数学（包装math.h和complex.h的宏）
<threads.h>（C11 起）	线程库
<time.h>	时间/日期工具
<uchar.h>（C11 起）	UTF-16和UTF-32字符工具
<wchar.h>（C99 起）	扩展多字节和宽字符工具
<wctype.h>（C99 起）	宽字符分类和映射工具

附录G　C语言常用的标准库函数

为了简化程序设计，提高程序设计的效率，C语言编译系统分门别类地提供了大量的函数库。用户在编程时若要使用某个库函数，则只需包含相关库的头文件即可。

虽然库函数不是C语言的组成部分，但由于不同的C编译系统提供的库函数差异较大，影响了标准C语言程序的可移植性，因此有一部分常用库函数也被纳入C语言标准，称为C标准库函数。C语言标准库包括assert.h、complex.h（C99增加）、ctype.h、errno.h、fenv.h（C99增加）、float.h、inttyoes.h（C99增加）、iso646.h（C89增补1）、limits.h、local.h、math.h、setjmp.h、signal.h、stdarg.h、stdbool.h、stddef.h、stdint.h、stdio.h、stdlib.h、string.h、tgmath.h（C99增加）、time.h、wchar.h（C89增补1）、wctype.h（C89增补1）。

下面简要列出C语言标准函数库中的常用库函数，对于其他库函数，其引用方法相同，用户需要时请参考相应C语言编译系统的帮助或库函数参考手册。

G.1　数学函数

常见数学函数见表G.1，使用它们应包含头文件math.h。

表G.1　常见的数学函数

函数原型	函数功能	返回值	说明
int abs (int x);	求整数 *x* 的绝对值	计算结果	
double acos (double x);	计算 cos(*x*)的值	计算结果	*x*∈[-1, 1]
double asin (double x);	求 sin(*x*)的值	计算结果	*x*∈[-1, 1]
double atan (double x);	求 tan(*x*)的值	计算结果	
double atan2 (double x, double y);	求 tan(*x/y*)的值	计算结果	
double cos (double x);	求 cos(*x*)的值	计算结果	*x* 为弧度
double cosh (double x);	求 *x* 的双曲余弦值	计算结果	
double exp (double x);	求 *ex* 的值	计算结果	
double fabs (double x);	求 *x* 的绝对值	计算结果	
double floor (double x);	求不大于 *x* 的最大整数	该整数的双精度实数	
double fmob (double x, double y);	求整除 *x*/ *y* 的余数	返回余数的双精度实数	
double frexp (double val, int * eptr);	把双精度数 val 分解为数字部分 *x* 和以 2 为底的指数 *n*, 即 val＝*x* × 2*n*, *n* 存放在指针 eptr 指向的变量中	返回数字部分 *x* 0.5≤*x*＜1	
double log (double x);	求 log*ex*，即 ln*x*	计算结果	
double log10 (double x);	求 log10*x*	计算结果	
double modf (double val, double * iptr);	把双精度数 val 分解为整数部分和小数部分，把整数部分存到指针 iptr 指向的单元	val 的小数部分	

续表

函数原型	函数功能	返回值	说明
double pow (double x, double y);	计算 *xy* 的值	计算结果	
int rand (void);	产生[0,RAND_MAX]的随机整数	随机整数	
double sin (double x);	求 sin(*x*)的值	计算结果	*x* 为弧度
double sinh (double x);	求 *x* 的双曲正弦的值	计算结果	
double sqrt (double x);	计算 *x* 的平方根	计算结果	
double tan (double x);	求 tan(*x*)的值	计算结果	*x* 为弧度
double tanh (double x);	求 *x* 的双曲正切的值	计算结果	

G.2 字符函数和字符串函数

表G.2列出了字符函数（ctype.h）和字符串函数（string.h）。

表 G.2 字符函数和字符串函数

函数原型	函数功能	返回值	头文件
int isalnum (int ch);	判断 ch 是否为字母或数字	是返回 1，不是返回 0	ctype.h
int isalpha (int ch);	判断 ch 是否为字母	是返回 1，不是返回 0	ctype.h
int iscntrl (int ch);	判断 ch 是否为控制字符，控制字符的 ASCII 码在 0～0x1F 之间	是返回 1，不是返回 0	ctype.h
int isdigit (int ch);	判断 ch 是否为数字 0～9	是返回 1，不是返回 0	ctype.h
int isgraph (int ch);	判断 ch 是否为图形字符，其 ASCII 码在 0x21～0x7E 之间	是返回 1，不是返回 0	ctype.h
int islower (int ch);	判断 ch 是否为小写字母 a～z	是返回 1，不是返回 0	ctype.h
int isprint (int ch);	判断 ch 是否为打印字符，其 ASCII 码在 0x20～0x7E 之间	是返回 1，不是返回 0	ctype.h
int ispunct (int ch);	判断 ch 是否为标点字符，除字母、数字和空格以外的所有可打印字符	是返回 1，不是返回 0	ctype.h
int isspace (int ch);	判断 ch 是否为空格、制表符或换行符	是返回 1，不是返回 0	ctype.h
int isupper (int ch);	判断 ch 是否为大写字母 A～Z	是返回 1，不是返回 0	ctype.h
int isxdigit (int ch);	判断 ch 是否为一个十六进制数字字符，即 0～9、A～F、a～f	是返回 1，不是返回 0	ctype.h
char * strcat (char *dest, char * src);	将字符串 src 的内容添加到字符串 dest 末尾	新字符串 dest	string.h
char * strchr (char * s, int c);	搜索字符串 *s* 中第一次出现的字符 c	若找到字符 c，则返回指向第一个 c 的指针，否则返回 NULL 指针	string.h
int strcmp (char * s1, char * s2);	比较两个字符串 s1、s2 的大小	s1 < s2，返回负数 s1 = s2，返回 0 s1 > s2，返回正数	string.h
char * strcpy (char *dest, char * src);	将字符串 src 的内容复制到字符串 dest，覆盖 dest 中原先的内容	返回字符串 dest	string.h

续表

函数原型	函数功能	返回值	头文件
size_t strlen (const char * s);	计算 s 中终止 NULL 字符之前的字符数	返回字符串个数	string.h
char * strstr (char *src, const char * sub);	找到字符串 src 中第一次出现字符串 sub 的位置	返回指向第一次出现子串开头的指针	string.h
int tolower (int c);	将字符 c 转换成小写字母	与 c 对应的小写字母	ctype.h
int toupper (int h);	将字符 c 转换成大写字母	与 c 相应的大写字母	ctype.h

G.3 输入与输出函数

表G.3列出了输入输出函数，使用它们应包含头文件stdlio.h。

表 G.3 输入与输出函数

函数原型	函数功能	返回值
void clearerr (FILE * fp);	重置 fp 指向的数据流中的任何错误和文件末尾指示	无
in close (int fp);	关闭 fp 指向的文件	关闭成功返回 0，不成功返回–1
int creat (char * filename, int mode);	以 mode 所指定的方式建立文件	成功则返回正数，否则返回–1
int eof (int fp);	判断 fp 指向的文件是否结束	遇文件结束返回 1，否则返回 0
int fclose (FILE * fp);	关闭文件指针 fp 所指的文件，并释放文件缓冲区	有错则返回非 0，否则返回 0
int feof (FILE * fp);	判断文件指针 fp 指向的文件中的位置指针是否指向结束位置	遇文件结束符返回非 0，否则返回 0
int fgetc (FILE * fp);	从文件指针 fp 所指向的文件中读出位置指针指向的字符	返回读出的字符，若读出错误返回 EOF
char * fgets (char * buf, int n, FILE * fp);	从文件指针 fp 指向的文件中读出一个长度为(n–1)的字符串，存入起始地址为 buf 的字符数组中	返回字符指针 buf，若遇文件结束或出错返回 NULL
FILE * fopen (char * filename, char * mode);	以参数 mode 指定的方式打开名为 filename 的文件	成功则返回一个文件指针，否则返回 0
int fprintf (FILE * fp, char * format, args, …);	把 args 的值以 format 指定的格式输出到文件指针 fp 所指定的文件中	实际输出的字符数
int fputc (char ch, FILE * fp);	将字符 ch 写入文件指针 fp 指向的文件中	成功返回该字符，否则返回非 0
int fputc (char * str, FILE * fp);	将 str 指向的字符串写入文件指针 fp 所指向的文件	成功返回 0，若出错返回非 0
int fread (char * pt, unsigned int size, unsigned int n, FILE * fp);	从文件指针 fp 所指向的文件中读取长度为 size 的 n 个数据项，存到 pt 所指向的内存区中	返回所读的数据项个数，如遇文件结束或出错返回 0
int fscanf (FILE * fp, char format, args, …);	从文件指针 fp 指向的文件中按 format 给定的格式将输入数据送到 args 所指向的内存单元中	已输入的数据个数
int fseek (FILE * fp, long offset, int base);	将文件指针 fp 所指向的文件的位置指针移到以 base 所指出的位置为基准、以 offset 为位移量的位置	返回当前位置，否则返回 1
long ftell (FILE * fp);	返回文件指针 fp 所指向的文件中的读写位置	位置指针的值
int fwrite (char * ptr, unsigned int size, unsigned int n, FILE * fp);	把字符指针 ptr 所指向的 n * size 个字节写入文件指针 fp 所指向的文件中	写到文件中数据项的个数

续表

函数原型	函数功能	返回值
int getc (FILE * fp);	从文件指针 fp 所指向的文件中读入一个字符	返回所读的字符，若文件结束或出错返回 EOF
int getchar (void);	从标准输入设备读取一个字符	所读字符，若文件结束或出错返回–1
int getw (FILE * fp);	从文件指针 fp 所指向的文件读取一个字（整数）	输入的整数，若文件结束或出错返回–1
int open (char * filename, int mode);	以 mode 指出的方式打开已存在的名为 filename 的文件	返回文件号（正数），若打开失败返回－1
int printf (char * format, args, …);	按 format 指定的格式字符所规定的格式将输出表列 args 的值输出到标准输出设备	输出字符的个数，若出错返回负数
int putc (int ch, FILE * fp);	把字符 ch 输出到文件指针 fp 所指的文件中	输出的字符 ch，若出错返回 EOF
int putchar (char ch);	把字符 ch 输出到标准输出设备	输出的字符 ch，若出错返回 EOF
int puts (char * str);	把字符指针 str 指向的字符串输出到标准输出设备，将“\0”转换为回车换行	返回换行符，若失败返回 EOF
int putw (int w, FILE * fp);	将整数 *w*（即一个字）写到文件指针 fp 指向的文件中	返回该整数，若出错返回 EOF
int read (int fd, char * buf, unsigned int count);	从文件号 fd 所指示的文件中读 count 个字节到由字符指针 buf 指向的缓冲区中	返回真正读入的字节个数，若遇文件结束返回 0，出错返回–1
int rename (char * oldname, char * newname);	把由字符指针 oldname 所指的文件名改为由字符指针 newname 所指的文件名	成功返回 0，出错返回–1
void rewind (FILE * fp);	将文件指针 fp 指示的文件中的位置指针置于文件开头位置，并清除文件结束标志和错误标志	无
int scanf (char * format, args, …);	从标准输入设备按 format 指向的格式字符串所规定的格式输入数据给 args 所指向的单元	读入并赋给 args 的数据个数，若遇文件结束返回 EOF，出错返回 0
int write (int fd, char * buf, unsigned count);	从 buf 指示的缓冲区输出 count 个字符到 fd 所标识的文件中	返回实际输出的字节数，若出错返回–1

G.4 动态内存分配函数

表G.4列出了动态内存分配函数，使用它们应包含头文件stdlib.h。

表 G.4 动态内存分配函数

函数原型	函数功能	返回值
void * calloc (unsigned int n, unsigned int size);	分配容纳 *n* 个数据项的连续内存空间，每个数据项的大小占 size 个字节	若成功，返回分配内存空间的首地址，否则返回 NULL 指针
void free (void * p);	释放指针 *p* 所指向的内存	无
void*malloc (unsigned int size);	分配内存区来存储长度为 size 的对象	返回这个区域中第一个元素的指针，若失败，则返回 NULL 指针
void * realloc (void * p, unsigend int size);	将指针 *p* 所指向的已分配内存区的大小改为 size	返回指向新分配内存区的开始位置

说明：calloc( )和 malloc( )函数需强制类型转换成所需数据类型的指针。

G.5 退出程序函数

表G.5列出了退出程序函数，使用它应包含头文件stdlib.h。

表 G.5 退出程序函数

函 数 原 型	函 数 功 能	返回值
void exit (int status);	使程序执行立刻终止，并清除和关闭所有打开的流。status 的值表示程序是否正常结束，值可为 0、EXIT_SUCCESS（正常结束）以及 EXIT_FAILURE（非正常结束）	无

G.6 数值转换函数

表G.6列出了数值转换函数，使用它们应包含头文件stdlib.h。

表 G.6 数值转换函数

函 数 原 型	函 数 功 能	返 回 值
double atof (char * s);	把字符串 *s* 转换成双精度浮点数	运算结果
int atoi (char*s);	把字符串 *s* 转换成整型数	运算结果
long atol (char*s);	把字符串 *s* 转换成长整型数	运算结果

G.7 时间和日期函数

时间和日期函数的原型在头文件time.h中声明，见表G.7。

表 G.7 时间和日期函数

函 数 原 型	函数功能及返回值
cloct_t clock(void);	返回处理器已走的基准时钟脉冲的个数，若出错返回 1
time_t time(time_t*timer);	返回秒计时间③，并存入 timer 所指内存。若 timer 为空指针，则不保存
struct tm*gmtime(const time_t*timer);	将 timer 所指的秒计时间转换成日历时间④的结构体指针返回
struct tm * localtime(const time_t * timer);	将 timer 所指的本地秒计时间转换成日历时间的结构体指针返回，转换时要考虑时区和夏时制等
time_t mktime (struct tm * tp);	将 tp 所指的日历时间转换成秒计时间返回，若不能转换则返回–1
double difftime(time_t tl, time_t t0);	返回秒计时间 t1–t0（单位为 s）
size_t strftime (char * s, size_t max, const char * fmt, const struct tm * t);	将 *t* 所指的日历时间按 fmt 所指的格式转换成字符串，存入 *s* 所指的内存。其中，*s* 所指内存最多 max 字节

备注：

① cloct_t类型、time_t类型是long类型的别名。

② size_t类型是unsigned int类型的别名。

③ 秒计时间是指从1970年1月1日格林威治时间00:00:00起到目前的秒数。

④ 日历时间是指含有年、月、日、星期、当年第几日、时、分、秒和夏时制标志的时间。日历时间结构体用于保存日历时间，其定义为：

```
struct tm{
    int tm_sec;                    /*秒[0,59]              */
    int tm_min;                    /*分[0,59]              */
    int tm_hour;                   /*时[0,23]              */
    int tm_mady;                   /*日[0,31]              */
    int tm_mon;                    /*月[0,11]              */
    int tm_year;                   /*年[从 1900 起]        */
    int tm_wday;                   /*星期[0,6]             */
    int tm_yday;                   /*当年第几日[0,365]     */
    int tm_isdst;                  /*夏时制标志            */
}
```

附录 H　C99、C89 与 K&R C 主要内容的比较

K&R C 指 Kernighan 和 Ritchie 的合著 *The C Programing Language* 第 1 版所描述的语言，也称经典 C。

项	目	C99	C89	K & R C
标识符	要求编译器	记住前 63 个字符	记住前 31 个字符	前 8 个字符有效
	对链接器	前 31 个字符有效	前 6 个字符有效	
		区分大小写	不区分大小写	
注释	//	有	无	无
运算符	/	向 0 取整	向上取整或向下取整	向上取整或向下取整
	一元+	提供	提供	不提供
	i % *j*	与 *i* 符号相同	符号与实现有关	符号与实现有关
	signed	支持	支持	不支持
	unsigned	各种整数类型	各种整数类型	仅 int
	-Bool/复数类型 扩展整数类型 long long int 十六进制浮点常量 变长数组	新增	无	无
	long float	无	无	double 同义词
	long double	有	有	无
	后缀 U/u、F/f	支持	支持	不支持
	后缀 L/l 用于浮点类型	可	可	不可
	字符串字面量	可串接	可串接	不可串接
	字符串最小长度	4095	509	509
	void	支持	支持	不支持
switch 的控制表达式和 case 标号		任何一种整值类型	任何一种整值类型	提升后必须为 int 类型
函数	默认返回类型	非法	int	int
	声明与语句	可混合	声明必须在语句之前	声明必须在语句之前
	调用前无声明或定义	非法	默认返回 int 类型	默认返回 int 类型
	用 static 修饰数组参数第 1 维	可	否	否
	非 void 函数的 return 无表达式	非法	未定义行为	
	main()中无 return 0	自动返回 0	错误	
	inline	新增	无	无
	选择语句和重复语句视为块	是	否	否
	函数有默认返回类型和参数	不可	默认返回 int，默认无参数	

参考文献

[1] 张基温. 新概念C程序设计大学教程[M]. C99版. 北京：清华大学出版社，2015.

[2] 张基温. 程序设计（C语言）教程[M]. 北京：清华大学出版社，2000.

[3] 张基温. 新概念C语言程序设计[M]. 北京：中国铁道出版社，2003.

[4] 张基温. C语言程序设计案例教程[M]. 北京：清华大学出版社，2004.

[5] 谭浩强，张基温. C语言程序设计教程[M]. 3版. 北京：高等教育出版社，2006.

[6] 张基温. 新概念C程序设计教程[M]. 南京：南京大学出版社，2007.

[7] 张基温. 新概念C语言教程[M]. 北京：中国电力出版社，2011.

[8] 薛非. 品悟C——抛弃C程序设计中的谬误与恶习[M]. 北京：清华大学出版社，2012.

[9] 《编程之美》小组.编程之美——微软技术面试心得[M]. 北京：电子工业出版社，2011.

[10]（美）K. N. King. C语言程序设计现代方法[M].2版. 吕秀锋，黄倩译. 北京：人民邮电出版社，2010.

[11]（美）Samuel P.Harbison Ⅲ, Guy L.Steele Jr. C语言参考手册[M]. 北京：机械工业出版社，2011.

[12]（美）Peter Van Der Linden. C语言编程专家[M]. 徐波译. 北京：人民邮电出版社，2008.